U0259118

数码插画 Scene Art Design
场景艺术设计

寒 放◎著

清華大学出版社
北 京

内 容 简 介

本书是一本CG场景设计的基础教程，内容包括CG数码绘画基础及探索阶段，以及设计完成后的绘画进阶阶段，整体风格精美梦幻。本书的绘制主体为自然风光，作者通过讲故事，镜头捕捉，构图、光影、色彩设计等方面的介绍，为读者梳理了从初级到高级的绘画案例，以达到插画场景脱颖而出的神奇效果。

本书适合刚刚进入插画行业的初级读者，也适合已经进入插画行业并希望有更大提升的插画师。

本书封面贴有清华大学出版社防伪标签，无标签者不得销售。

版权所有，侵权必究。举报：010-62782989，beiqinquan@tup.tsinghua.edu.cn。

图书在版编目（CIP）数据

CG数码插画场景艺术设计 / 寒放著. —北京：清华大学出版社，2020.6（2021.7重印）
ISBN 978-7-302-55390-8

Ⅰ. ①C… Ⅱ. ①寒… Ⅲ. ①三维动画软件 Ⅳ. ①TP391.414

中国版本图书馆CIP数据核字（2020）第068537号

责任编辑： 李俊颖
封面设计： 魏润滋
版式设计： 文森时代
责任校对： 马军令
责任印制： 杨 艳

出版发行： 清华大学出版社
网 址： http://www.tup.com.cn，http://www.wqbook.com
地 址： 北京清华大学学研大厦A座 **邮 编：** 100084
社 总 机： 010-62770175 **邮 购：** 010-62786544
投稿与读者服务： 010-62776969，c-service@tup.tsinghua.edu.cn
质量反馈： 010-62772015，zhiliang@tup.tsinghua.edu.cn
印 装 者： 小森印刷（北京）有限公司
经 销： 全国新华书店
开 本： 210mm×285mm **印 张：** 17.25 **字 数：** 498千字
版 次： 2020年8月第1版 **印 次：** 2021年7月第2次印刷
定 价： 99.80元

产品编号：086176-02

前言

如今艺术形式多种多样，绘画模式也已经发生了很多改变。在传统美术的基础上，CG 数码绘画的应用给设计者带来了更多灵感和不同的视觉表现。CG 原为 Computer Graphics 的英文缩写，是通过计算机软件所绘制的一切图形的总称。随着以计算机为主要工具进行视觉设计和生产的一系列相关产业的形成，国际上习惯将利用计算机技术进行视觉设计和生产的领域通称为 CG。

现在市面上有很多关于 CG 概念设计的图书，但插画场景领域这类书几乎没有。当身边很多设计师和艺术家朋友鼓励我编写关于插画场景的教程，将我在绘画上的心得分享给更多人时，我决定放下一切工作，用两年的时间来编写。为了构思此书，我去了很多国家采风，并翻阅收集了关于插画场景的资料。为了使大家更好地理解这本教程，我特意把每一个场景中的元素和每一幅画都分解绘制，并以理论知识解析每一步的绘画目的，配合不同的使用工具来达到最终的视觉效果；以具有镜头感的构图、光影、色彩、空间、气氛来叙述主题故事，用分前、中、后期立体式的运用实例去分析阐述插画场景的实践方法，这也是本书别样的绘画表现特点。起初它就像一个拼图迷宫，让我崩溃。我绘制完大量详细的分解步骤图，梳理了故事主题，并结合我多年在工作中积累的经验和感悟，将这些关于插画场景绘画的碎片重新排列组合，最后得以将它们编写完整并分享给大家。

CG 本是通过软件再创造的绘画艺术表现形式，但它不仅限于掌握使用软件的功能。最初我接触 CG 数码绘画时，复杂的功能和多样的命令界面让我紧张，但我慢慢地发现其实掌握几个基础功能就可以开始绘画了。为此，在本书的前面章节，我特意挑出了使用软件中的基础性的要点，方便初学者尽快入手。

艺术化的视觉绘画表现会带来更多不同的感官情绪。CG 数码绘画鉴于其独特性，无论对于商业插画表现还是视觉艺术传达，都能给喜欢绘画的设计者带来更多艺术享受。它不仅被用于影视、游戏、插画、动画、漫画、广告等方面，还可能会在更多的领域大放异彩。

本书内容来自我大量的练习、学习和对生活的感悟，是我多年的艺术积累与沉淀自然形成的结果。起初我只是一个画画爱好者，常常在作业本上、书本上和家里的墙上涂鸦。画画能给我带来快乐，是表达内心的一种方式，也让我在这个世界上有更多存在感。我只是一个爱做梦的孩子，在众多的梦想中我选择了长大做一名画家，并告知天下。也许那时我就埋下了这粒小小的种子。到现在，绘画一直和我保持着亲密的关系。

场景设计理论是理解空间视觉语言的工具，其建立在现实环境中的气氛传达效果上。在众多的绘画风格中，我对表现幻境的风格情有独钟。梦是现实的映射。我多捕捉自然中的环境，并以这样的气氛为灵感，建立我的幻想世界。

也许你正准备做一名职业 CG 插画场景设计师，也许你正在走向插画家的路上，但如果你的脑海里充满了各种奇思妙想，那么就拿起画笔，让各种想法顺着指尖流淌，勾勒出你心中的画面吧！

希望这本书可以点燃你的想象力，也希望看到此书的你能喜爱这本书。

最后，感谢我的家人、朋友们的帮助和支持，是你们给了我无限的勇气和灵感，感恩！

寒放

2020 年 3 月 1 日

目录

第1章

插画之路

第2章

绘画工具使用技巧

第3章

空间与光影构成

第4章

色彩与情绪表达

第5章

场景元素绘制设计及材质表现

第6章

气氛主题设计构成

第7章

插画场景概念设计与艺术风格

第8章

作品展示

第 1 章　插画之路

传统绘画到数码绘画的发展过程中，每一次的转变，都会从视觉上给人带来奇妙无比的享受。当我们面对数位板而不是一张简单的白纸时，那些复杂的选项会让接触过传统美术的我们感觉到棘手和不安。但对做一件事情来说，兴趣才是最好的开始。正因为每个人对艺术有不同的理解，才使艺术品有了多种多样的风格。在新的数码绘画领域里，学习掌握数码绘画的特性和功能，会让我们对艺术产生更深的理解，在绘画的表现上发挥出最佳水平。学习，帮助我们将兴趣转化成对艺术的执着。

▶ 1.1　什么是插画

插画，国际上被称为 illustration。按照词典上的解释，插画也可以叫插图。内容以文字和插图的形式结合，比只有文字看起来更加生动，能使作者更好地表达和阐述观点，从而建立叙述者和观看者直接的联系。起初它指插附在书籍中的图画，用来补充说明正文内容，起到例证、实例、图解或艺术欣赏的作用。在我看来，无论是单幅的、连续的图，还是随意的涂鸦，以图画为传达手段的视觉概念设计及多元化风格的创作都属于插画。

▼　《同学》系列插画作品 • 雨花路　Photoshop CC

illustration ▶

▶ 1.2 什么是场景插画

所谓场景插画，就是以场景为主来叙述环境、气候、社会、故事的画作。在美术领域中，场景插画作为插画的分支之一，在画面的表现中起着相当重要的作用。在有悠久历史的画作文献中，我们可以通过场景中的表现分析出当时的社会环境和人文地理环境。优秀的场景插画可以使画面更具有故事性，因此它也是插画中很重要的门类之一。

▼　《同学》系列插画作品・蜻蜓尾尖　Photoshop CC

scene

▶ 1.3　商业插画

作为一种重要的视觉传达形式，插画从多样化、多元化的角度传达美感和思想。它被广泛地应用于游戏、动画、影视、书籍、商业宣传图、海报、产品包装等领域。尤其在数字互联网时代，数码插画以其特有的自由形式、高效的产能和艺术表现力成为绘画领域中的主流趋势。

游戏场景 • 炼狱 Photoshop CC ▲

▼ 游戏场景 • 地下皇陵 Photoshop CC

▼ 游戏场景・神学院 Photoshop CS5

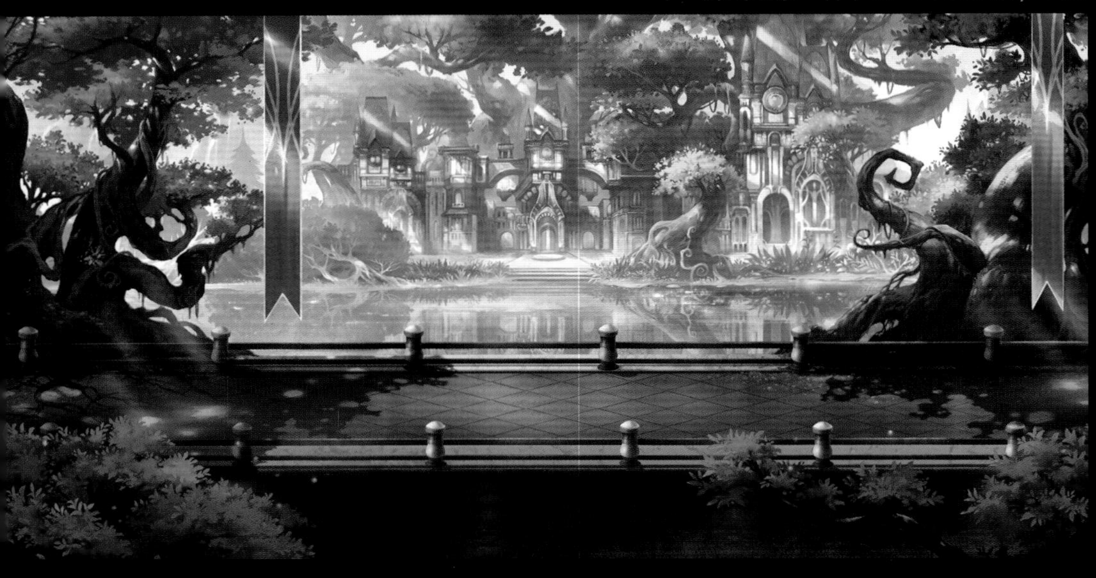

▼ 游戏场景・妙灵山 Photoshop CS5

Game
Scene ◎
Design

▼ 游戏场景・恶魔城 Photoshop CS5

▼ 游戏火山场景・祭坛效果图　Photoshop CS5

很多游戏为 3D 风格，为让模型师更好地理解场景里的设计结构，除绘制效果图外，还要把场景中一些复杂的元素从两种视角来进一步刻画。给出色彩指定，会让 3D 模型师更好地还原设计图，来达到满意的视觉效果。

▼ 动画场景 Photoshop CS3

▼ 影视场景 Photoshop CS3

影视类中的场景环境，多数以写实手法表现，通过绘画加照片合成的技术，以及适当的艺术夸张，烘托出另一种情绪气氛效果。

▼　影视场景　Photoshop CS3

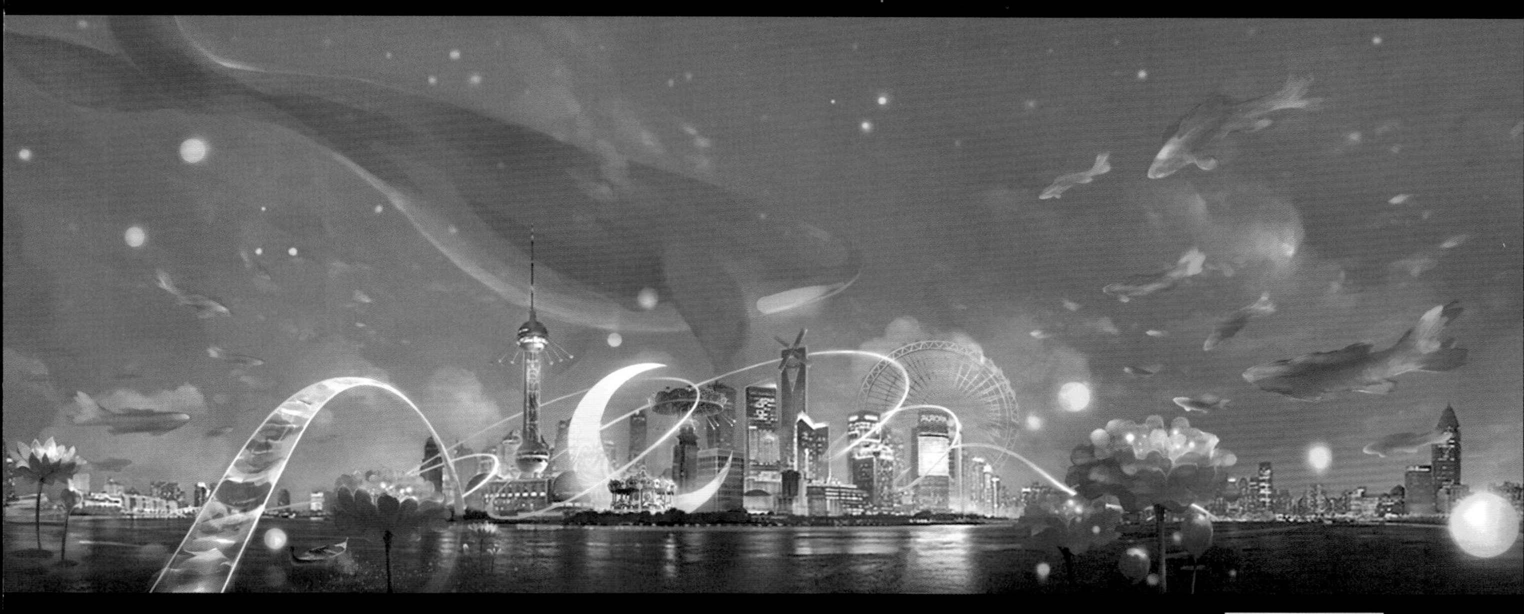

Movie scenes

影视场景　Photoshop CS3　▶

▼ 装饰画 · 《梦的七月》 Photoshop CS3

Product Design

产品 · 伞 Photoshop CS3 ▲

产品 · 手账本 Photoshop CS3 ▲

▶ 1.4　灵感笔记

我曾经有一个笔记本。当年自学绘画时，我每天都把新学到的知识点记录在笔记本上，放进背包里，常在往返的地铁上翻看。我把这些绘画理论记在心里，然后去思考；在日常中我也会观察场景环境，也常常将脑海中的奇思妙想记录在这个笔记本上。之前我会在画布上没有目的地乱画，渐渐地我学会在绘画之前进行理性思考，思考构图设计，想要表达的感觉，等等。虽然艺术的形式很自由也很感性，但只有科学地整理思路，才能更好地捕捉到瞬间的灵感。当表现在画布上时，画面接近你想要表现的，就是更有效的学习。

每一个插画师都有一套自己的作画习惯，拥有属于自己的绘画风格，这来自对艺术和技术一点一滴的积累。

1. 收集资料

经常有人问我：“我有一个想法，但画了一点儿就画不下去了，更别说细节了。

请问这时候该怎么办呢？”

其实，这个问题在绘画的初期每个人都会遇到，找参考就是一个非常好的方法。我做不到周游世界、看所有的风景，但我可以收集这些图片资料，并把它们分类管理。当我有了一些想法但并不确定时，就可以快速调取我想要的图片作为参考，而不是马上去海量翻阅。也许在翻阅的过程中你已经忘记想要的画面了，灵光乍现的感觉也会消失，灵感可不会等你。

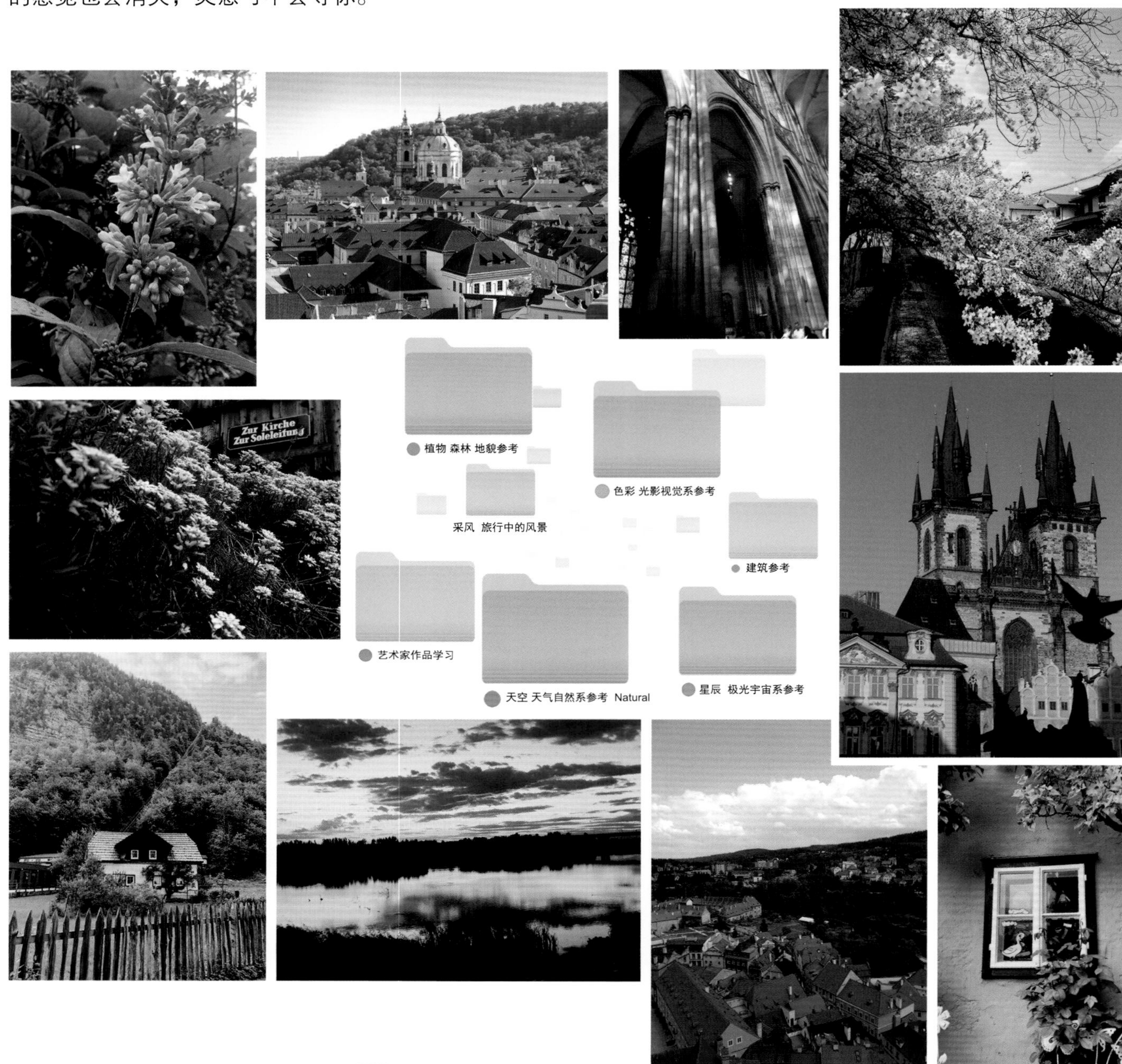

▲ 资料收集 Data Collect

你需要勤奋一些。也许你无意间储存的图片会成为你绘画创意上有价值的参考。多听多看，多去欣赏，捕捉灵感，别让它溜走了。

2. 主题传达

结合脑海中模糊的画面，同时整理有主题的故事梗概，是我经常用到的作画习惯。作为绘画前的准备，主题简单的文字会使我的思路清晰。起稿时，脑海中的画面与手上绘制的几乎吻合；理性地分析后，在绘制过程中增加感性色彩，慢慢地最初模糊的画面会一点点地被呈现出来。

Tips

提炼关键词，会让我直接找到可参考的图片，辅助我更好地把握造型、细节、光影和颜色。

想象的画面
文字梗概：
海棠花 漫漫飘散
是种感情 是种寄托
……
图片参考：
粉色的樱花 蓝天
白云 漫天飞舞的
花瓣……
火锅
好吃的
思考 ing...
出去 玩吗
……

▲ 想象的 • ——▶▶—— ▲ 抽象的 • ——▶▶—— ▲ 具象的 •

3. 捕捉画面

多画自己喜欢的东西有助于培养我们的绘画爱好，如看见心仪的场景就记录下来。画草图和气氛图就是养成绘画好习惯的方法之一，有助于把一些想法快速地记录下来。我们也可以通过摄影来定格喜欢的风景，收集整理并分析这些采风场景，这可以帮助我们更好地理解空间、光影和色彩。

以十月为主题的作品，从构思草图、气氛图、造型设计，到光影和色彩的最终构成过程 • Photoshop CS3

通过这些日常的练习，可以训练我们对画面的捕捉能力。这在场景构成和概念设计上对我们有非常大的帮助。

▲ 草图、气氛图练习 • Photoshop CS3

▼ 概念场景气氛练习 • Photoshop CS3

▼ 概念场景气氛练习 • Photoshop CS3

▼ 概念场景气氛练习 • Photoshop CS3

▼　光影场景练习 • Photoshop CS3

▼ 色彩构成练习 • Photoshop CS3

▼ 色彩构成练习 • Photoshop CS3

▶ 2.1 工具技巧

我是个很喜欢画画的人，小时候就对美术有着非常强烈的兴趣。每当画好一张，被同学们赞赏时，我的心情是美妙的，更是开心的。我想做一名画家，来表达我对画画的喜爱，以至于到现在都想努力完成儿时的梦想。在我年少时，和大多数接受传统美术教育的美术生一样，我面临选择的分水岭——要么坚持理想，要么选择其他职业维持生计。那时候我也很迷茫。

第一次接触数码绘画使我重新认识了画画。我真不敢相信那些美妙炫酷的画面，是用叫“手绘板”和Photoshop的东西创作出来的。我一遍遍地翻看那些作品，万分激动和忐忑。在艺术的世界里，我就像一只在大海上漂浮的小船，太多的美术风格和技巧如风浪推动着我向它靠近。艺术在吸引我。数码绘画令人惊艳，也让我敬畏，我徜徉在这片神秘而广阔的天地间，每一刻都是崭新的。

2. Photoshop 工作区设置

Photoshop 是一款功能非常强大的软件。我目前使用的版本是 Photoshop CC。我们只要掌握基本的功能，就可以开始场景创作了。随着慢慢地了解，会发现有更多的功能可以辅助我们增强画面的表现力。Photoshop 可以帮助我们实现想要的画面，但我们不要单纯地依赖这个软件。

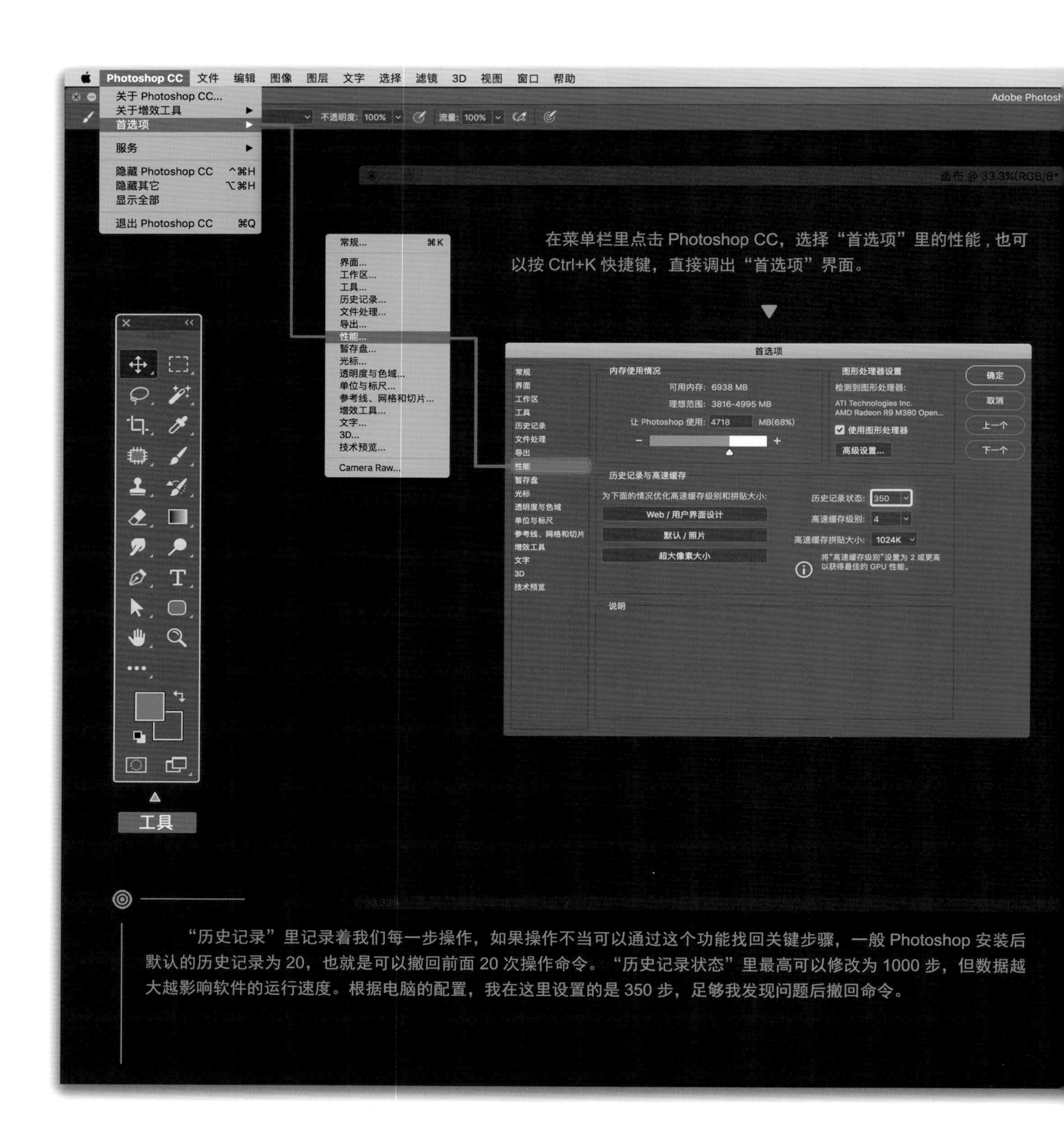

在菜单栏里点击 Photoshop CC，选择“首选项”里的性能，也可以按 Ctrl+K 快捷键，直接调出“首选项”界面。
工具
“历史记录”里记录着我们每一步操作，如果操作不当可以通过这个功能找回关键步骤，一般 Photoshop 安装后默认的历史记录为 20，也就是可以撤回前面 20 次操作命令。“历史记录状态”里最高可以修改为 1000 步，但数据越大越影响软件的运行速度。根据电脑的配置，我在这里设置的是 350 步，足够我发现问题后撤回命令。

很多人可能会认为一幅漂亮的数码绘画作品是用软件和电脑来创造的，也有人认为是电脑自己在画，操作者只需按几个按钮就可以了。其实不然，当我们对绘画有了一定的理解，脑海中有了画面感时，用手绘板和 Photoshop 绘画和我们拿画笔在纸上画画一样。虽然媒介变了，但表达的性质是一样的。现在数码绘画的应用越来越广泛，这种误解也会相对减少。

• 因关掉了一些我不常用的功能面板，留出了更大的面积给画布，所以我的工作区域比较简洁。

3. **键盘快捷键**

一般情况下，我们右手持笔，左手放在键盘上配合快捷键进行绘画，就可以不用在复杂的菜单中找寻各种命令了。这样不仅可以加快绘画过程，还能提高工作效率。

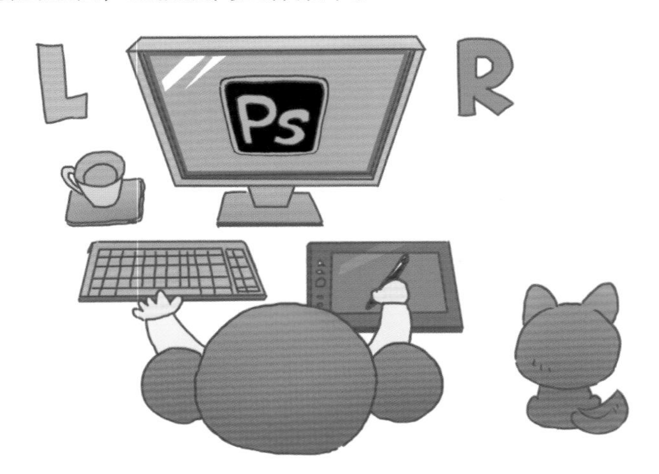

比如调用画笔工具，只要在键盘上按下“B”键就可以了；调整颜色，只要按“Ctrl+B”快捷键就可以直接调出“色彩平衡”对话框，再对想要的色彩进行调节了。

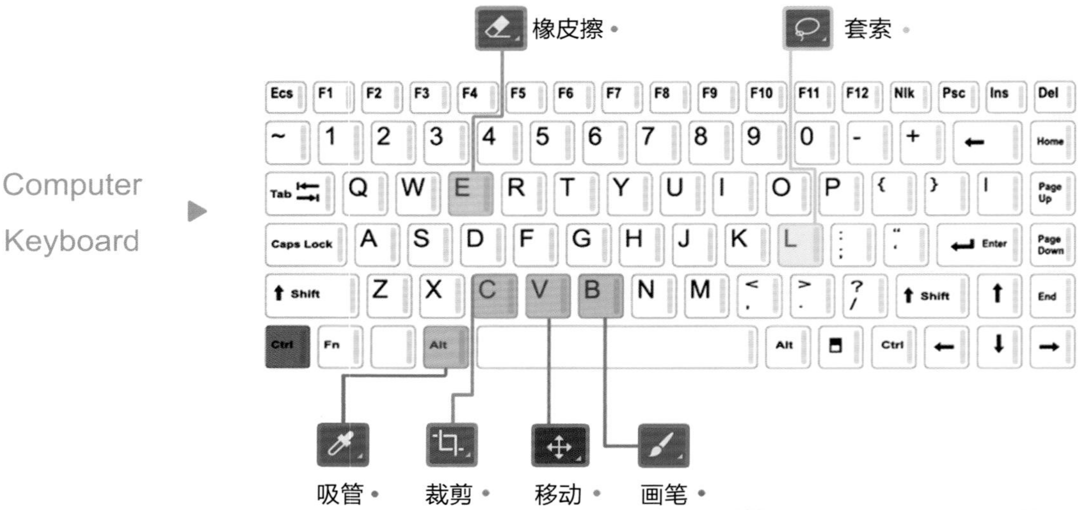

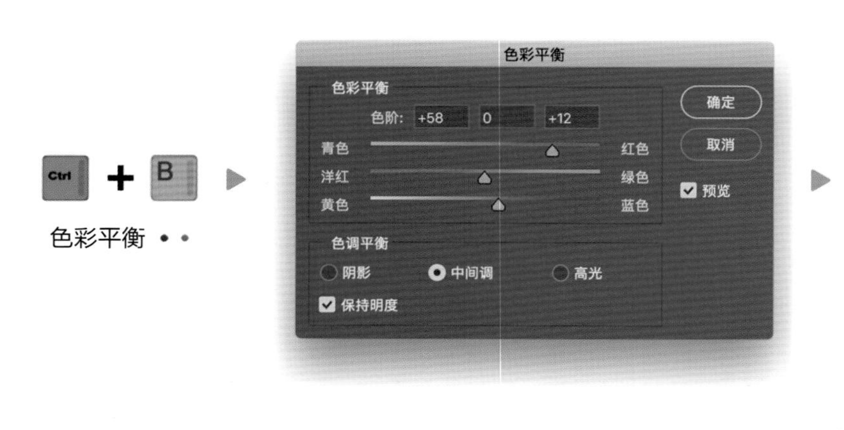

其实我们把画笔移动到图标上，保持两秒，就会出现该工具默认的快捷键符号。

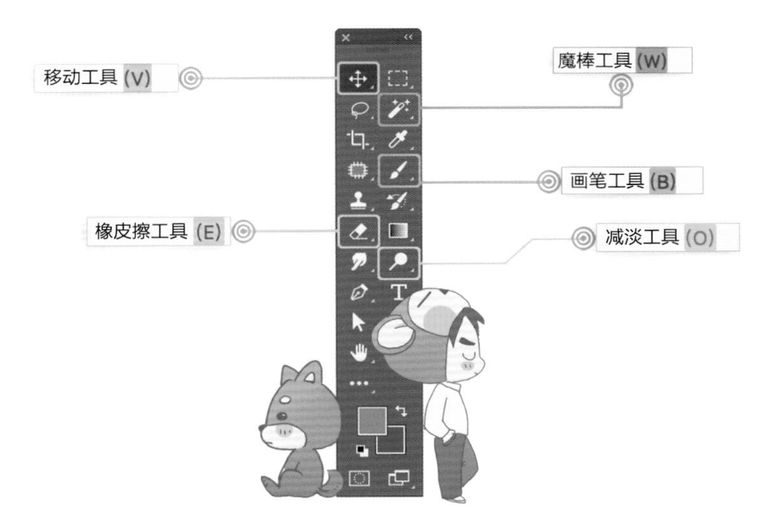

由于 Photoshop 每代的版本不同，快捷键的位置也有所变化，所以可以根据我们的绘画习惯来设置一些自己常用的快捷键，以更加灵活和快速地使用这个软件。

4. 绘画中常用的工具

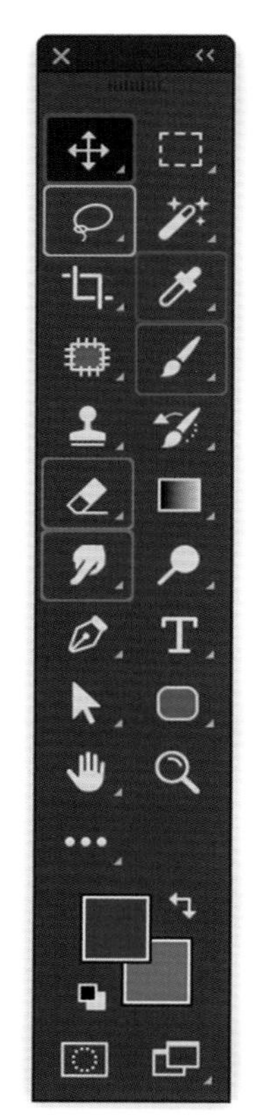

- 移动工具，快捷键 V，负责图层、选区等的移动、复制操作功能。一幅作品会产生很多图层，勾选自动选择图层 自动选择: 图层 可以快速找到想要的图层。
- 套索工具，快捷键 L，可以把画出的形状变成选区，进行图像处理。
- 画笔工具，快捷键 B，配合 F5 键笔刷界面，有更多种笔刷选择，通过它来挑选笔刷，可以绘制不同艺术风格的画面。
- 吸管工具，可通过按 Alt 键来吸取颜色。
- 橡皮擦工具，快捷键 E，如它的名字，可以擦掉不想要的部分。
- 涂抹工具，自定义快捷键 R，可以在画面上做出融合的过渡、柔润的效果。

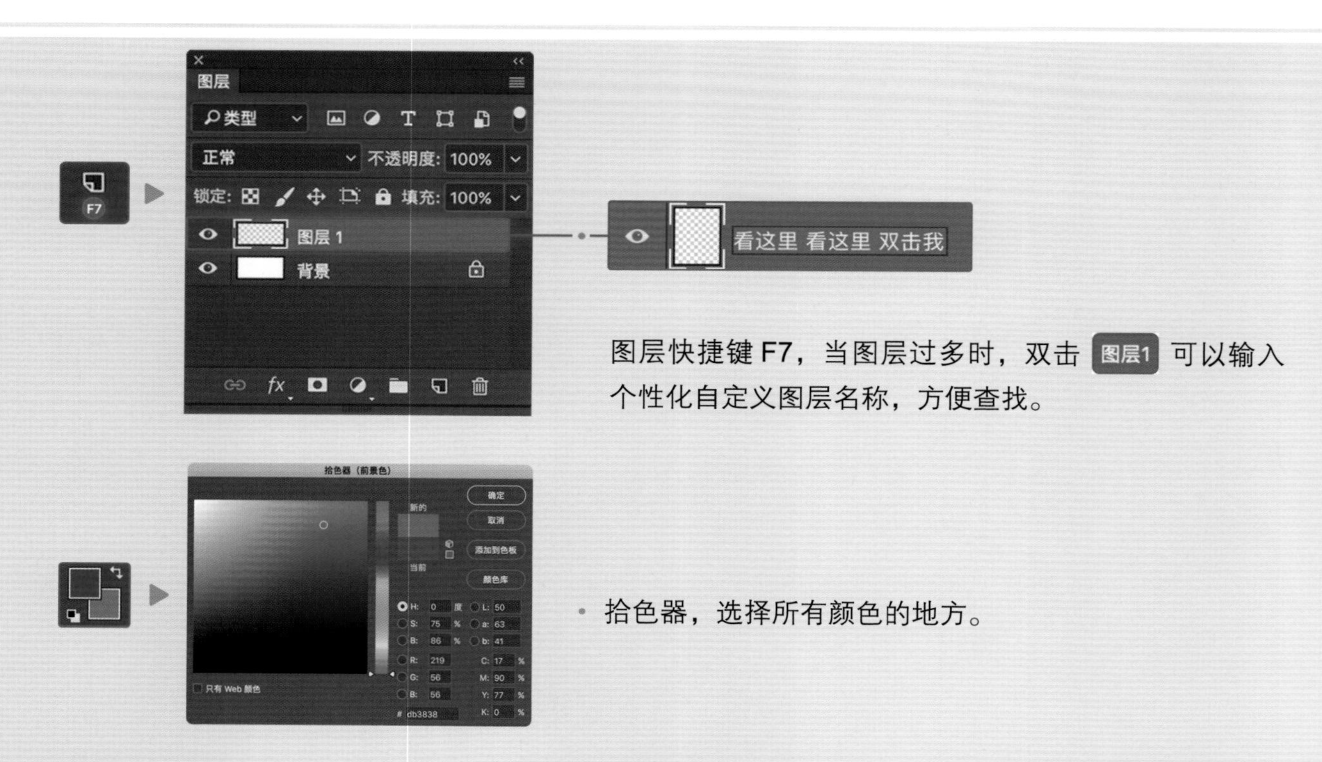

图层快捷键 F7，当图层过多时，双击 图层1 可以输入个性化自定义图层名称，方便查找。

- 拾色器，选择所有颜色的地方。

其他功能在这里我不一一举例说明了，但随着练习的增多，你就能更多地了解 Photoshop。在后面章节中，我也会在实践范画中说明其他工具的功能和使用方法。

▶ 2.2　理解画笔

没有任何一种画笔是万能的，但我们可以根据物体材质找到较适合的笔刷。光影有变化、颜色有冷暖的画作才是佳作。在接触数码绘画的初期，我总是被艺术家作品里的笔触吸引，总想知道是用什么笔刷绘画的。其实绘画最重要的是执画笔的人，而不应全部依赖于笔刷。随着练习，我有了一些对数码绘画的感悟。我会根据场景中要表现的画面，把组成画面的元素大概分出软、硬、飘渺和具有纹理的物体，也把笔刷大概分成三类：软笔刷（Soft）、硬笔刷（Hard）和纹理特效笔刷。每个笔刷的表现效果都不一样，所以根据物体属性来选择笔刷，我们画起来就顺手多了，不仅使画面有更好的表现，也会使作画周期缩短。

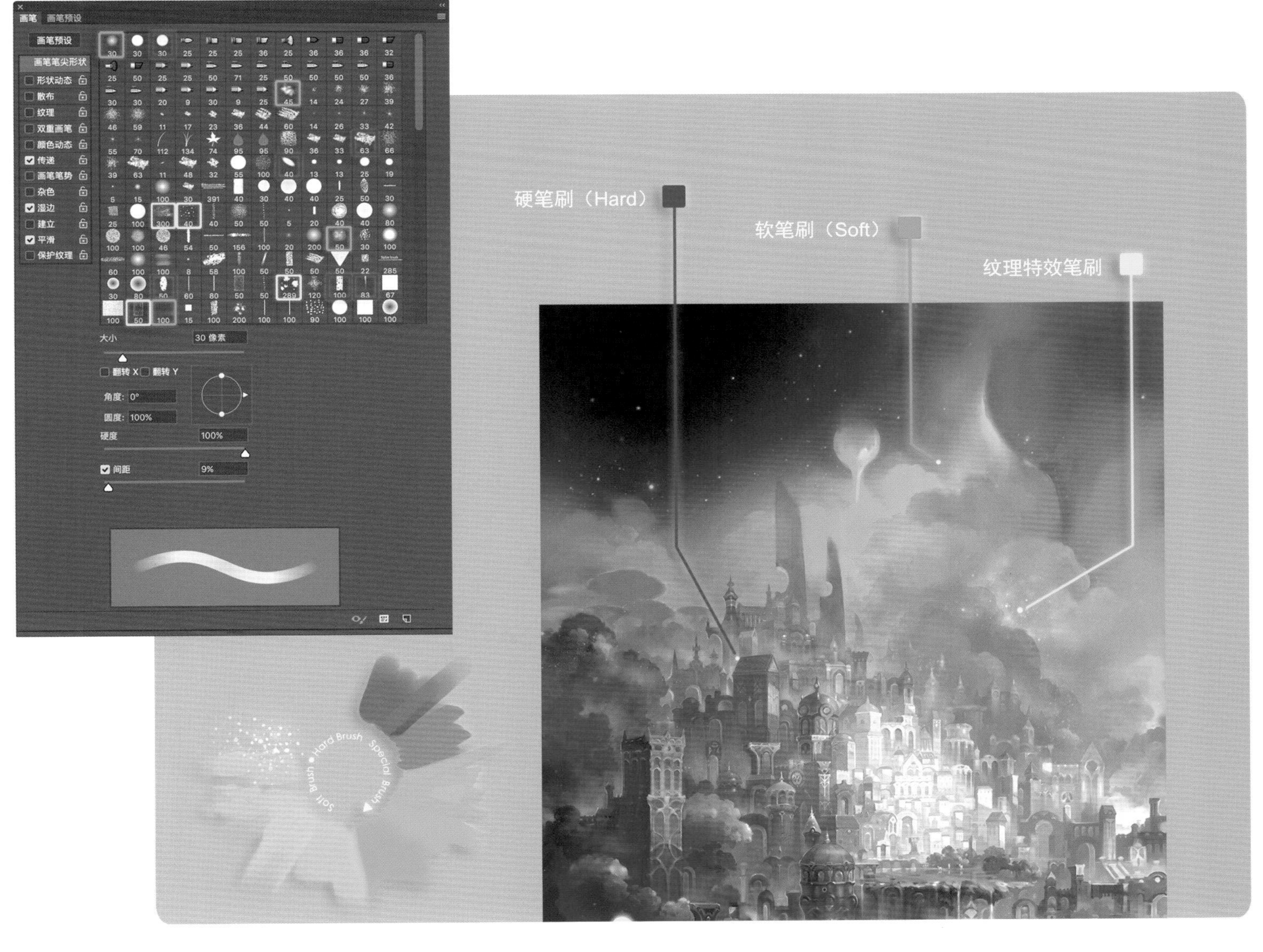

1. 笔刷规划

对于任何一种笔刷，如果我们按自己的意愿来设置参数，就会有更好的绘画体验感，更容易画出有粗细变化的线条、具有体积感的块面以及过渡自然的明暗光影变化。在笔刷工具下按 F5 键，打开笔刷设置面板，我们选用几款笔刷类型，来看看常用的笔刷组合表现出的绘画效果。

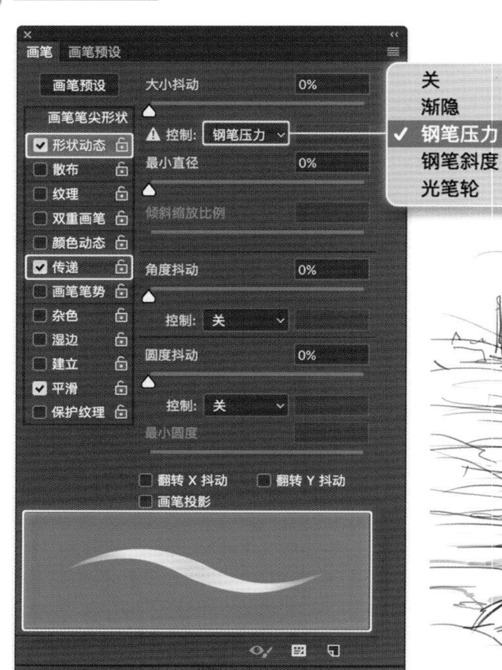

“形状动态”，画线稿时勾选“钢笔压力”功能，可通过手的力度来表现线条的粗细变化。“形状动态”+“传递”，同时开启“钢笔压力”，画出的线条不仅有粗细变化，还有强弱的变化。

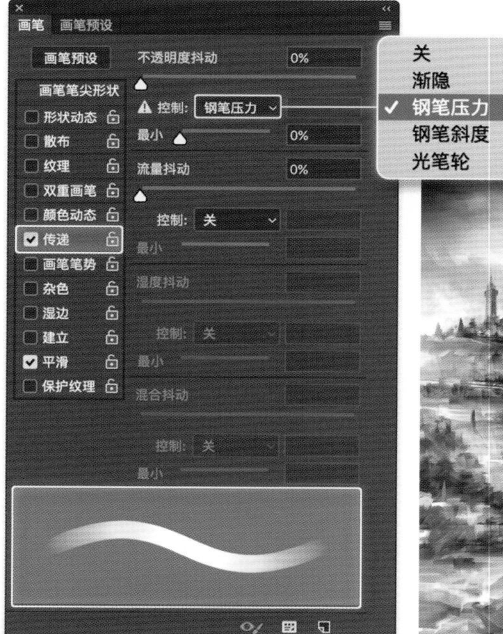

“传递”，拥有敏感的强弱变化，体现压感，块面表现力强，多用于快速起稿和打造光影。

Tips

在画笔工具模式下，点开“画笔预设”选取器，这里能看到每个笔刷的效果名称。根据字面意思，我们可以直接挑选想要的笔刷进行绘制。在画笔预设里我们能看到笔刷形状缩略图，可以对笔刷有个大概形态上的判断。同时在画笔面板（F5）中可以看到画笔参数。

2. 涂抹工具

涂抹工具是非常好用的绘画工具之一，我把这个工具划分到画笔里。它具有很好的混合功能，能够让相近的颜色柔和地进行过渡，模拟出渲染润色的效果。

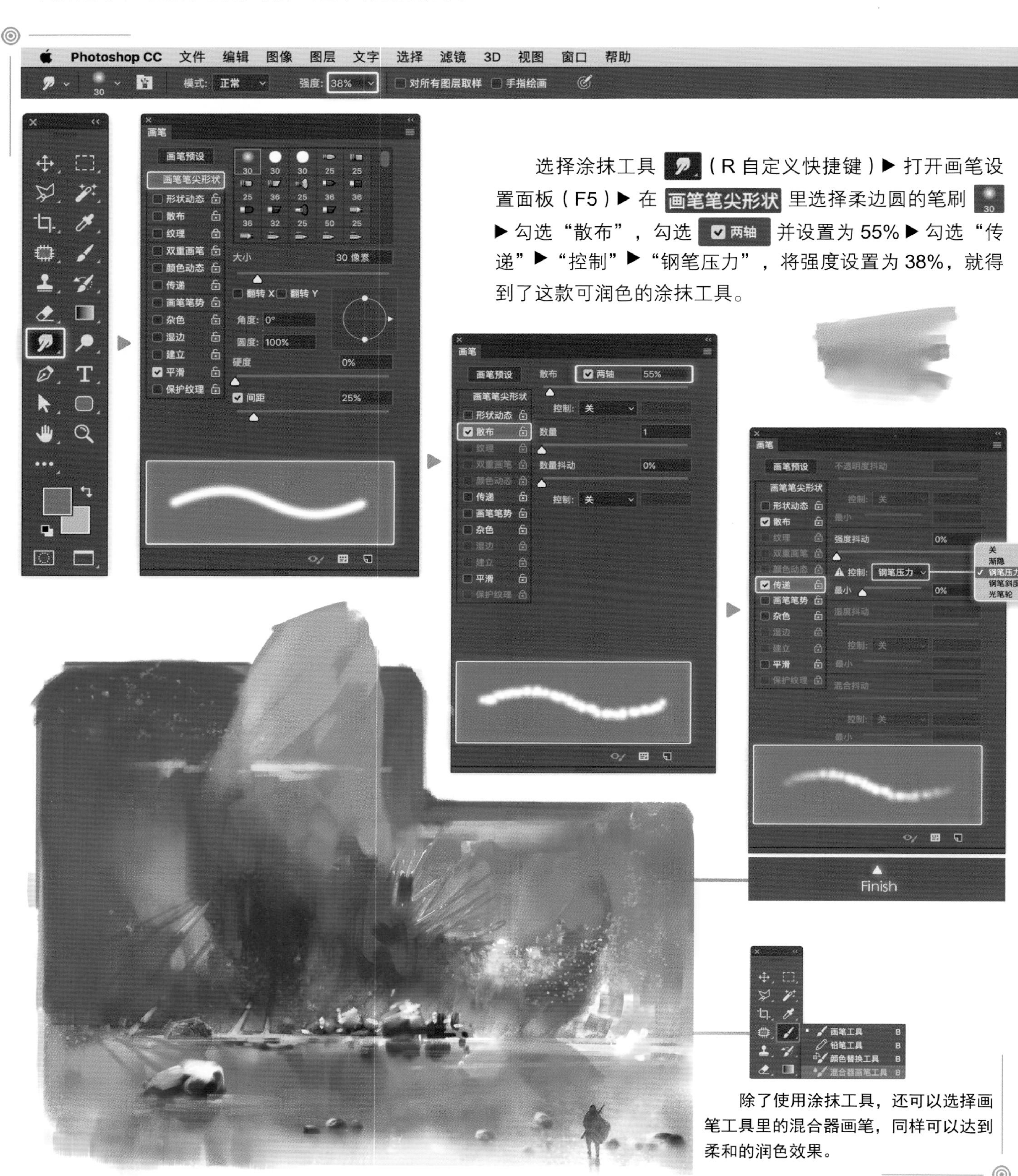

▶ 2.3　自定义画笔

自定义画笔，就是在 Photoshop 中设置和保存自己惯用的笔刷参数，以方便之后调用。每一位插画师都有自己的作画习惯，用自己喜欢的画笔画自己喜欢的画就好。

1. 我的画笔

让风格更加多样化，除了常用的笔刷外，我还喜欢尝试其他画笔功能。

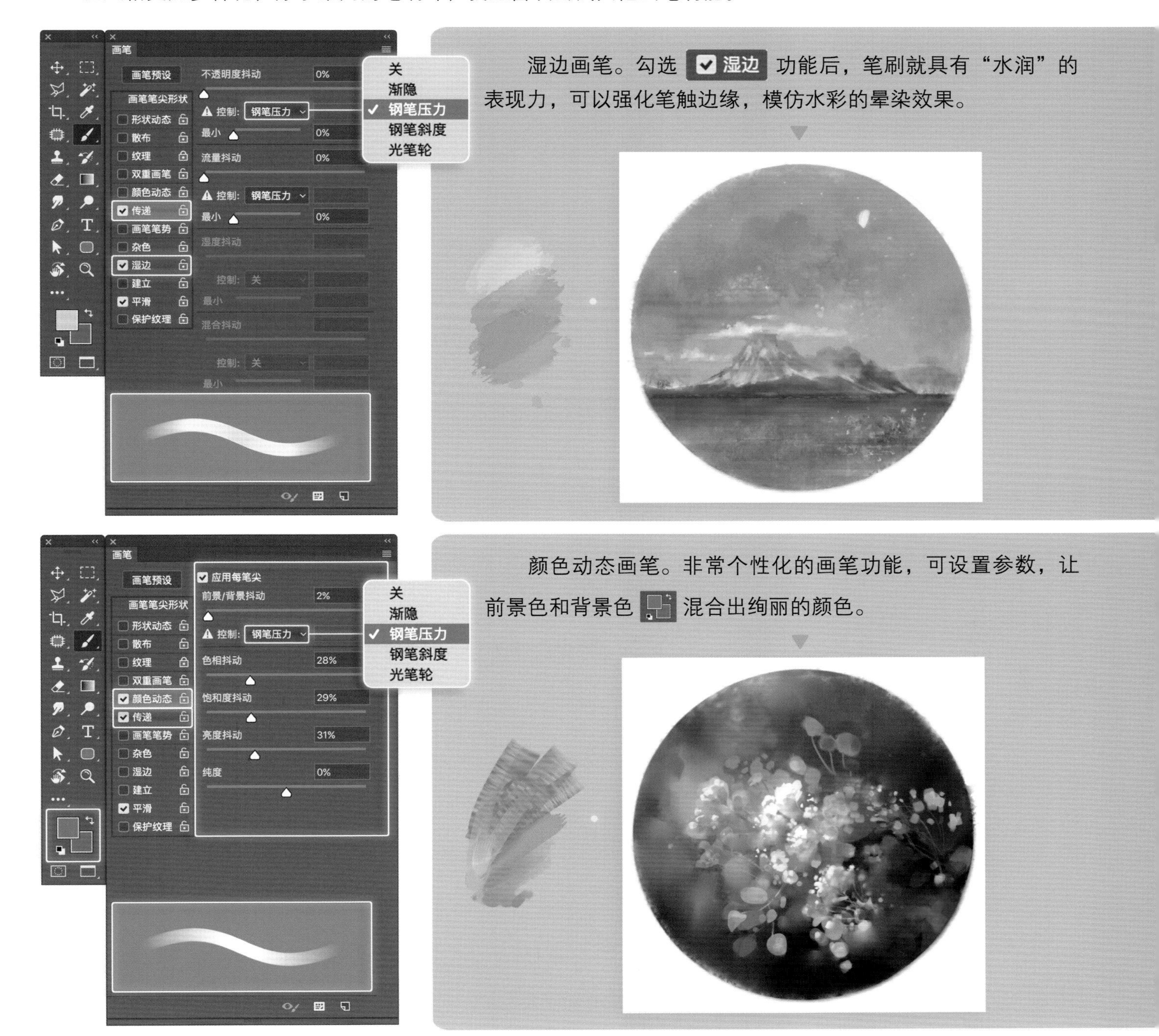

笔刷模式。不同形状的笔刷和模式会产生千变万化的效果，这很“化学”。有一款特效笔刷，是在笔刷模式下选择“线性减淡”。这是一种混合模式，会在原有的基色上产生混合色，增加亮度，多被我用于提高亮度和进行光彩表现。

尝试多样的笔刷模式，会得到更多的化学式的艺术反应。

2. 自制笔刷

笔刷运用得好，可以简化绘画中烦琐的过程。通过改变笔刷的角度、硬度、流量、抖动、混合模式来自制笔刷，能得到更好的画笔“装备”，这是提高工作效率、使画作内容更丰富的技巧。能在绘画技巧上有突破，也是对艺术的一种追求。

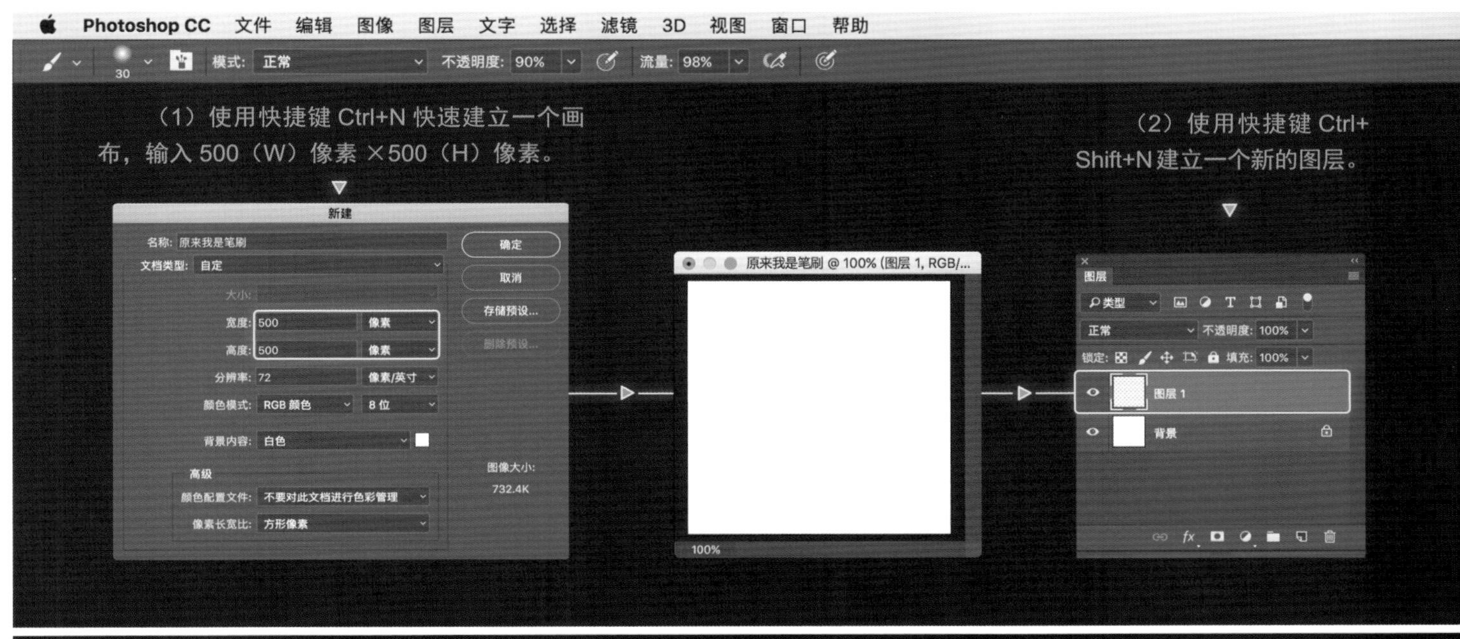

（1）使用快捷键 Ctrl+N 快速建立一个画布，输入 500（W）像素 ×500（H）像素。
（2）使用快捷键 Ctrl+Shift+N 建立一个新的图层。
新建
原来我是笔刷 @ 100% (图层 1, RGB/...
图层
图层 1
背景

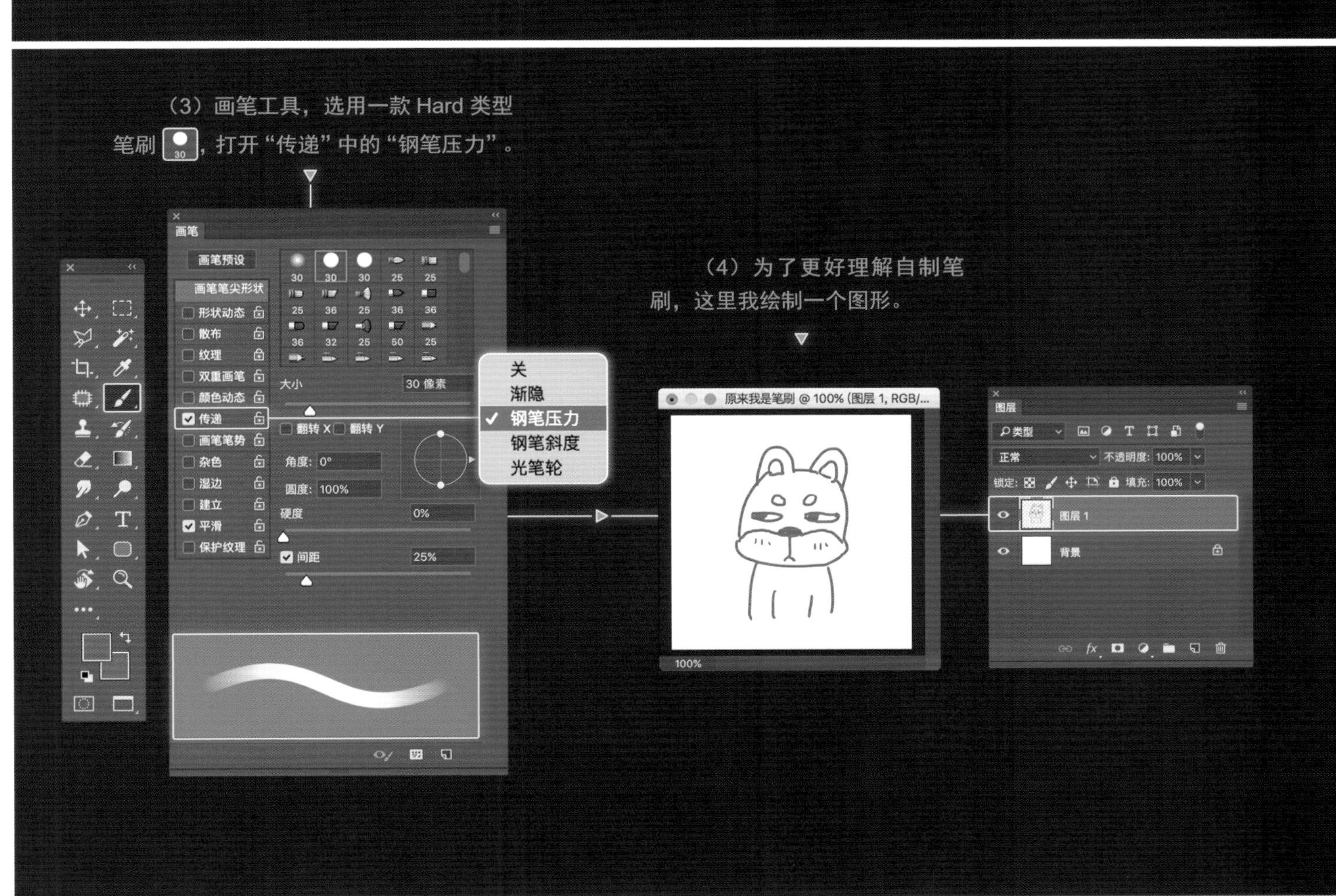

（5）关闭背景层。

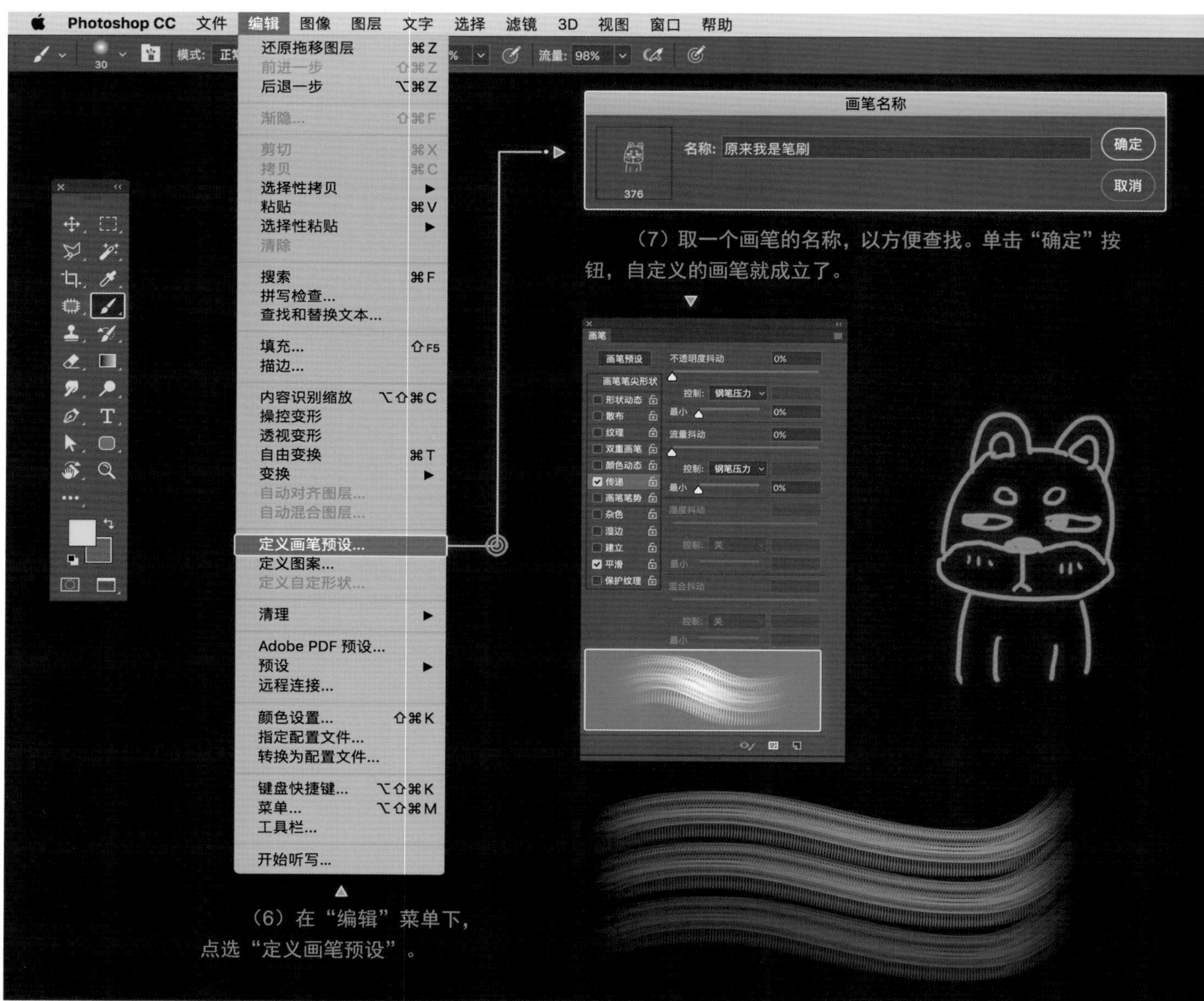

（7）取一个画笔的名称，以方便查找。单击“确定”按钮，自定义的画笔就成立了。

（6）在“编辑”菜单下，点选“定义画笔预设”。

1. 数位板

之前我用过几款数位板，现在用的是 Wacom 影拓 5。简单理解，数位板就相当于画纸或画布，数位笔就是画笔。数位笔具有和鼠标一样的功能。在数码绘画里，数位笔没有出现前是用鼠标来绘画的。鼠标的绘画体验远远不及数位笔。数位板和数位笔会更好地还原绘画感。随着硬件的升级，数位笔的压感级别增强后，会更接近真实画笔的手感。

开始使用数位板时，你会觉得笔在数位板上很滑，不好把握。我的建议是多练习，试着控制它。这需要一个适应的过程。每个人的手的力度不同，笔尖接触画板的感觉也不同，我们可以通过数位板的“属性”进行调节，可以多尝试并做出调整。好的学习就是不停地尝试。

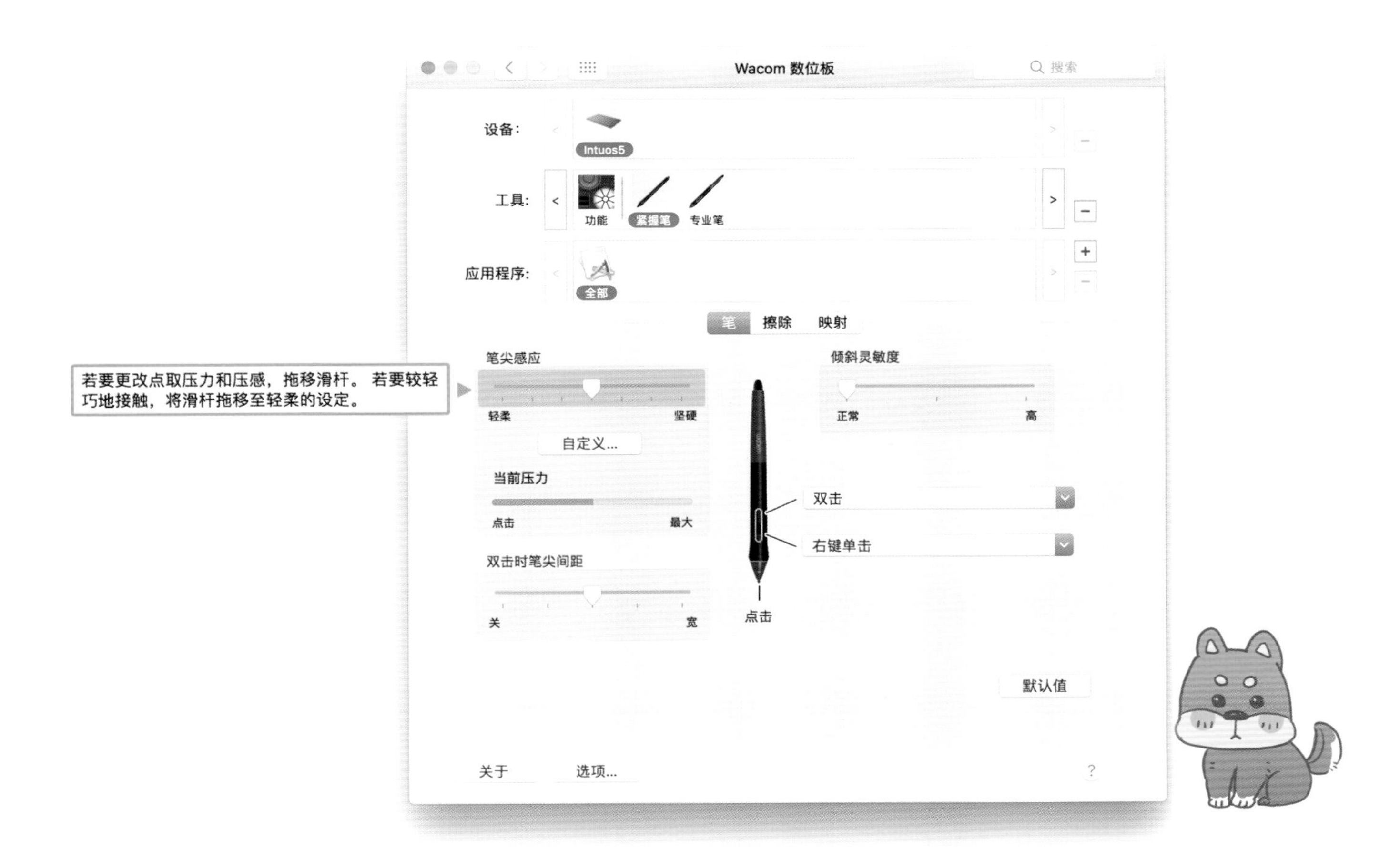

（8）在画笔设置面板中，还可以做出更多调整，然后重新在“编辑”菜单中选择“定义画笔预设”命令，取个名字后最终存储自定义的笔刷。

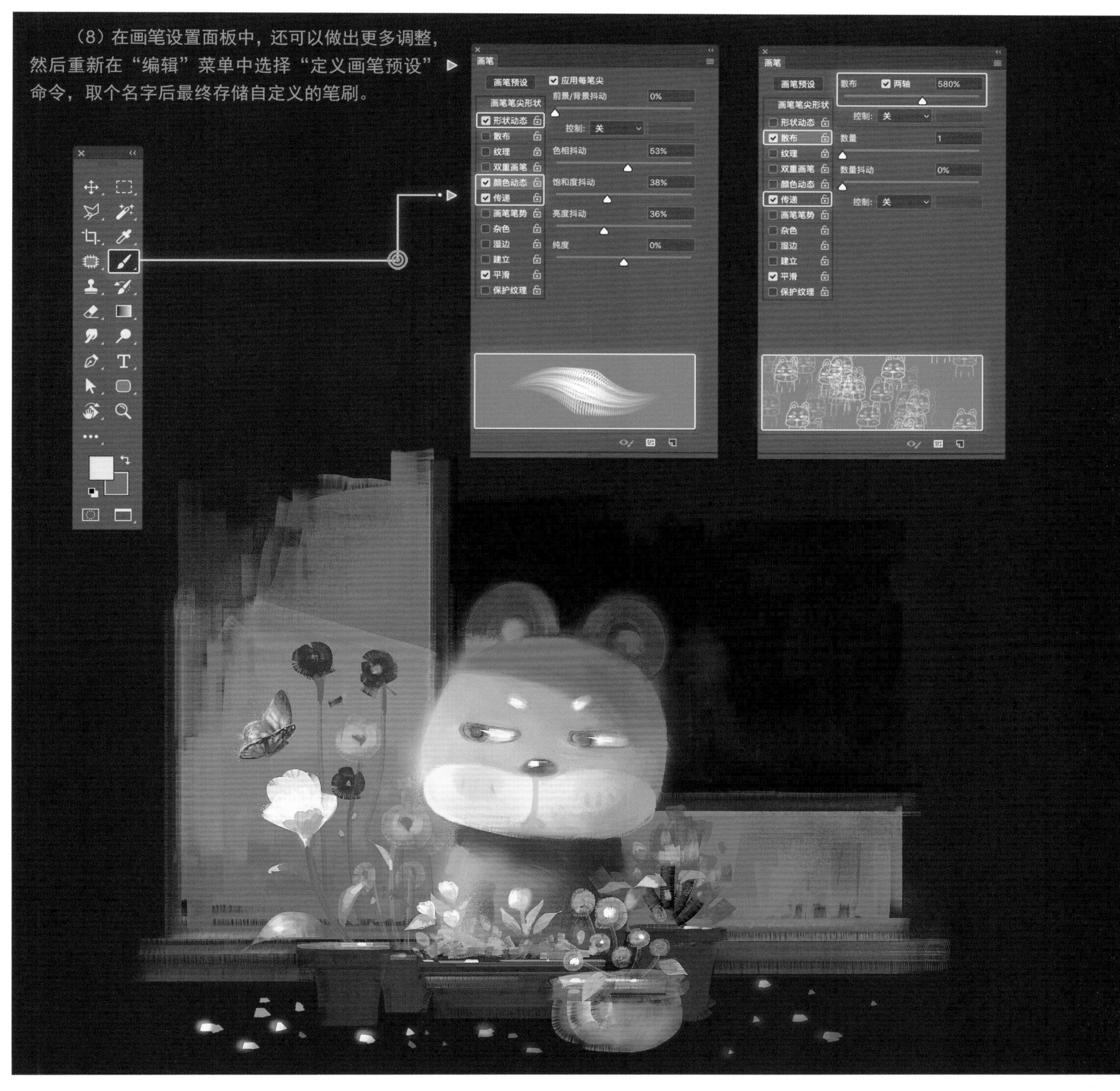

上述是自制笔刷的方法，我们可以用同样的方式制作更多笔刷，如雪花、星辰、雾气、花瓣等。我们也可以在网络上下载表现力度更强的笔刷。在这里感谢制作笔刷的艺术家们。

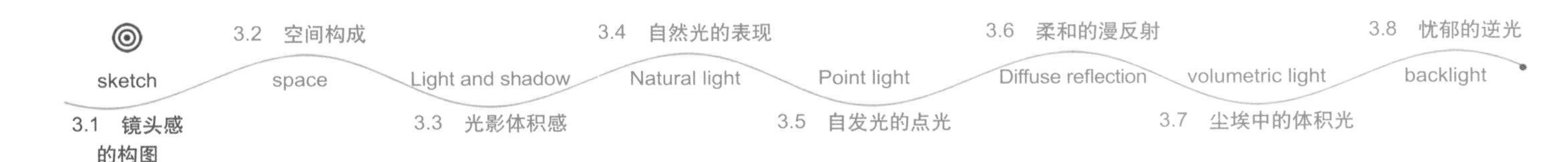

▶ 3.1 镜头感的构图

在多样的构图法则中，根据“黄金分割”定律得出的三分法则简单易懂，是场景中常用的构图理论之一。以 4 条线把画面横竖分出 3 份，九宫格里的 4 条线交汇在这 4 个交叉点上，这是视觉最敏感的地方；把主体物放在这 4 个点其中一点上，主体物会自然成为画面的视觉中心。这种构图法能够突出主体，使画面更趋向平衡，较符合人们的视觉习惯。

▲ 素材 • 根据三分法则拍摄的风景

▼ 草图 • 采用三分法则的构图

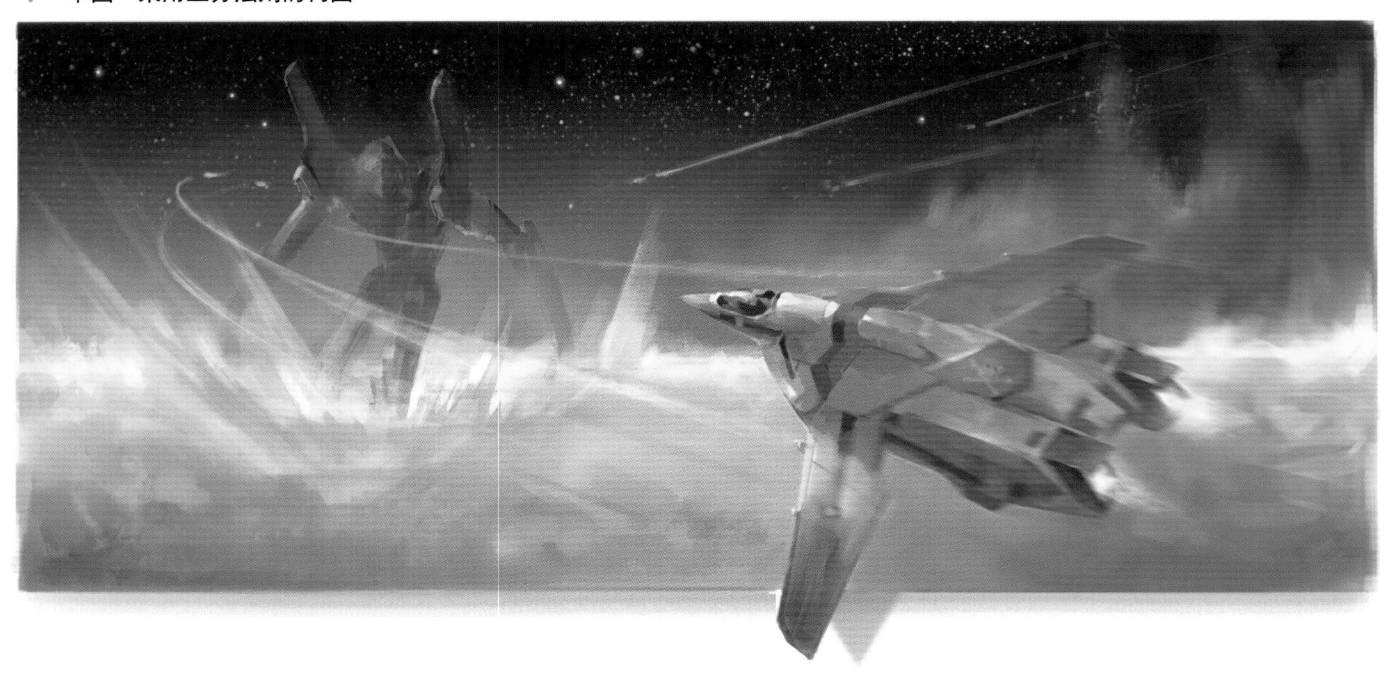

构图对一幅画非常重要，但没什么法则是绝对适合的，你要根据故事和环境来进行构思。名作中那些经典的构图法则可作为参考，可以灵活运用，但不可生搬硬套，有时打破规则也不是不可以。

• Tips

怎样捕捉理想的构图角度是经常让我苦恼的问题。如果我用三天画一幅作品的话，我想我会拿出一天时间来构思故事、视角和光影并做好前期的准备。根据归纳出来的简短故事，我经常会转动我的头和眼睛（我不是神经病），在大脑中构思着画面和不同位置的地平线，一遍遍演示不同的构图：平视、仰视或俯视。这种感觉就像一部可旋转的摄影机，眼睛就像摄影机的镜头，随着转动会捕捉到想要的视角。当锁定一个较满意的视角后，就可以马上用画笔绘制一些草图，进一步推敲透视来确定最后的构图。所以构图是绘画的第一步，是叙述画面里那些隐秘故事的开始，不同的构图会带来不同的感受。

作画前冥想，绘制草图以得到更多创意 ▲

1. 地平线

天和地交接的地方就是地平线。当确定了地平线在画布的位置，就能推测出准确的透视——找到了地平线就可以捕捉到视角。它是构图的第一步。

用一些几何图形推敲透视，搭建空间感。
地平线
MIMO
MHD

• Tips

在一些场景里，稍微倾斜地平线，会使画面增加一些冲击力和动感。地平线在构图中非常重要，当地平线出现在画布的不同位置时，会产生多方位的视角变化。

素材 • 采用倾斜镜头拍摄的风景

草图 • 采用倾斜地平线的构图

2. 平视

当地平线的位置在画布中间时，头如摄影机的镜头，眼睛向水平方向望去，就构成了平视的角度。

根据地平线的位置，我们来描绘这样的画面：黎明时刻，我向远方平视，在天和地交界的地方，一轮红日冉冉升起，那远在天际的星星还在闪烁。

平视带来的感觉更多是安静的、日常的。水平视角经常可见于横构图为主的平稳感强的画面中。

• Tips

3. 仰视

我们平行地望向远方会得到一个平行的视角，可以看见一半天一半地。当头部如摄影机抬头看向天空时，发现天空的区域大了，地面的部分少了，地平线在视野里已经靠近镜头的下方了。简单理解，当地平线靠近画布下方时，会得到一个仰视的角度。

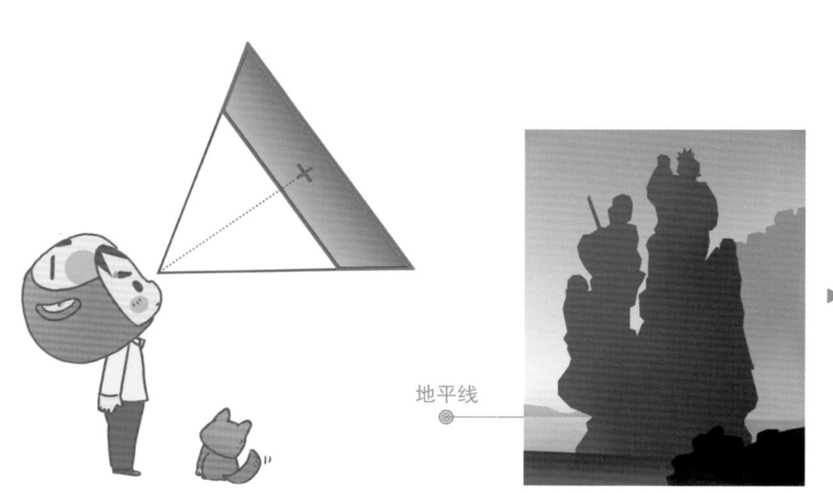

• Tips

仰视的构图会给人带来紧张和渺小感，是一种具有挑战和被压迫感的构图视角，多用于竖构图。

这个角度
我是不是很高大？
是啊，我都看见
你的双下巴了！

4. 俯视

与仰视相反，当我们低头看向地面时，天空的区域就会变少了，而地面的区域变大了，所以当地平线靠近画布的上方时，就会得到一个俯视的角度。

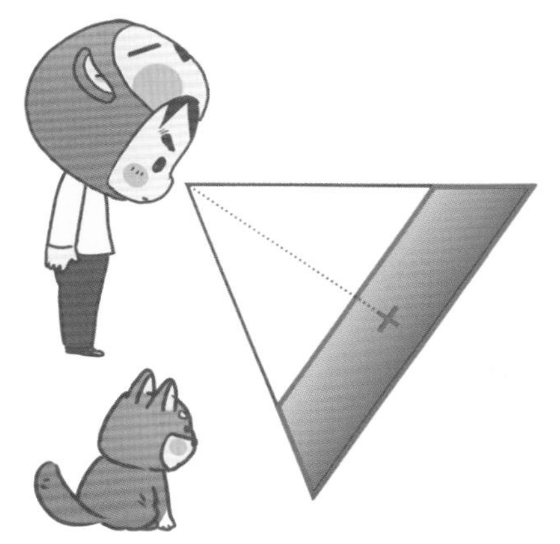

• Tips

俯视会带来广阔的、孤独的感觉。

就像那天你
在路边俯视我。
从此就开始了
我们冒险的旅程。

• Tips

如果绘制的仰视或俯视的角度较大，地平线就无法标注在画布上，但其实地平线并没有消失，只是在画外。

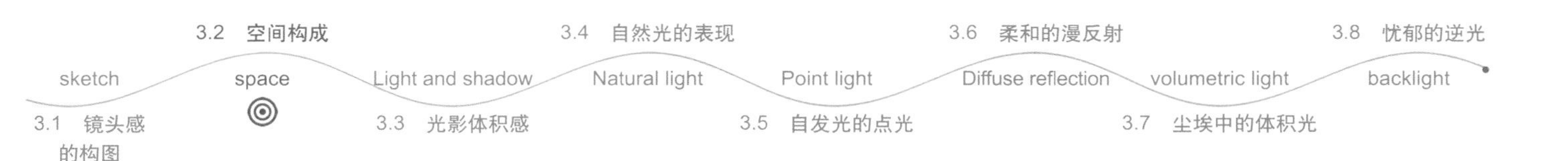

▶ 3.2　空间构成

画布是平面的，在画布上绘制出立体的效果就是对空间的展现。空间是以二维视觉为基础，以光影为依据，从构图角度，将造型元素按一定的距离排列、组合成的立体画面，是在二维平面里表现出的三维立体的空间。

• Tips ▼ 草图 • 用层次感组合出空间

1. 空间层次

画面里怎样表现出空间感？用景别来解释就非常易懂了。景别由近景、中景和远景组成，从近到远的排列会产生景深，它们之间都隔着很远的距离。从观察者的角度出发，离我们最近的就是近景（也可以称前景）。如果我们与中景的距离大概是几十米远，那与远景的距离可能就是上千米甚至更远。要表现出这种距离感，就要将中景、近景做出区分。

▲ 素材・拍摄的风景

▲ 草图・空间层次划分

▼ Tips・空间层次分析

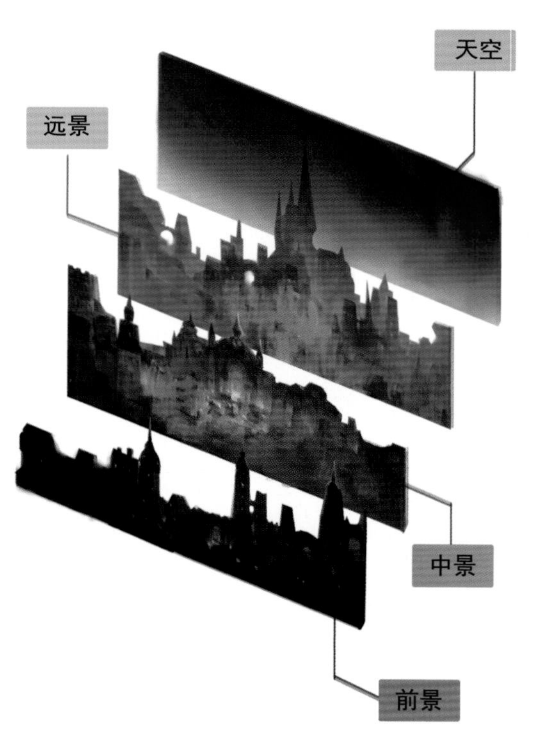

2. 大气透视

空气中存在着烟雾、尘埃、风沙、蒸汽等介质，这些介质经过光线照射使环境颜色产生变化，会降低远景的饱和度，使轮廓也变得模糊。大气透视是表现空间层次和深度感的重要手法。

▼ 草图 · 没有采用大气透视的构图

▼ 草图 · 采用大气透视的表现

• Tips

在场景绘制中，空间并非只是通过透视中的近大远小、近实远虚构建的，还要注意光线的影响。从近景到远景过渡中而产生的亮度、饱和度、细节变化会拉开层次间的距离，从而具有更好的纵深感，这就是场景里强调的空间层次。

▲ 气氛图 • 空间层次 + 大气透视的表现

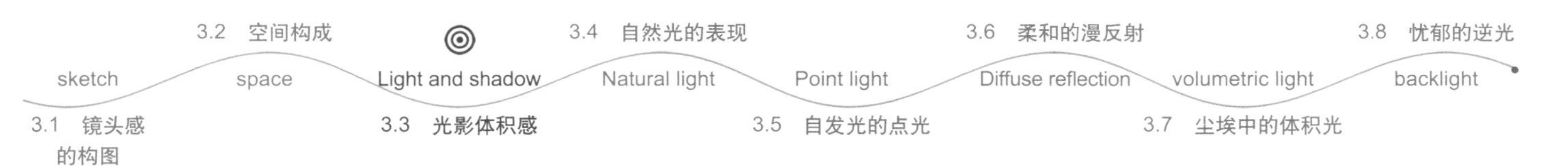

▶ 3.3　光影体积感

有了光才会有颜色。任何可视物体都是由物体本身的结构、方向、角度的块面组成的。通过光影来观察结构和块面的转折关系，利用光影来表现物体的体积感。在绘画前，分析思考所画物体的特征结构和颜色，通过对光影的刻画，能绘制出具有三维空间立体感的画面，在视觉效果上也能体现出该物体的体积感及重量感。光影在绘画中不仅可以用来表现光亮和真实感，还可以传达一种气氛情绪。

▲ 体积感的

▲ 平面感的

▲ 气氛图 • 加有光影的场景表现

• Tips

想表达什么样的故事，就选用什么样式的光影，不同的光影能烘托出不同的气氛环境。

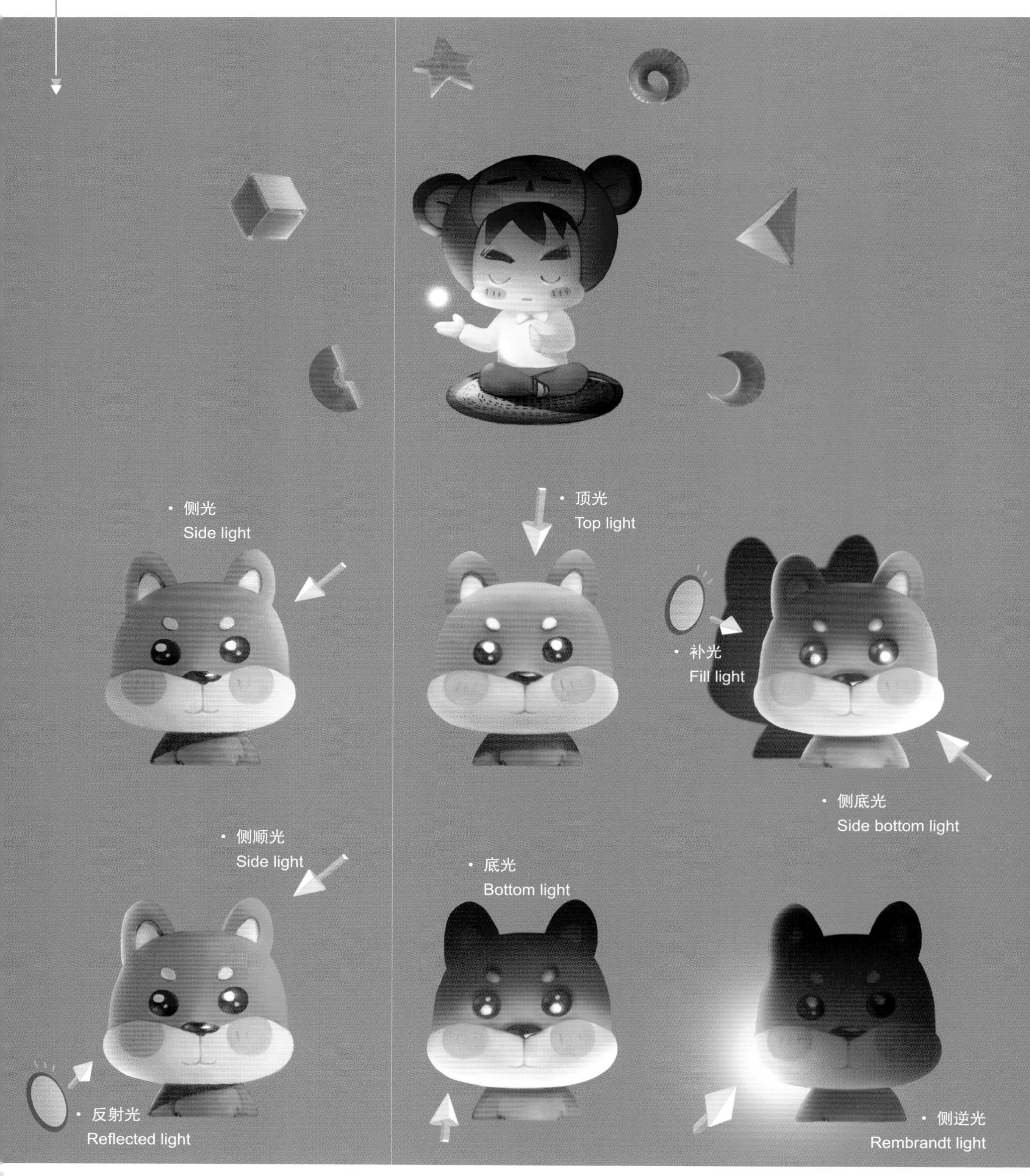

▶ 3.4　自然光的表现

太阳光属于自然光，又称“天然光”，以直线的方式传播，是烘托自然风景的常用光线，常用于表现户外自然环境的场景。

• Tips ▼ 表现光影前 先要确定主光源的方向

主光源
方向

已经掌握了一些知识点的我，现在要开始绘画了 ▶

1. 打开灵感笔记

想象的世界是根据现实而建立的，在这个世界里，我们都是造物者。还记得之前提到的收集资料吧，它的作用是辅助我们产生更多更好的创作思路。这里我构思了一个新的星球地貌，探索空寂的旷野，来描绘自然光。

2. 建立画布

使用快捷键 Ctrl+N 快速建立一个画布，输入 5728（W）像素 ×3663（H）像素，分辨率为 300 像素 / 英寸。采用横向构图，让视野看上去更加空旷，像一个未开发的环境。

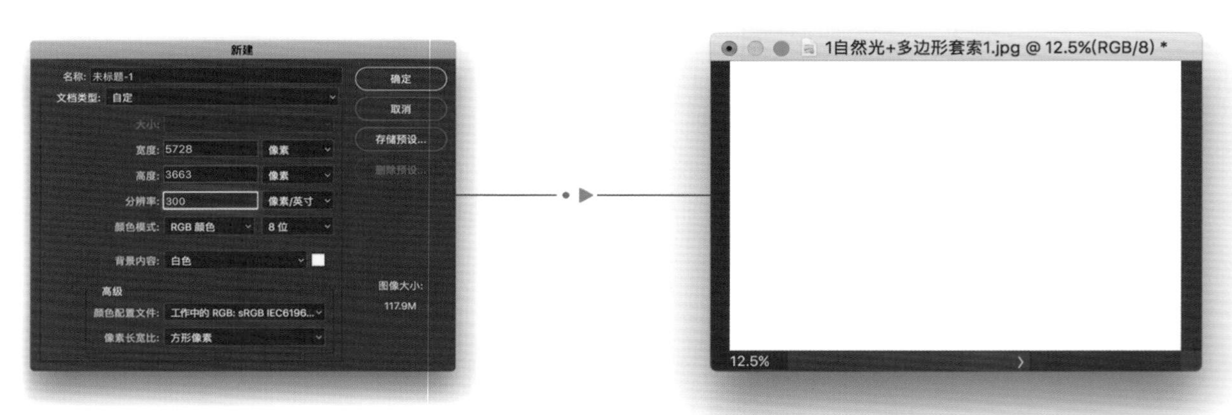

3. 光影构图

在拾色器中分别选择 ■ ■ ■ 颜色，表现大气渐变的方法。用喷枪大笔刷 ●（Soft）铺色，先确定地平线的位置，得到一个视角，让天和地区分开，会更有空间感。

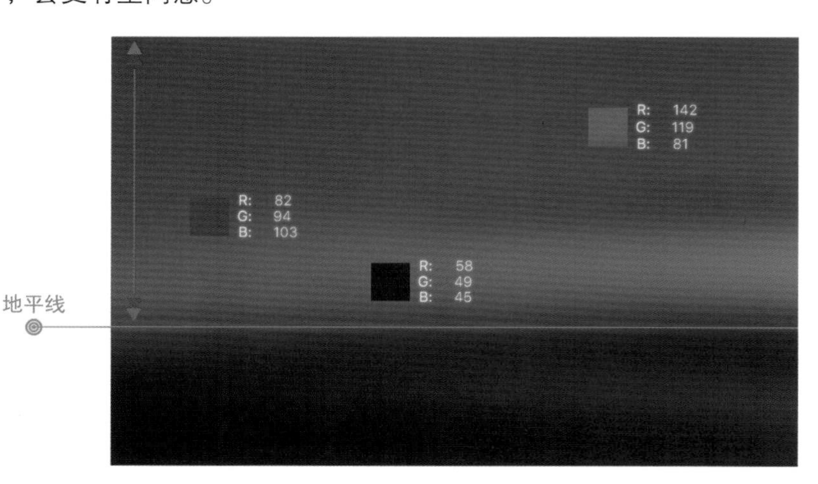

因为光和大气，头顶的天空与处在远方地平线上的天空所反射的颜色不同，由上至下使颜色发生渐变性的明暗变化。

• Tips

4. 多边形套索

使用多边形套索工具（L），绘制出选区。通过用笔刷（B）+ 吸管工具（Alt）吸取已经铺好的景别中的明暗颜色来创造层次。套索工具可以用来表现边缘坚硬的物体。

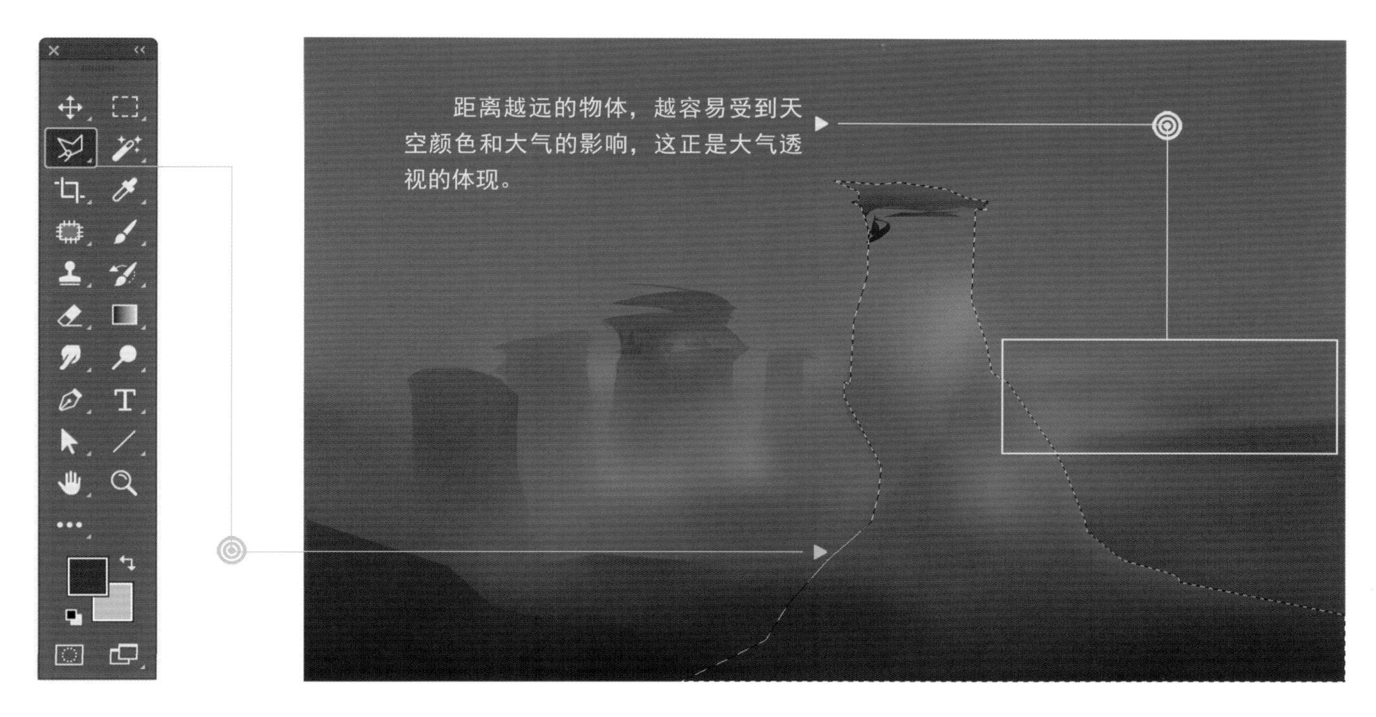

建立选区后，所有的绘制都在选区里了，不用担心画到其他地方。为了不影响观察，可以用 Ctrl+H 隐藏选区，但选区还是存在的，取消选区用 Ctrl+D。

• Tips

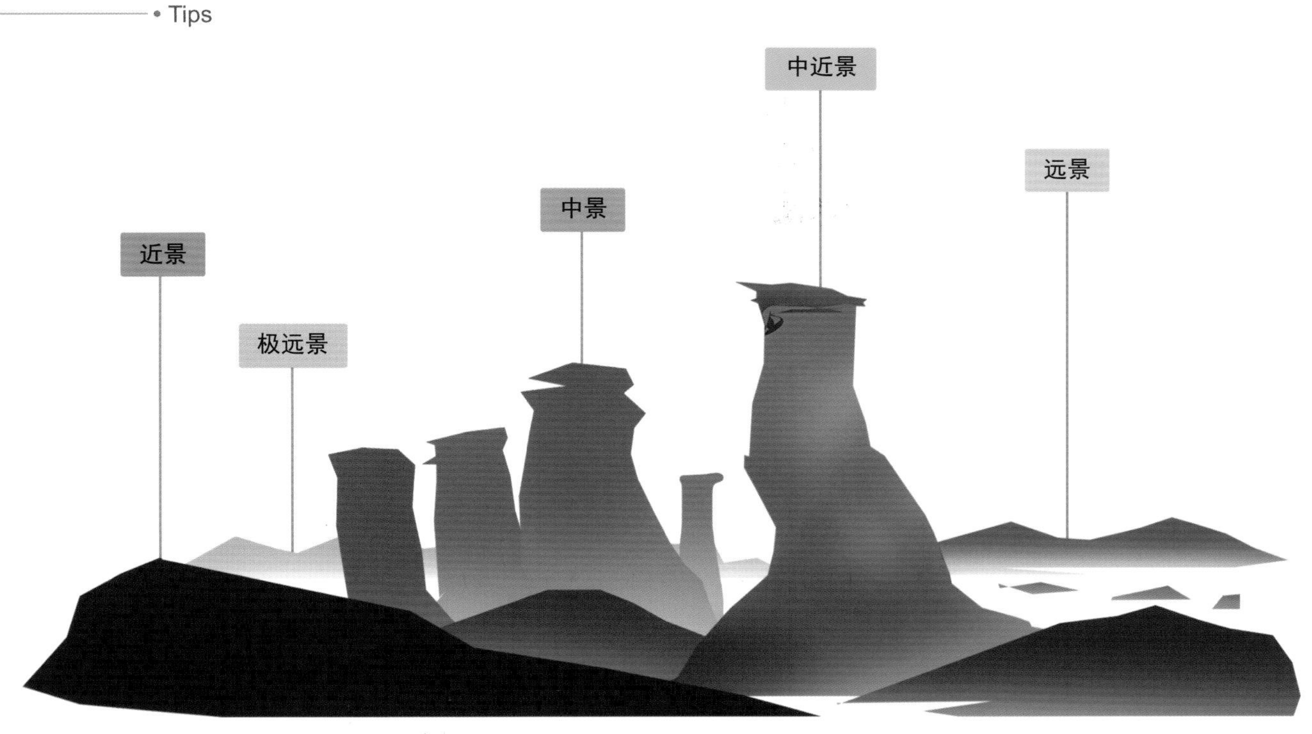

▲ 空间层次划分

5. 光源角度

采用侧顺光角度来确定光源的位置，确定之后所有的物体就要根据主光源的方位来分割明暗光影，增强物体的体积感。如果这一步没有做到位，光影就会错乱，没有空间感，从而无法更好地控制下一步，也会产生作画中的焦虑感。如果前面没有意识到光影的方向，到最后发现是错误的，那对画者将是灾难性的打击，再修改光影几乎是要重新绘制了。

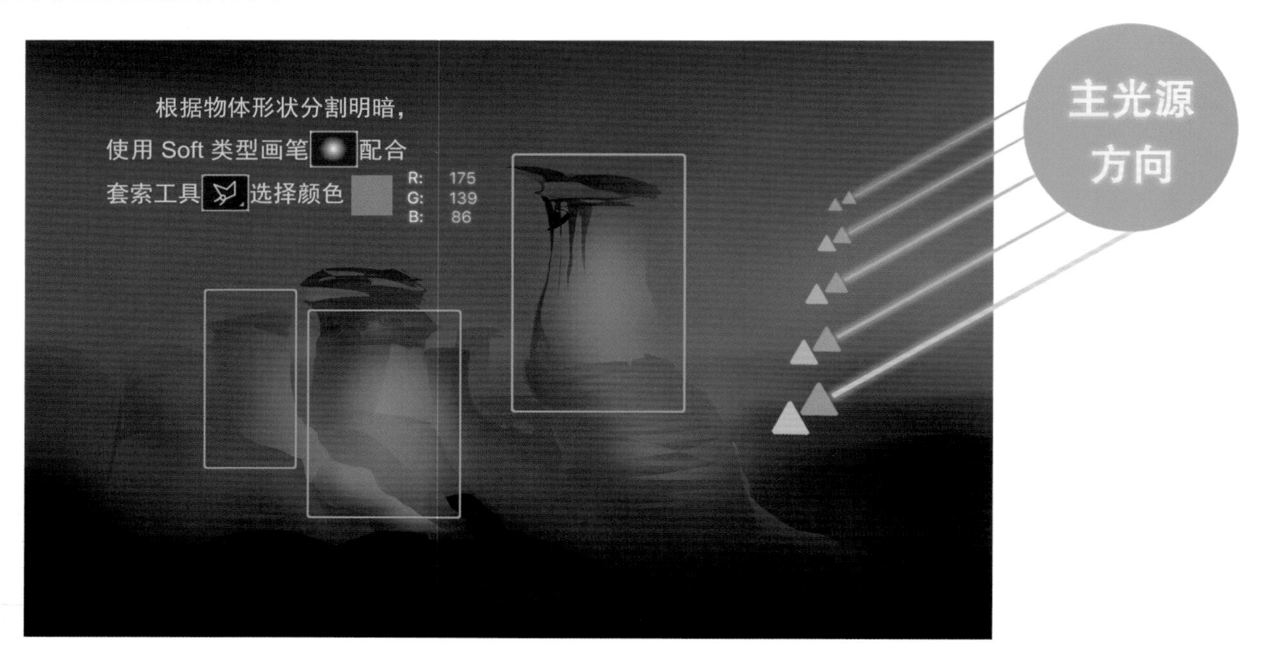

6. 勾勒形状

在中景的岩石部分，使用的是多边形套索工具，根据岩石的性质，随意勾勒出尖锐的形状，再用之前提到的笔刷，选择“线性减淡”模式，吸取该物体上的本身的颜色，让受光面更亮一些。

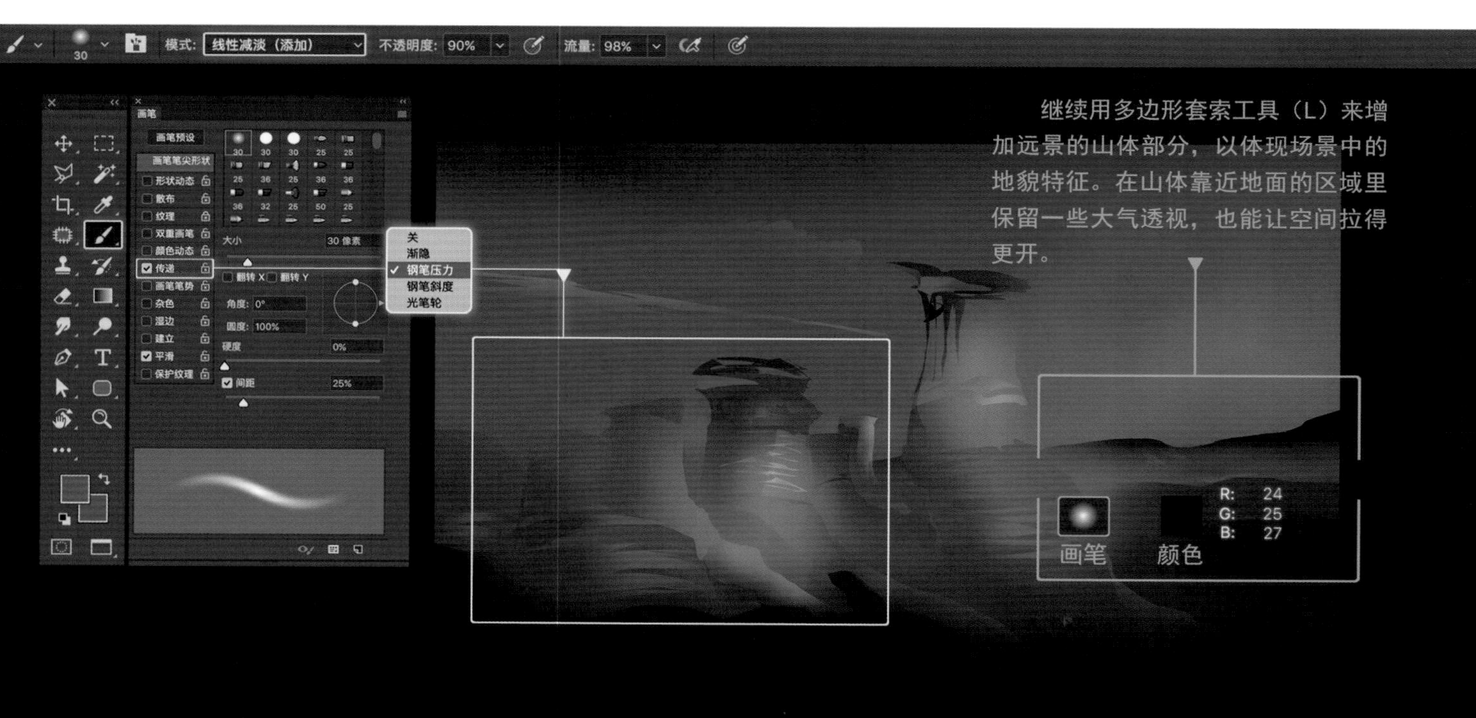

7. 加强光照和笔触

硬笔刷能绘制较中和的硬朗边缘，比起套索工具，显得不死板，具有笔触感。所以选用 Hard 类型笔刷和纹理笔刷，用较亮的颜色着重绘制画面的主体物受光面，亮部对比暗部显得光照强烈，物体也更具有体积感。使用带有颗粒感的笔刷，会增加岩石材质的纹理连续性，这也是表现细节前的铺垫。可以随意在天空部分绘制一些云层，还可以进一步捕捉更多的想法。

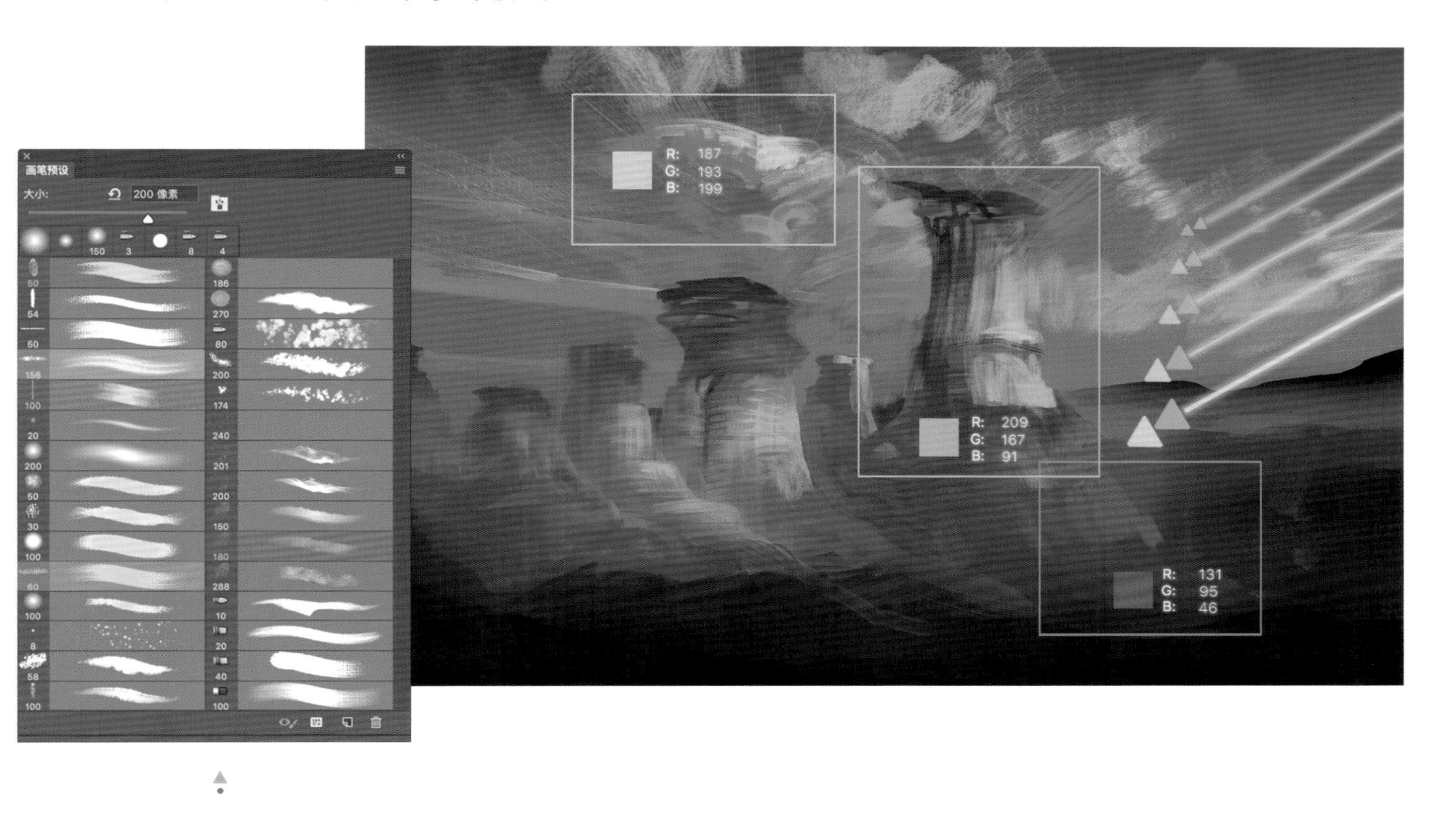

打开画笔预设，我们可以直接看到这些笔刷的缩略图，挑选并尝试用这些笔刷进行绘制，也会发现“意外惊喜”。

• Tips

随着绘制的进行，大脑中会不断闪现出新的元素。我个人很喜欢随意地加入一些灵感来提升画面感。也许最后我会舍弃掉这些，但这个过程中我会确定加些什么会让画面更有意思，这是一种“加法”的思路。最后看整体，通过做“减法”再去提炼。

8. 思路变化

如果用一个百分比来形容作画的各个阶段，那么开始有思路占 10%，剩下的 90% 就是在绘画过程中演变完成的了。随着每一步的绘制，想法也开始升级起来。配合探索新世界这个主题的思路，“不同的”“特别的”这些词让我重新思考。它不能像地球这样有舒适的环境，以及我们常见到的日出日落，虽然加上了较为压抑的色调，但还是没有达到特别的感觉。所以我做了“减法”，把天空上的云层调整为一颗近在咫尺的星球，在主体物上加了人类文明出现的基地，点缀一些会产生颜色的高科技设备，让主体物更加突出。这已经达到了我想要的感觉。

这里加一些绿色植被，寓意一些生机，也会使画面颜色丰富。
R: 88
G: 96
B: 62

Tips　星球绘制步骤

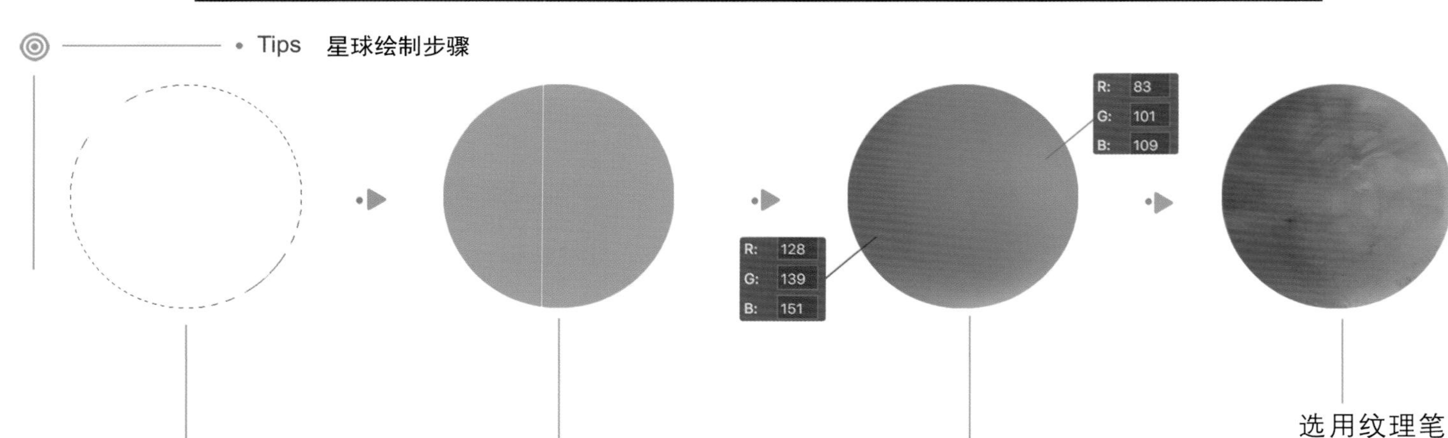

使用椭圆形选框工具（M），然后按住 Shift 键得到一个正圆。

在拾色器中选择颜色（R：139，G：156，B：163），并填充到这个圆里。

使用 Soft 笔刷分别用较深的颜色和亮色根据主光源方向分割出明暗。

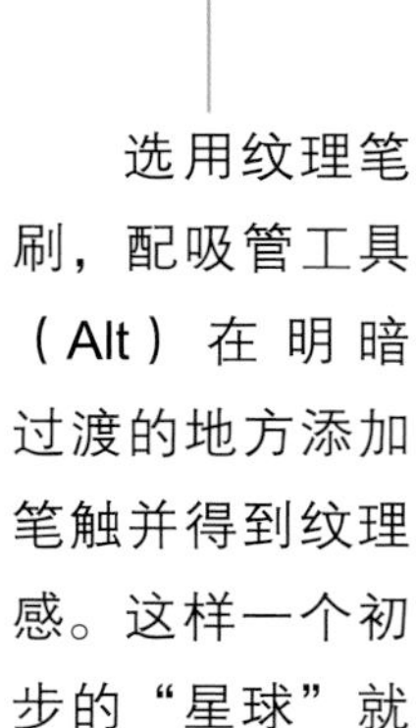

选用纹理笔刷，配吸管工具（Alt）在明暗过渡的地方添加笔触并得到纹理感。这样一个初步的“星球”就完成了。

9. 新增元素注入细节

为了让画面更有故事性和平衡感，新建一个图层（Shift+Ctrl+N），根据主光源的方向，加入一个人物角色和飞行器，分别在画面左和右，在场景里用来传达探索未知感。被自然光影响的星球上依稀看得见一些斑驳的纹理，它属于极远景，细节上要少于中近景，才能拉开空间。强化对主体物岩石和要塞的刻画，将视觉中心点落在这里，通过在暗部加天光反射环境色来加强体积感，可以用笔刷模式下"线性减淡"来点缀亮部最亮的高光部分。对比处在阴影里的近景部分与中远景明亮的部分，它可以很轻松地分出层次间的距离感，有了远近就会有空间。最后表现自然光环境的场景就完成了。

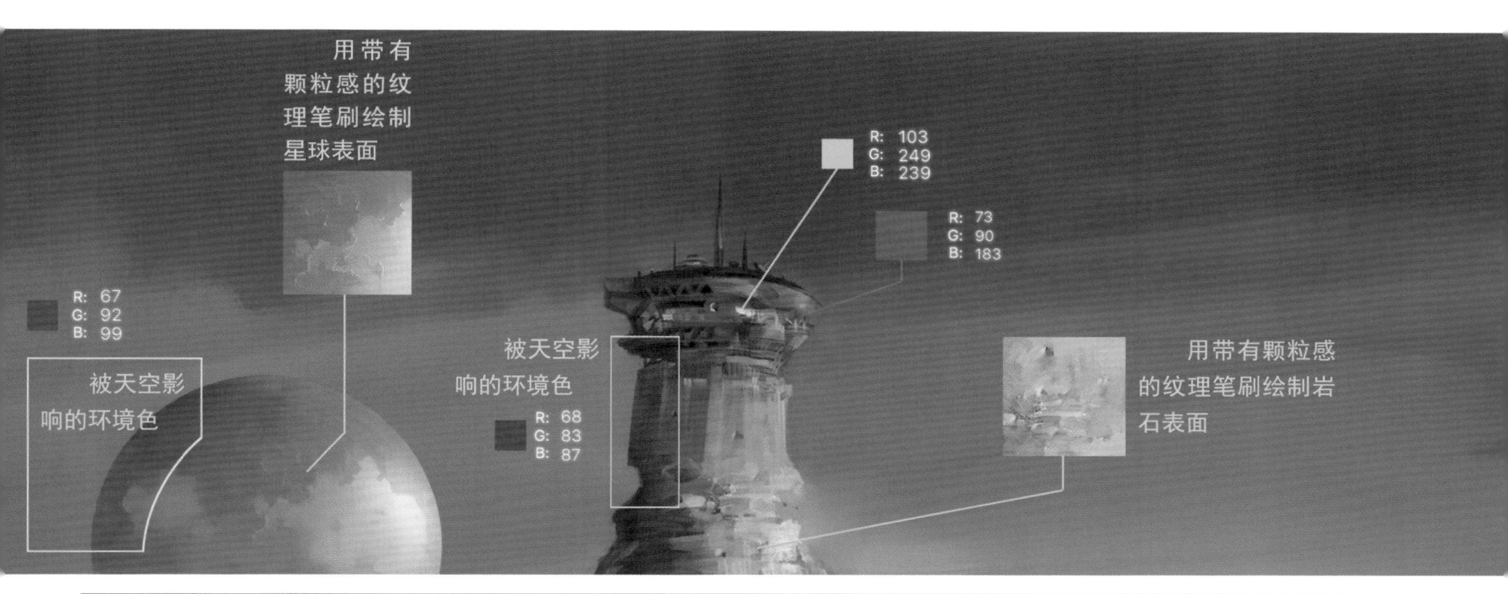

▲ New World • 自然光的表现 Finish • Photoshop CC

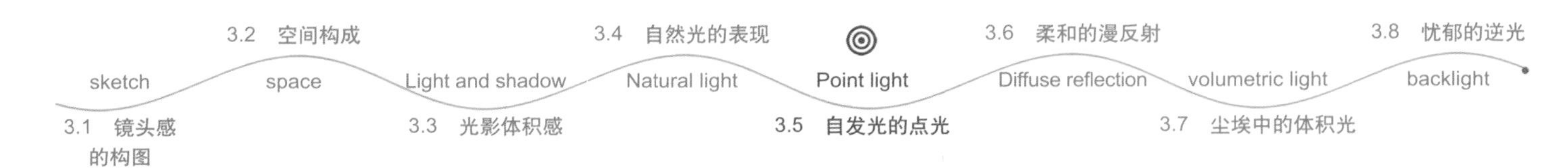

▶ 3.5 自发光的点光

点光是用于表现人造光源的一种形式，是由一个点向四周各个角度以直线方式散射的光线。台灯、路灯、发光点或反射光点都可以称为点光，因其照射范围有限，我常将其用于表现自发光物体，来点缀场景及渲染气氛。

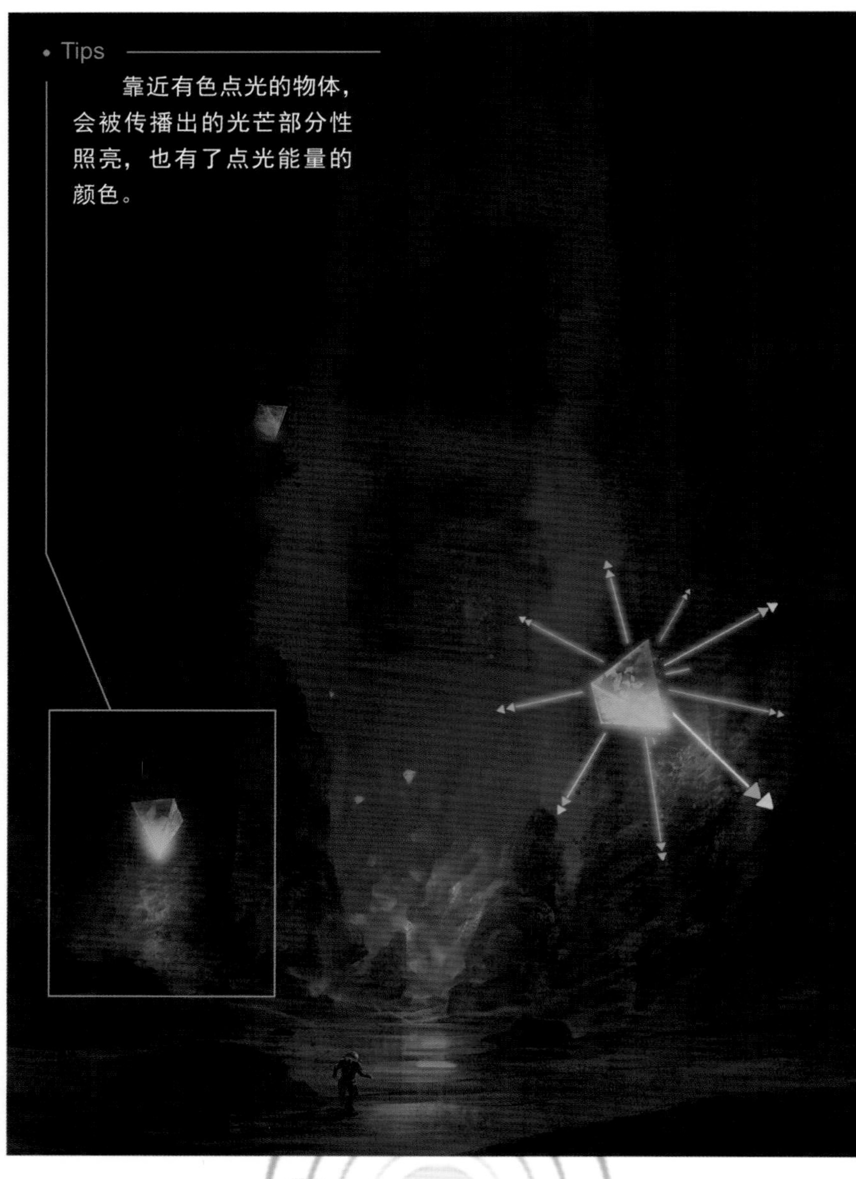

Tips
靠近有色点光的物体，会被传播出的光芒部分性照亮，也有了点光能量的颜色。

◀ 我们来画个点光吧。

1. 创建幽暗的山谷

“夜色狰狞，压抑感缠绕，如履薄冰中前行，也许找到一个出口是最好的离开方式，但那些自发光的物体却让我无法转身，幻觉中慢慢靠近，寂静无声。”这是一段描绘发生在幽暗山谷中的故事的文字，在较暗的设定环境中，想刻画点光带来的视觉效果。

参考 3.4 节关于自然光的内容，打开“灵感笔记”查阅收集的资料后，在创意上会得到更多的灵感。使用快捷键 Ctrl+N 建立一个画布，输入 4000（W）像素 ×5495（H）像素，设置打印分辨率为 300 像素 / 英寸，采用竖构图，选用微仰的角度，用喷枪 Soft 柔边圆笔刷 在拾色器中选用灰冷的颜色 描绘一个浓雾弥漫的山谷环境。

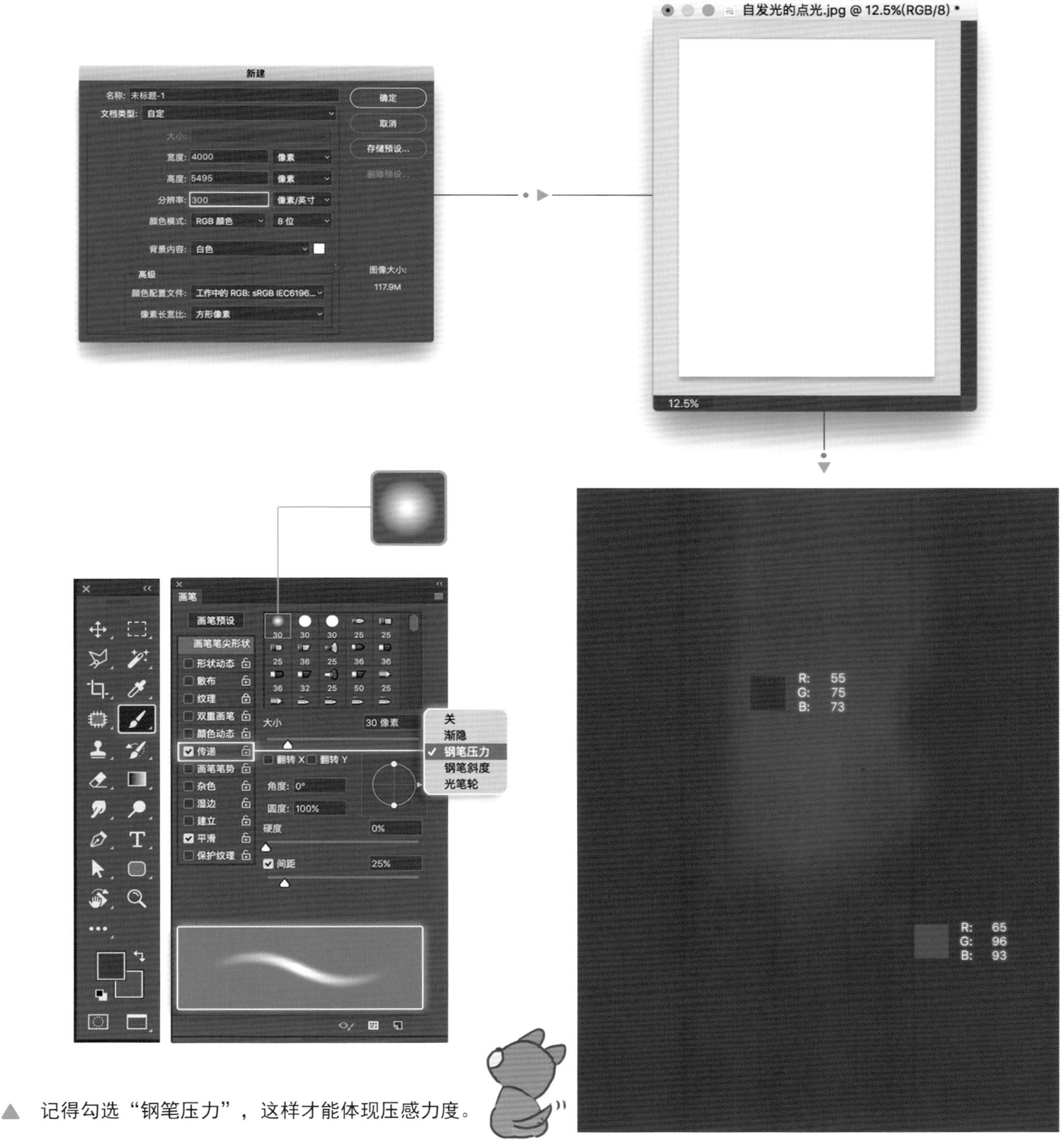

▲ 记得勾选“钢笔压力”，这样才能体现压感力度。

2. 形状推敲的空间

地平线靠近画布的下方，地平线以上留出更多的空间区域，以微仰视的感觉来表现高大山谷。使用边缘较中和的画笔 ▮ 以横看成岭侧成峰的想象，粗略地画出形状，将笔刷放大，来快速构图建立中、远、近景别，形成空间。

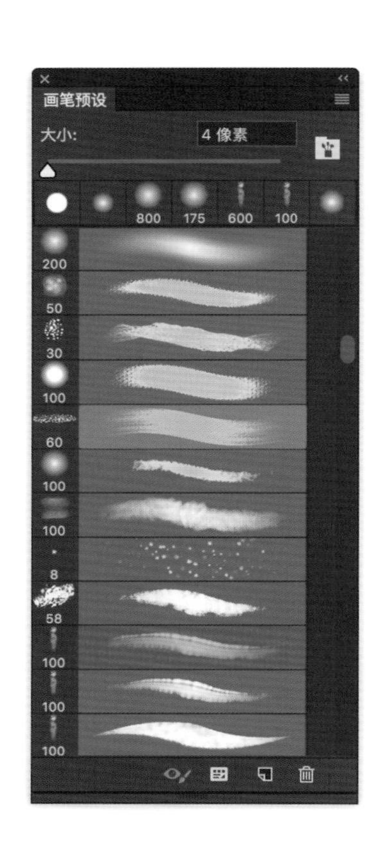

Tips

夜晚的天空因反射而具有可视度，靠近地平线的天空会亮一些。使夜空由上至下进行明暗过渡，这也是空间中远近距离的表现手法。

3. 设置主光源，尝试改变一些

造型设计都是由归纳出的几何形体慢慢演变而成的，形状就是它的最初造型。在绘制过程中要不断尝试一些新的设计，使造型不断地演变，直到满意为止。有主题的叙述，能让人联想出更多故事。

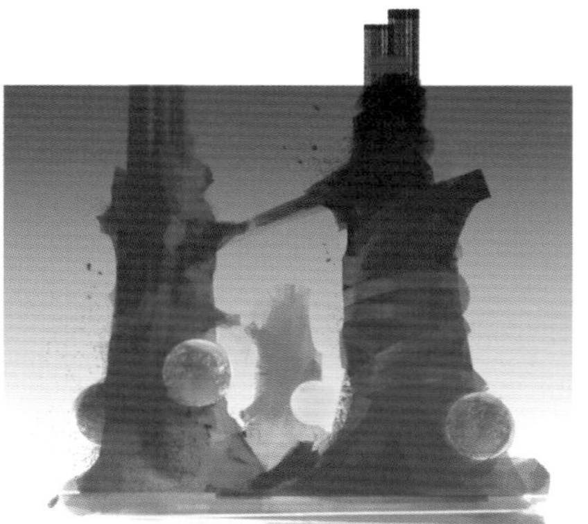

• Tips

夜晚意味着黑暗，但黑暗中并非漆黑一团，在没有月色的场景中，用点光设置主光源是最好不过的了。用带有颗粒感的笔刷 ，选择较亮的颜色 ，在靠近地平线的中远景位置上进行绘制。点光具有自发光的能量性质，能照亮一定范围内的物体，根据主光源的位置，明暗会被分割，地平线明显可见，更适合烘托幽暗的氛围。

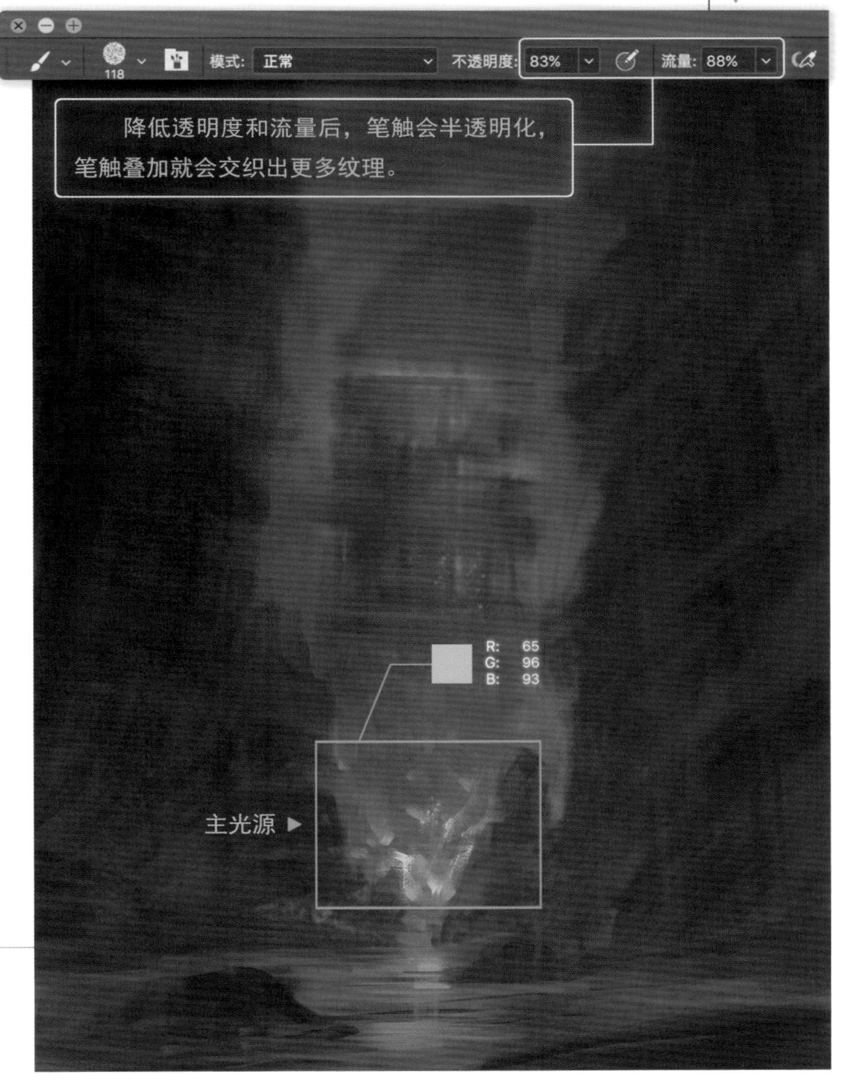

地平线

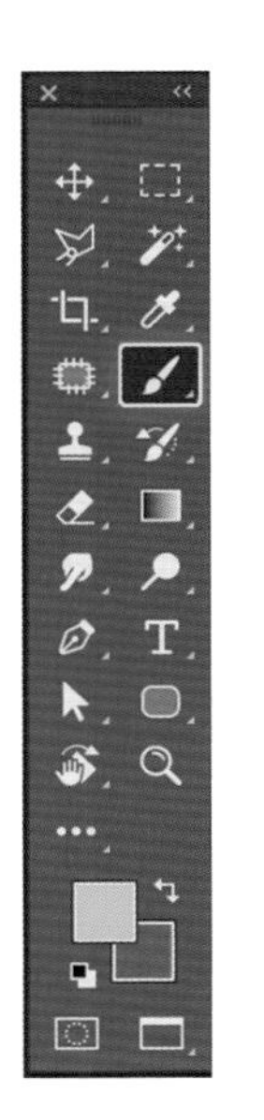

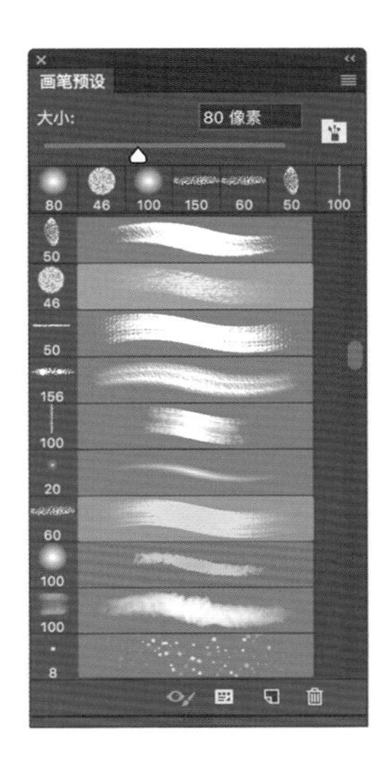

4. 曲线

这是一个黑夜的气氛场景，虽然有了一些较亮的自发光的部分，但就目前来看整个环境还没有达到这个效果。当明暗对比不够强烈时，画面就显得很灰，导致画面缺乏层次和空间感，也没法衬托出自发光的点光部分。

曲线（Ctrl+M）是用来调整图像的色度、对比度和亮度的。调整曲线点会使画面中暗的部分暗下去，亮的部分亮起来，从而形成鲜明的对比。所以我们通过调整曲线来解决画面中这个“灰”的问题，从而达到黑夜的气氛和点光源的效果。

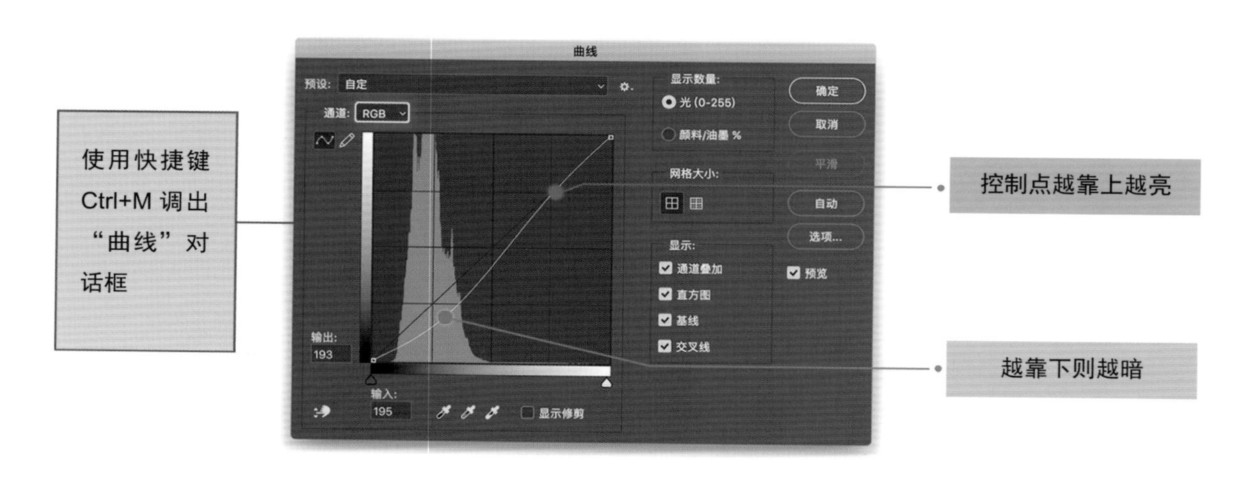

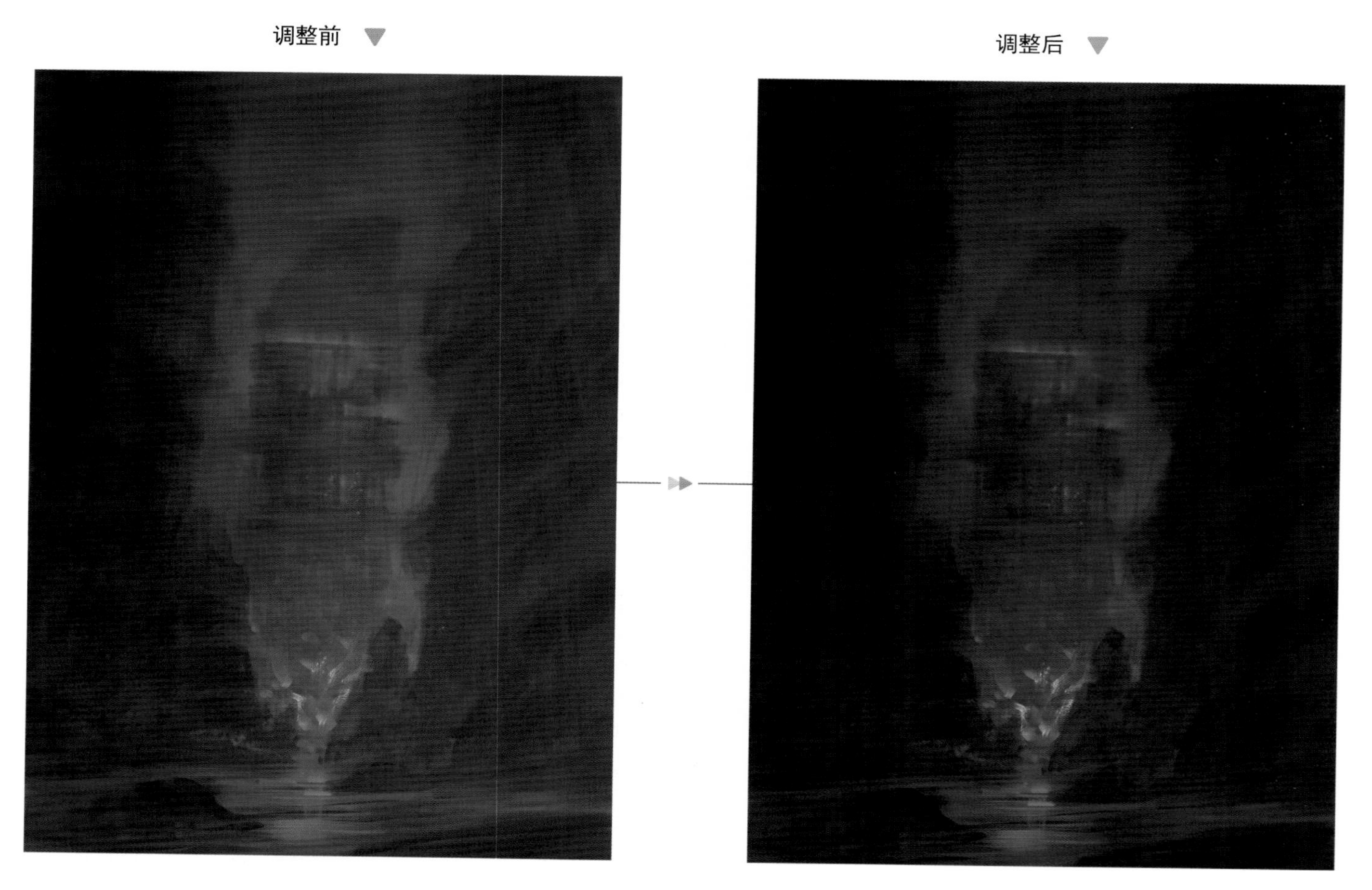

• Tips

对比度的重要性感觉就像大白天里放烟花，没有黑夜的衬托则无法体现烟花的绚丽。

5. 调整结构加入更多纹理

点光照射范围有限。远离主光源的山谷被黑夜包围得看不清细节，只有靠近主光源才能辨认出没有隐藏在黑暗中的部分山谷具有的结构。选择 Hard 类型和纹理型画笔，用更多层次堆积起伏的山谷环境，根据主光源范围从近至远添加纹理过渡；使地面上有些水，因为水的反射山谷也明亮起来。提炼这些形状后，一些结构的表现就不那么抽象了。

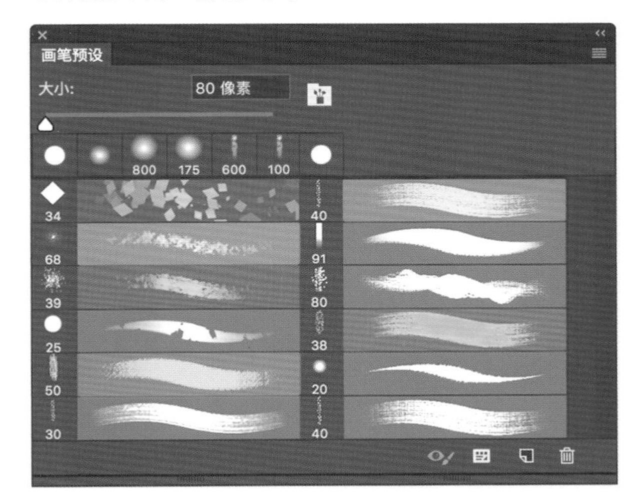

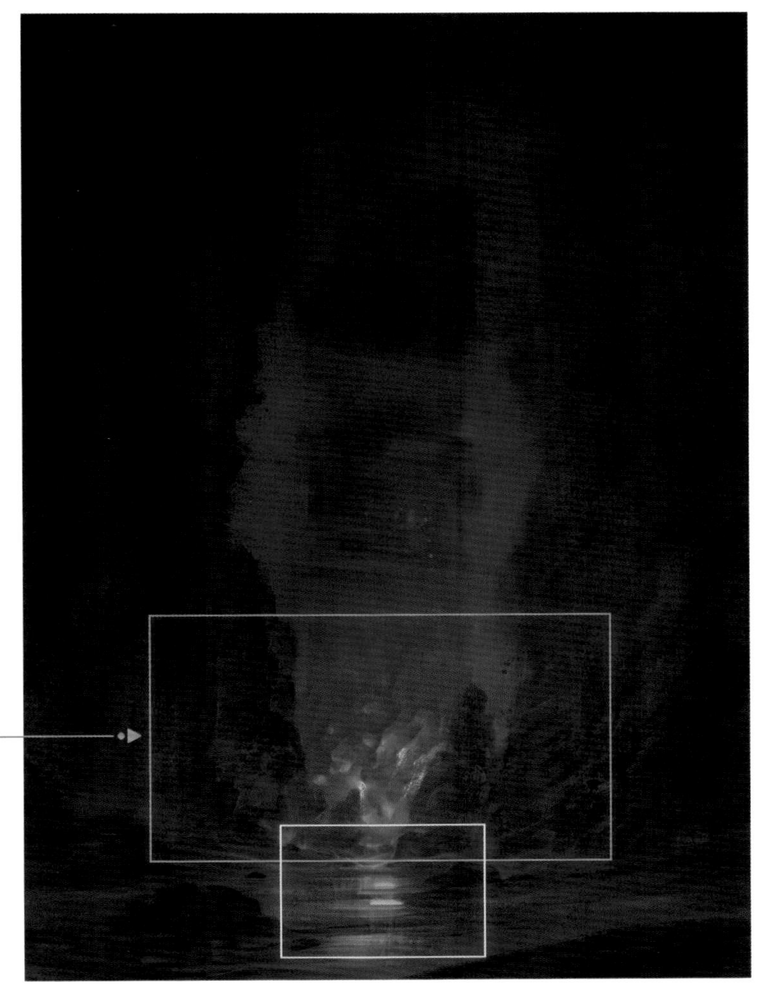

6. 点光排列引导深度

利用快捷键 Shift+Ctrl+N 新建一个图层，用多边形套索工具（L）建立几个多边形物体，选用 Soft 类型和纹理笔刷分割出结构的明暗，绘制出体积重量感。并以 Z 字型的方式按大、中、小向远方排列。这些漂浮在山谷里的发光体，因大小不同释放出的能量不同，在传播中大气也会衰减它们的光亮。对比中近景，远景的多边形物体看着更远更有深度，这体现了空间感也为场景添加了些神秘的气氛。

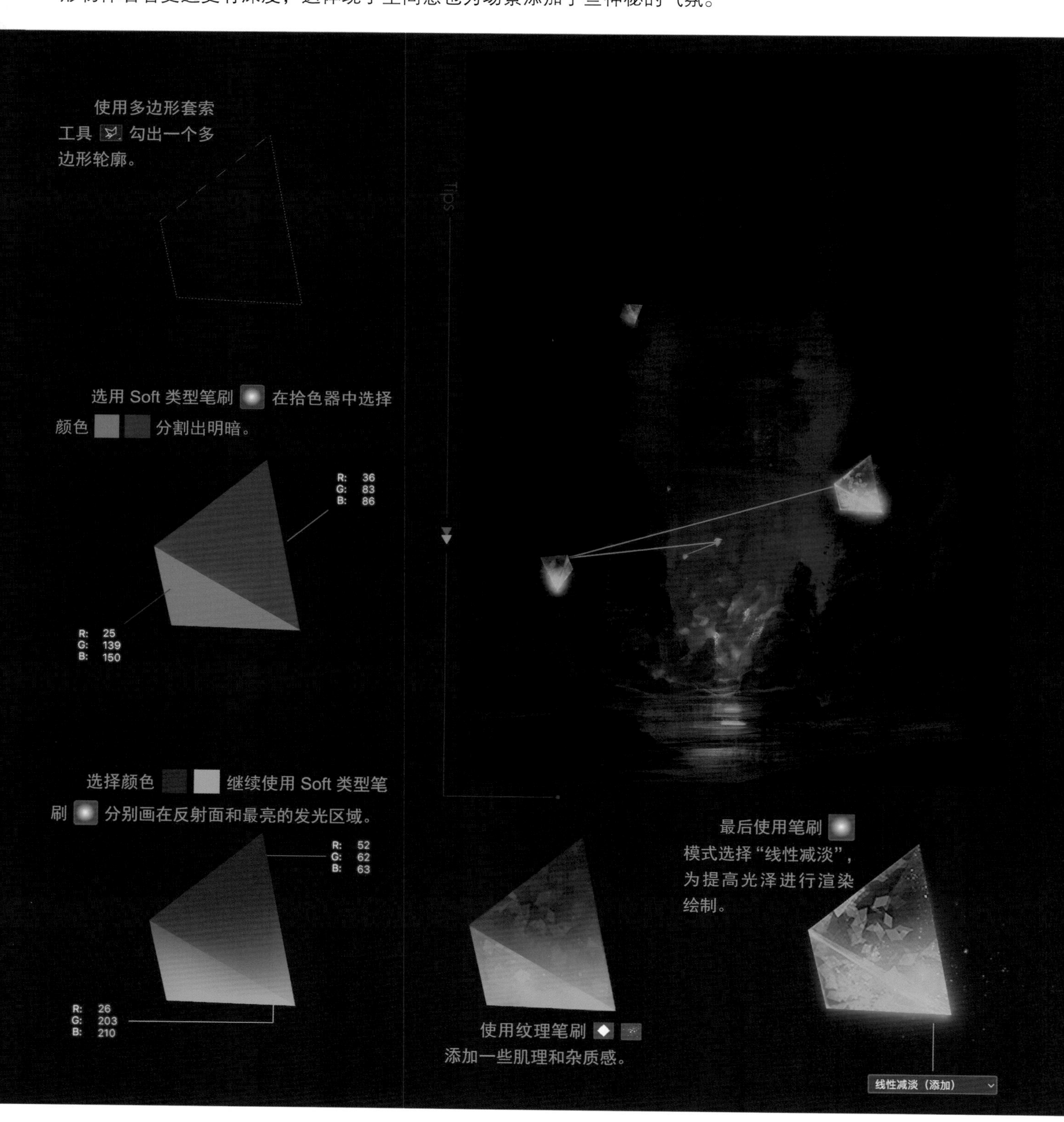

使用多边形套索工具 勾出一个多边形轮廓。
Tips
选用 Soft 类型笔刷 在拾色器中选择颜色 分割出明暗。
R: 36
G: 83
B: 86
R: 25
G: 139
B: 150
选择颜色 继续使用 Soft 类型笔刷 分别画在反射面和最亮的发光区域。
R: 52
G: 62
B: 63
R: 26
G: 203
B: 210
最后使用笔刷 模式选择“线性减淡”，为提高光泽进行渲染绘制。
使用纹理笔刷 添加一些肌理和杂质感。
线性减淡（添加）

7. 光照范围关系

前面说过点光释放出的光照范围是有限的，是由强到弱以能量散播的方式体现的。当发光体靠近山体时，离它最近的山体的部分会被照亮，范围内能看见结构的细节，范围外细节慢慢淡化在黑暗里。通过光照释放出的能量的范围，会建立物体间的距离关系，可以使空间表现得很远或者很近。

光照传播出的能
量范围中有明暗过渡。
光照下能看见范围
内有结构的细节体现。

无光照范围表现，多边形物体与山体距离较远 ▲

有光照范围表现，多边形物体与山体距离较近 ▲

8. 加入角色，并给出比例对比

我在画面的左下方加入一个正在小心翼翼前行的人物角色。加入角色我有两个目的。根据设定的主题，画面中加一些生命体会交待出故事的连续性，给人更多联想，这是第一个目的。假设这个角色的身高在 180 cm 左右，周围都是高大耸立的物体，不是他变“小”了，而是在无边无际的高山低谷里对比显得娇小了。比例间的对比，常用于突出更高大或渺小的物体，这就是第二个目的。在这个场景中，我调整了一些比例，来叙述这个未知地带。

Tips

不同的比例对比，感受也会不同。

▲ 未知地带 • 自发光的点光 Finish • Photoshop CC

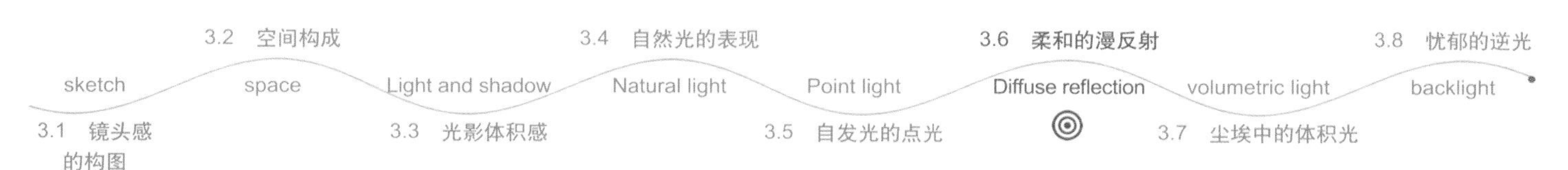

▶ 3.6　柔和的漫反射

光是直线传播的。光的能量传播会被不同的物体直接影响，遇到光滑的物体会折射，遇到其他材质的物体会反射，具有“弹跳”性。漫反射就是当光线投射在粗糙物体表面时，无规则地向各个方向反射，形成柔光的一种现象。有漫反射，世界才会有柔和的光亮。

1. 灵感笔记

“初夏，阳光明媚的午后，午睡般的安详，顺着路标指示，漫步在向上的楼梯上。小镇里充满花香，对我来说这里是陌生的，也是熟悉的。”顺着这个思路联想画面，开始构图吧！

2. 勾勒场景

使用快捷键 Ctrl+N 建立一个画布，输入 3500（W）像素 ×5000（H）像素，分辨率为 300 像素 / 英寸，填充背景色 （R：235，G：255，B：255），在拾色器中选择颜色 （R：160，G：139，B：120），采用微仰向上的角度，使用带有纹理的笔刷 勾勒出草图。

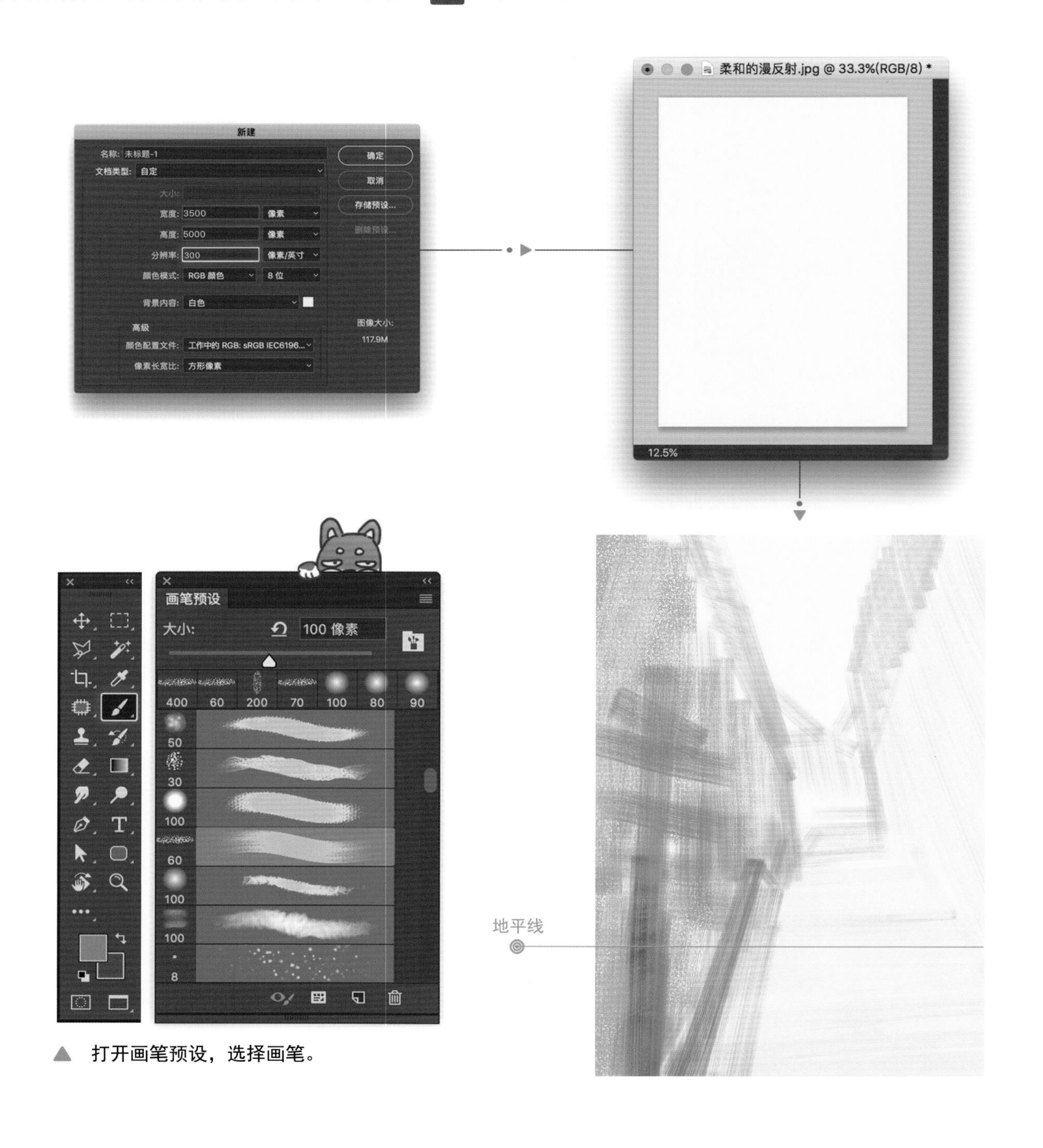

▲ 打开画笔预设，选择画笔。

3. 设定光源

将主光源设定在画面的左上方，根据光源的方向，先用单色分割出明暗，使右边的建筑为受光部分，而左边则是背光部分。再铺垫一些蓝色天空和绿色植物，使其看上去整体一些。继续引导下一步的构建。

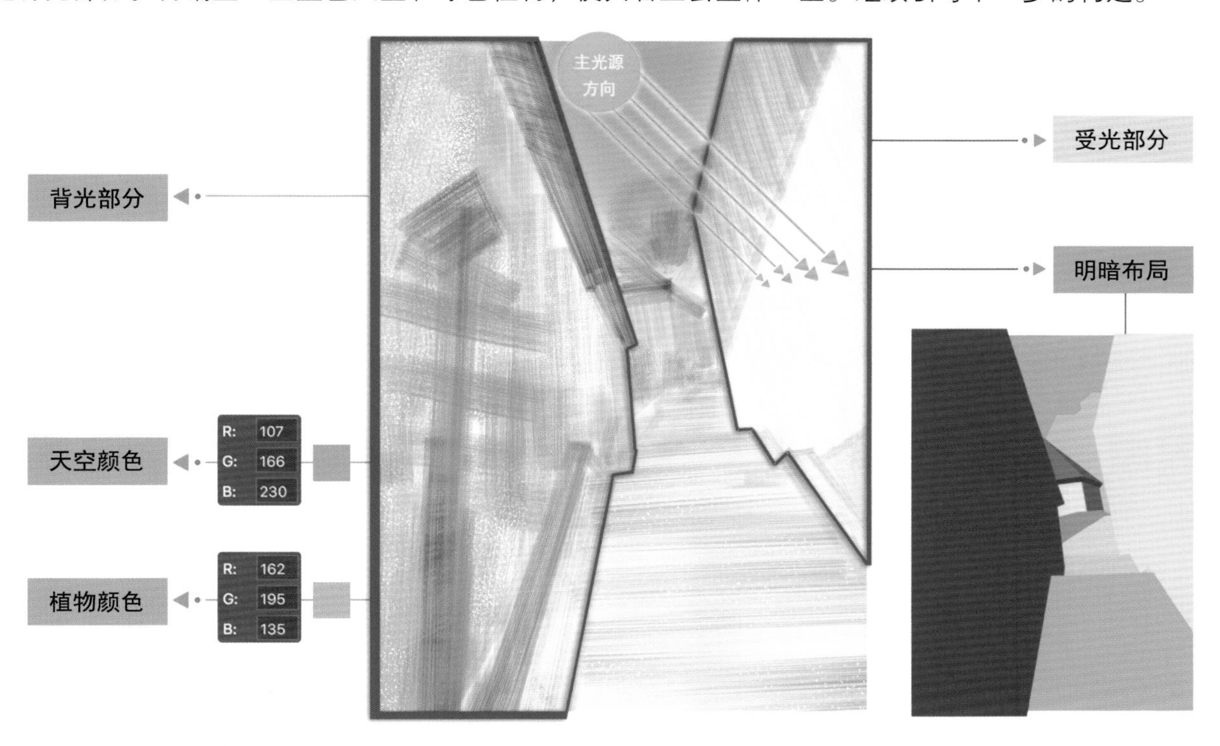

4. 明暗部分的基本着色

选择偏亮的颜色，在建筑物的受光面上铺色，让受光面的部分亮起来，背光面暗下去。大概计算下影子方向，用多边形套索工具（L）切割出左边建筑投射在楼梯上的影子形状。以这样的明暗对比快速构建出带有光影的空间。

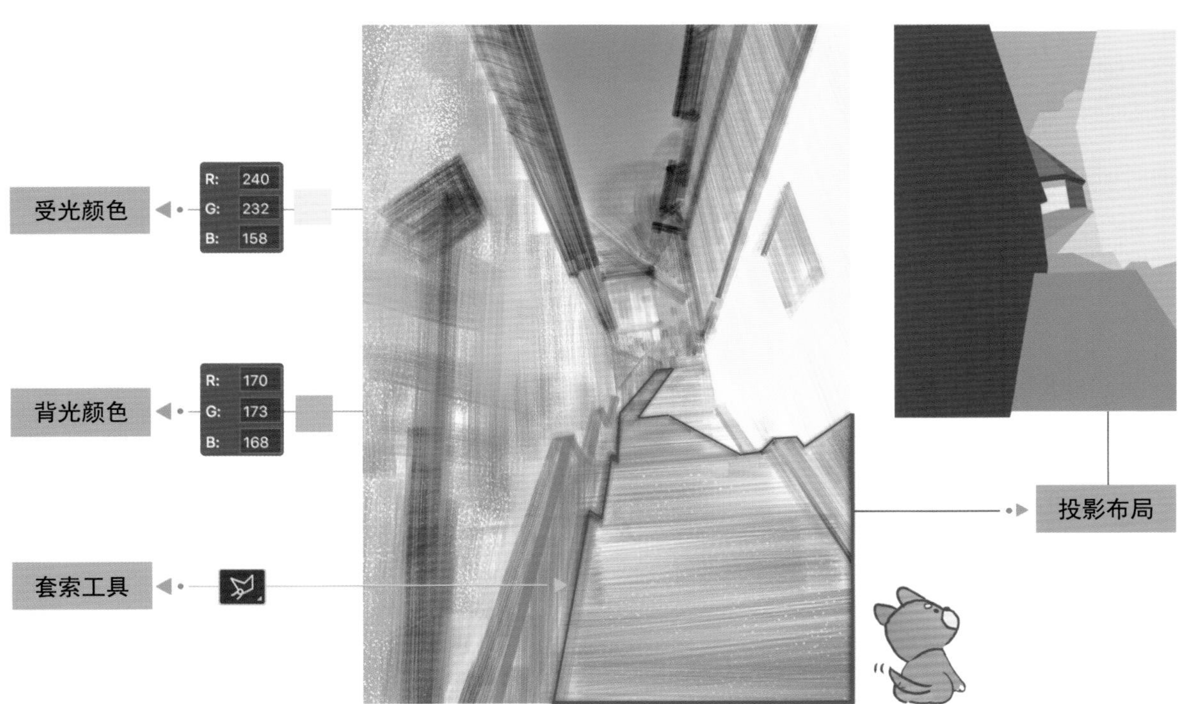

5. 添加近景路标

添加些新元素。使用多边形套索工具（L）在近景的位置绘制几块路标形状。路标处在影子里，所以颜色不要太亮，饱和度也不要太高。

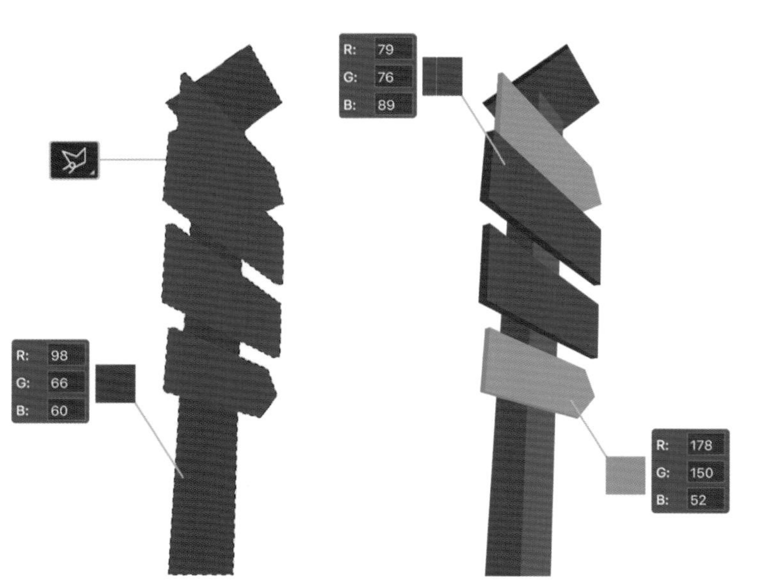

6. 推进建筑上的光影

在午后的强光照射下，建筑的转折边缘硬朗，明暗对比强烈。处在中景位置上的房屋也是如此，屋顶投射在墙面上的阴影很明显，感觉那里没有什么高大的遮挡物，地域较开阔。周围有更多的漫反射，使得屋檐下的影子没有楼梯上的影子那么重。

影子
颜色
R: 167
G: 150
B: 123
对比在中景里房檐下的影子，处在近景楼梯上的影子更重，体现出了空间里的距离感。

▲ 用几何形体来理解建筑层次分布。

Tips

7. 暗部里的漫反射

左右两边的建筑距离很近，中间的楼梯以分段式从阴影里延伸到阳光下。处在左边背光的建筑，一方面受到环境光的影响暗部偏冷色，另一方面受到右边黄色建筑直接对它的反射影响，墙面上形成的柔和的漫反射尤为明显，使得暗部的颜色受到了影响，也有一些暖色的体现。

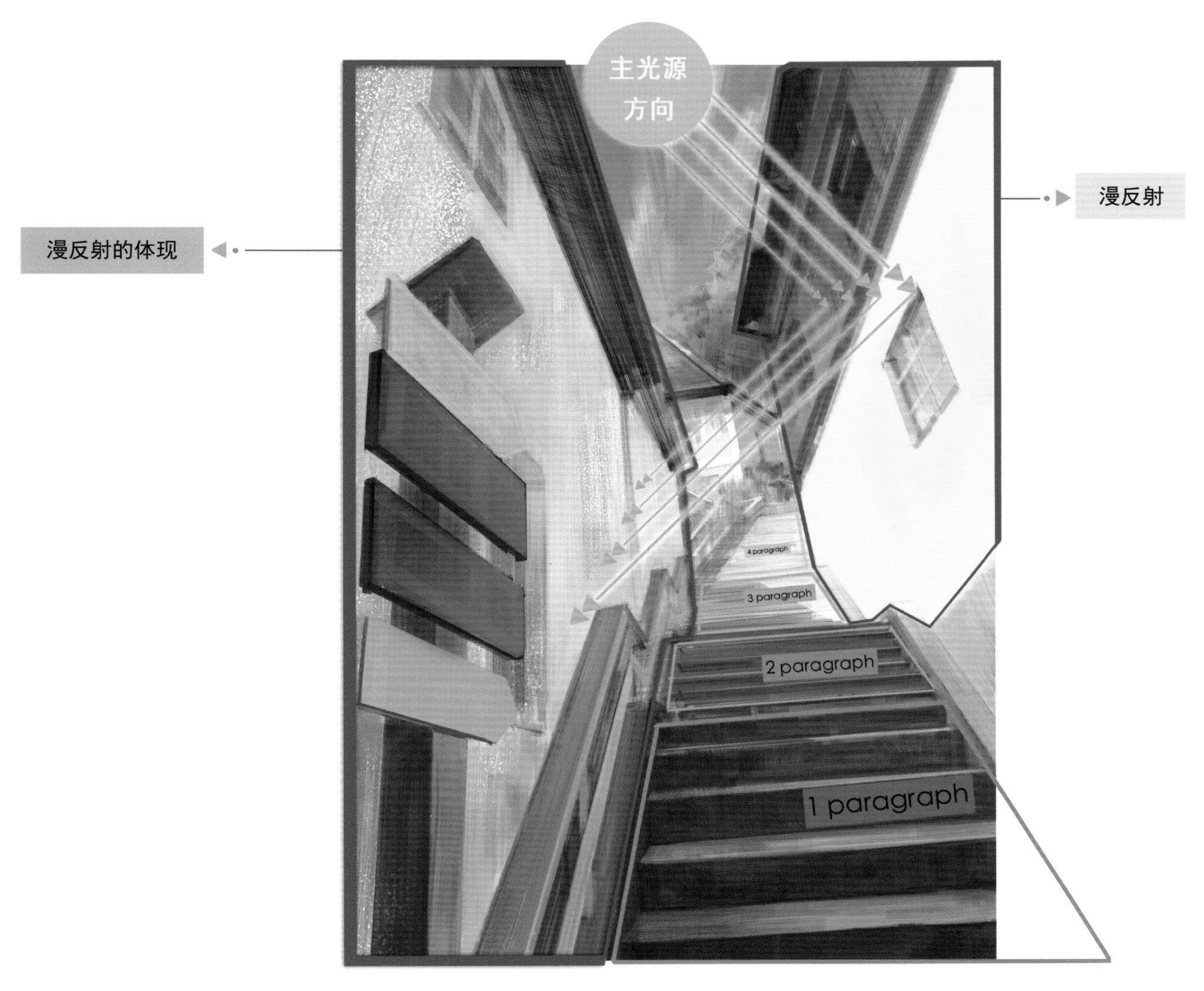

Tips　不同材质下漫反射的表现

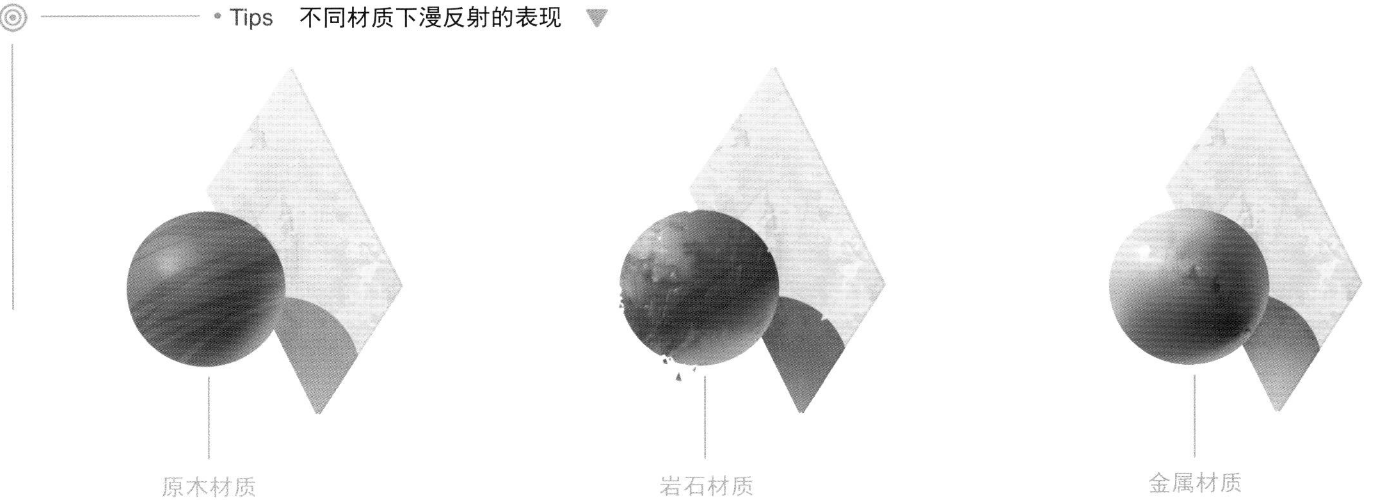

8. 色彩平衡

不同的环境具有不同的色彩倾向，当色彩倾向不明显或饱和度不足时，使用快捷键 Ctrl+B 调出“色彩平衡”对话框，加大红色色阶数值，让午后的阳光照射在每一个物体上都呈现偏暖的色彩倾向。色彩平衡可以用来控制图像里的颜色分布，校正色偏，使图像达到色彩平衡的效果。

▲ 使用色彩平衡之前

▲ 使用色彩平衡之后

Tips

色彩平衡里数值越大，色彩倾向就越明显，场景里的气氛也会不同。

9. 加入生命和细节

路牌上加一些字母组成的名称，使人们可以顺着指示到达寻找的地方。楼梯缝隙中的野草在努力生长。再绘制一只好奇的黑猫。它在阴影区域里，所以没有强烈的明暗对比。还有一只飞舞的蓝色蝴蝶，与黑猫在这个向上攀升的小巷里彼此追逐。阳光下是锐利的，阴影里才能体现漫反射带来的柔和感。

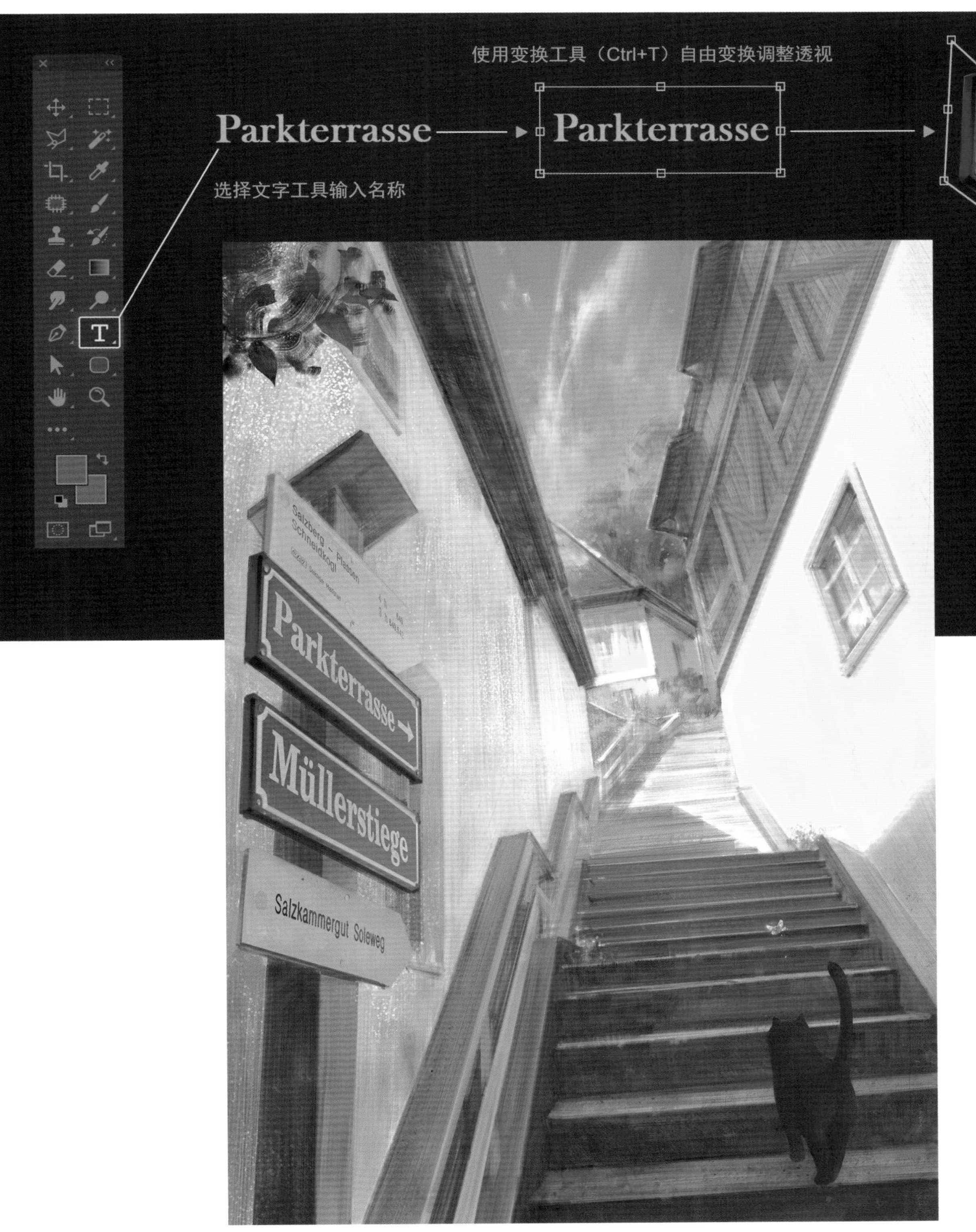

▲ 午后小巷 • 柔和的漫反射 Finish • Photoshop CC

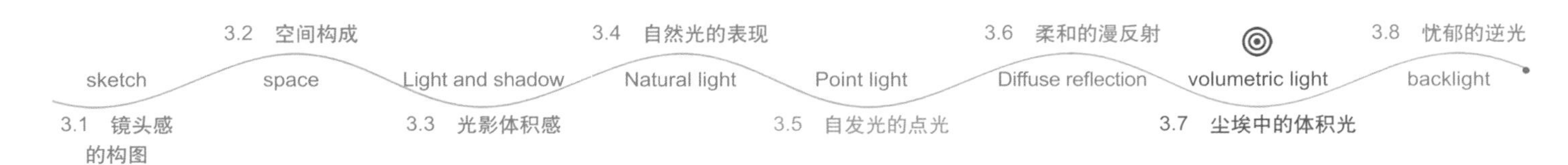

▶ 3.7 尘埃中的体积光

遮光物体被光照射时，在其周围呈现出光的泄露，与空气中的小颗粒发生碰撞，而形成的明亮的散射状的光线和光束，就是体积光。体积光的边缘具有强弱的过渡体现，很像带有体积感的大小光柱，而带有雾气、尘埃的环境会更增加场景的意境，有助于烘托气氛。

1. 从一个想法开始

“相遇总是从一个瞬间开始，彼此很紧张，它的脚步轻盈，慢慢靠近，阳光顺着缝隙从房顶破败处投射下来，我伸出手，光束下还是温暖的。在空旷寂寥的建筑里见不到其他人，杂草丛生的土壤覆盖着的废墟下方，还能见到文明留下的痕迹，而那些植物如怨念般在潮湿的环境中蔓延生长。下沉、塌陷、孤独，灾难抹去的那些也是另一个时代的开始。”

2. 创建荒芜的场景

构思一个故事，联想出一幅幅画面，是我每次绘画前的准备。联想越强烈我越想绘制表达出来。下面使用快捷键 Ctrl+N 建立一个画布，输入 7073（W）像素 ×4000（H）像素，分辨率为 300 像素 / 英寸，采用横向画布开始构图，填充画布背景颜色 （R：150，G：131，B：91）。我们从一个偏灰颜色的画布开始，表达的是一个较昏暗的室内环境。在画面中确定地平线的位置，得到一个视角，用 Hard 类型和带有纹理类型的笔刷，在拾色器中选用颜色，开始描绘一个空旷的建筑内荒芜的环境草图。

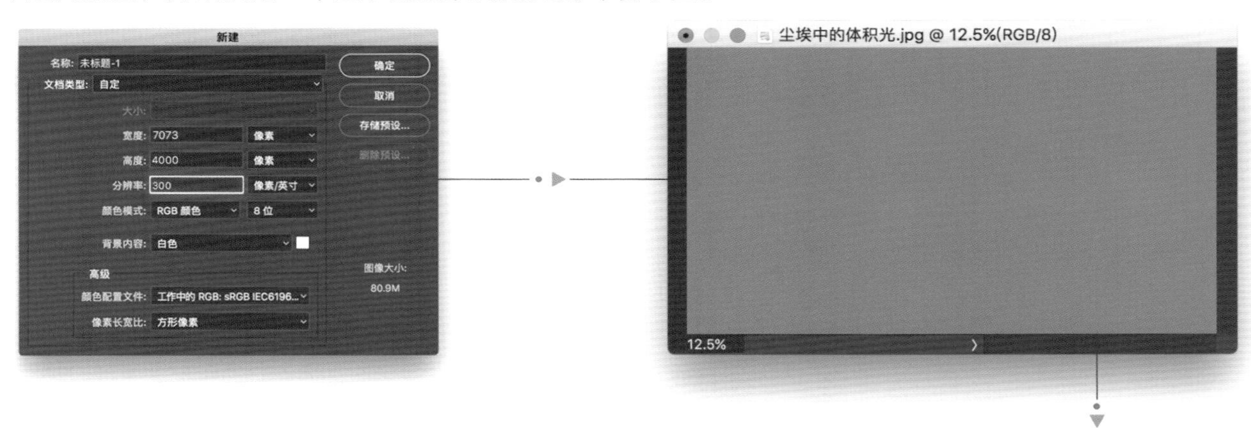

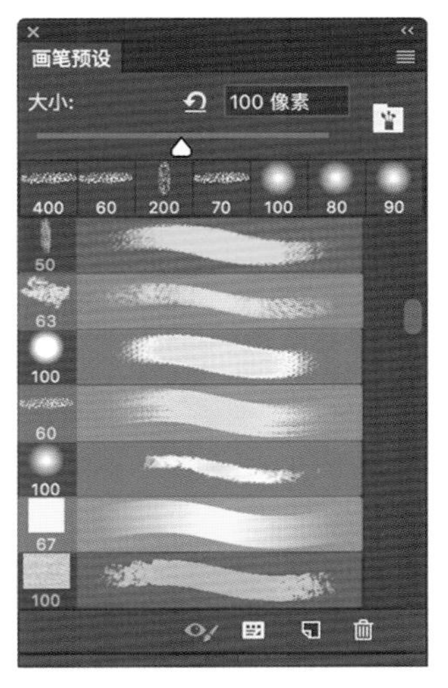

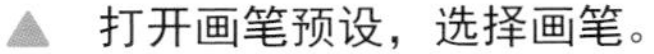

▲ 打开画笔预设，选择画笔。

地平线

3. 光束

想象一下房顶上大小不一的破败缝隙。使用 Soft 柔边圆笔刷 ，选择颜色 （R：233，G：230，B：193），以直线的下笔方式绘制从上至下的几条光束。光束较大的代表头上方的房顶缝隙较大，小的光束则是小的缝隙。这样就确定了主光源的方向，按大、中、小的顺序排列也体现建筑受创后破败感的自然属性。在画面中的右侧，也就是中近景的区域，绘制一棵大树形状的植物；在画面的左边绘制一个类似拱门的建筑结构，在视觉上会开启另一个房间来延伸空间感。整体建筑风格偏欧式。这一步可以多加些能想到的元素，来进一步绘制构思的想法。

4. 内部结构

欧式建筑内部结构显得很空旷，主要用高大的石柱和拱形天棚来进行搭建。用 Hard 类型和带有纹理类型的笔刷配合，在画面的右侧增加拱门结构延伸出更远的空间。地面上选用多边形套索工具（L）勾勒一些不规则的形状，颜色较深的部分是水面倒影的感觉，绿色的部分则是荒草形成的草地，用这些来表现一种昏暗潮湿的环境。用一点点偏蓝的颜色点缀一下大树的叶子，与周围颜色对比显得有了些紫罗兰的颜色，使这里的植物给人一种变异感。

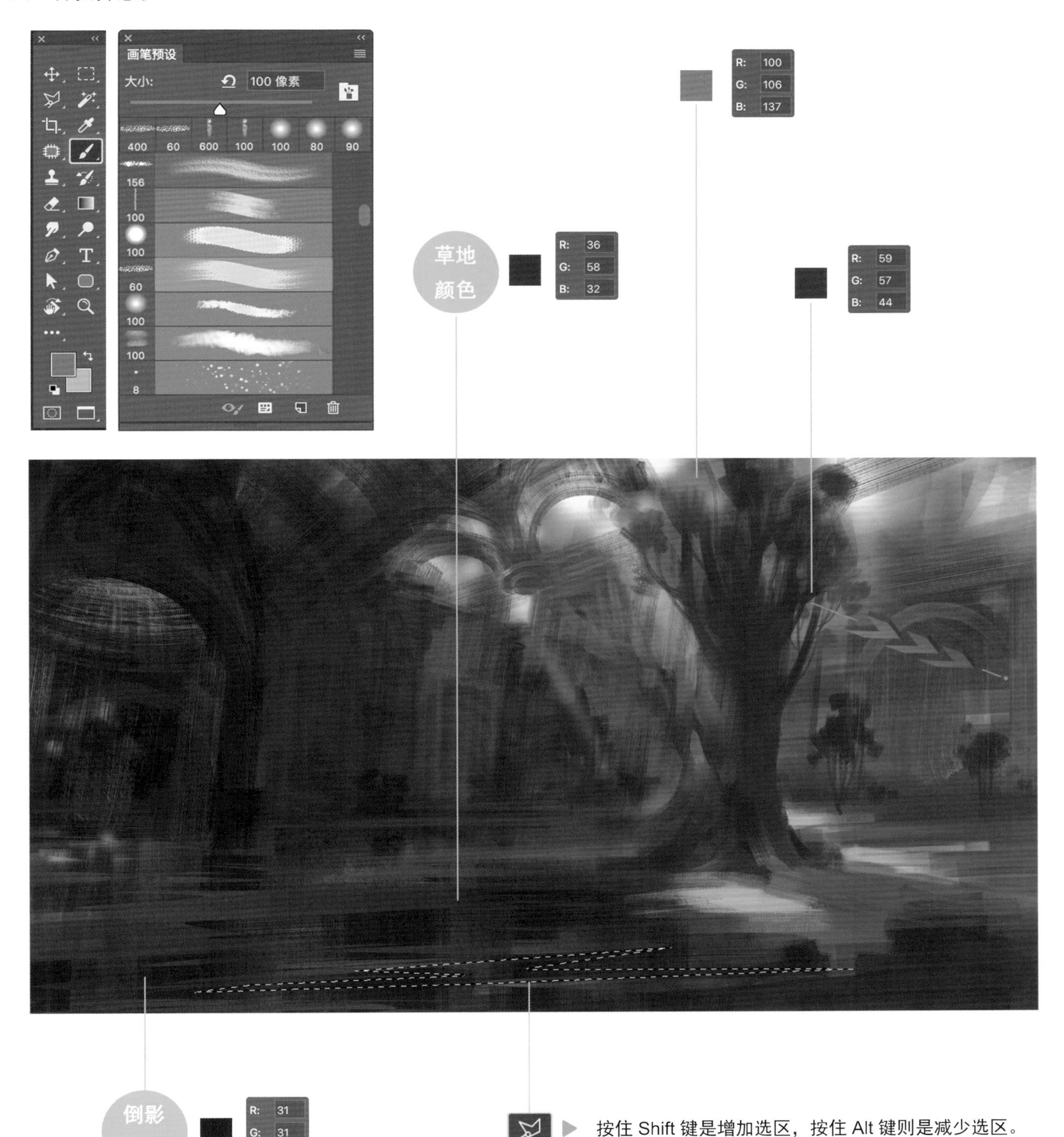

5. 明暗对比下的距离感

在大树的后方，强烈的光束从外面照射进来，地面亮了起来，又反射到四周，墙壁也形成了柔和的漫反射。对比在中近景处的大树，后方墙壁上的颜色很暖，在明和暗的对比下，大树与墙壁拉开了距离。同样在画面的左 侧，从屋顶上透出的微光，体现着漫反射，使这里的房间变得不是漆黑一片。对比画面右侧明亮的地方，这里显得更加的幽暗，从而拉开了空间距离感。

▲ 明暗对比弱，两者之间感觉距离较近。

▲ 明暗对比强，两者之间感觉距离较远。

6. 添加一些元素和光束

世界上的建筑风格非常多，一些细致但不明确的结构会让人有种无从下笔的感觉。所以我在收集到的资料中找到一些想要的作为参考（收集资料真是太重要了）。通过观察，我们来进一步绘制建筑内部的结构。我加强了石柱的形状和颜色，突出以石柱为主要结构，用一些亮色添加一些金属结构的元素，在体积感上增加反射面，使其看上去更加结实有分量。这里的环境是破败的，所以墙面上出现受创后的裂缝，有坍塌感。在近景和中景处添加些掉落下的建筑碎片，以传达这里的结构虽破损但矗立不倒的氛围。选用 Soft 笔刷，在“线性减淡”模式下再次提炼强烈的光束效果。

7. 加强光亮提升意境

这个环境里充满了漫反射，使得没有被光线直接照射的物体的结构也依稀可见。被体积光直接照射的物体是很明亮的，尤其是在建筑结构破损的地方，提亮这些被光线直接照射的受光面，通过明暗对比，最能体现结构的块面关系。在树干上，有些光线没有被遮挡，直接照射下来，根据树的形态使得树干上有明显的光亮；同样，在飘飘洒洒的树叶上，也有明暗变化。

8. 注入角色诉说故事

最后我在画面中加入几个角色，在体积光的烘托下让荒芜的环境中呈现一丝温暖和希望。通过从彼此建立起的牵绊来描述他们的第一次相遇，从此相依为命。

▲ 相遇 • 尘埃中的体积光 Finish • Photoshop CC

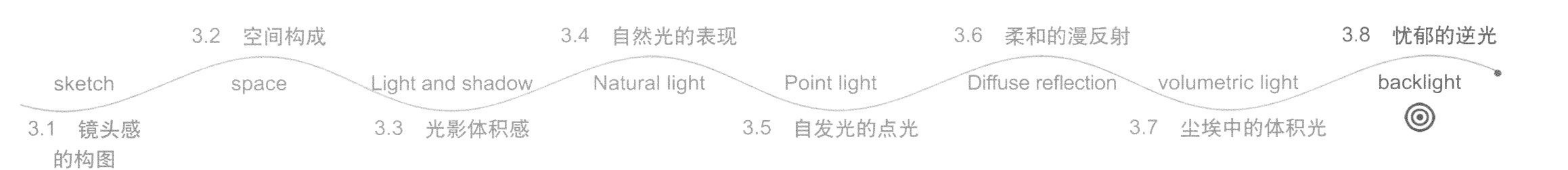

▶ 3.8　忧郁的逆光

逆光正对光源形成对立的方向，逆光下的物体层次分明，轮廓清晰，凸显主体，明暗对比强烈。逆光使色彩冲撞形成强烈反差，具有深沉、忧郁、含蓄的表现力。

1. 故事

无论多么辉煌的年代，都经不起历史的演变。夕阳下，耸立在山群中的要塞显得格外突兀，奇峰罗列倒立在大地上，影子拉得很长。这是一个废弃的要塞，显然魔法并没有把这里变得更好。这里的每次日落，仿佛都要把天空和大地一起燃烧殆尽。

2. 建立逆光环境

使用快捷键 Ctrl+N 建立一个画布，输入 5779（W）像素 ×3071（H）像素，分辨率为 300 像素 / 英寸，用一个横向画布来构思草图。想象一个日落时天空的颜色，选择一个暖色来填充画布，背景颜色（R：96，G：68，B：67）。场景的颜色是非常重要的，在绘制过程中画面很大程度上都要受到场景颜色的影响。所以根据日落的环境颜色，依然先在画面中确定地平线的位置，得到一个视角，用 Soft 类型笔刷，根据主光源的照射范围，由浅至深画出一些山峰的感觉，这样有一些层次感。在工具栏中选用“减淡工具”（O），“范围”下选择“高光”模式，在远景中确定这个场景的主光源位置。

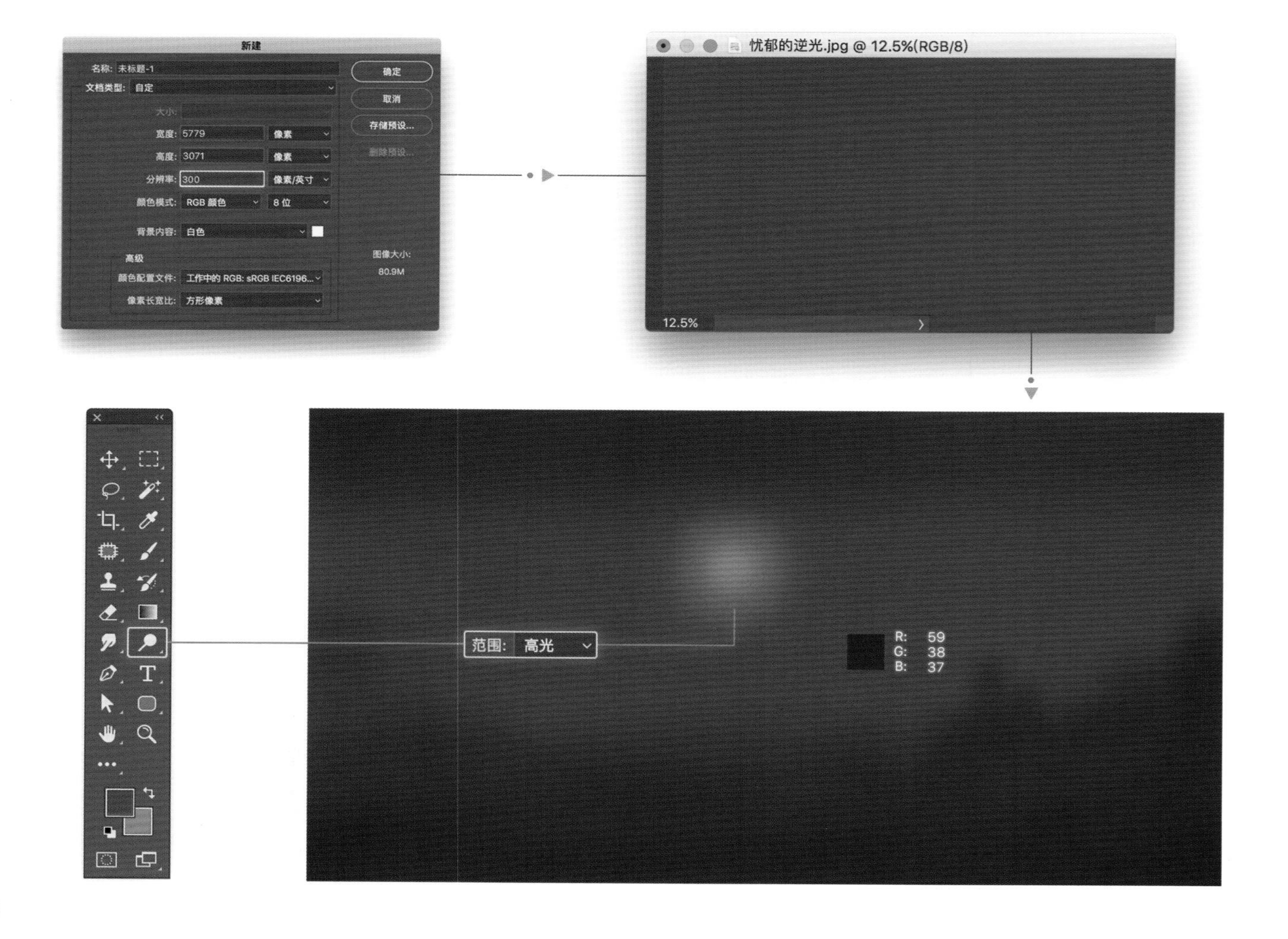

3. 绘画轮廓加入大气表现

因为光源角度不同，逆光下的物体更像个剪影，外轮廓的形状明显。以观察者的角度看，在主光源和大气的影响下，近景的部分离主光源更远，近景的颜色较重。中远景与观察者的位置距离感觉更远，受到光源影响较大，所以颜色较亮。使用 Soft 笔刷，在景别中绘制山峰的外形轮廓，以这样的亮度差异绘制出山峰间的层次感，让彼此间拉开距离。

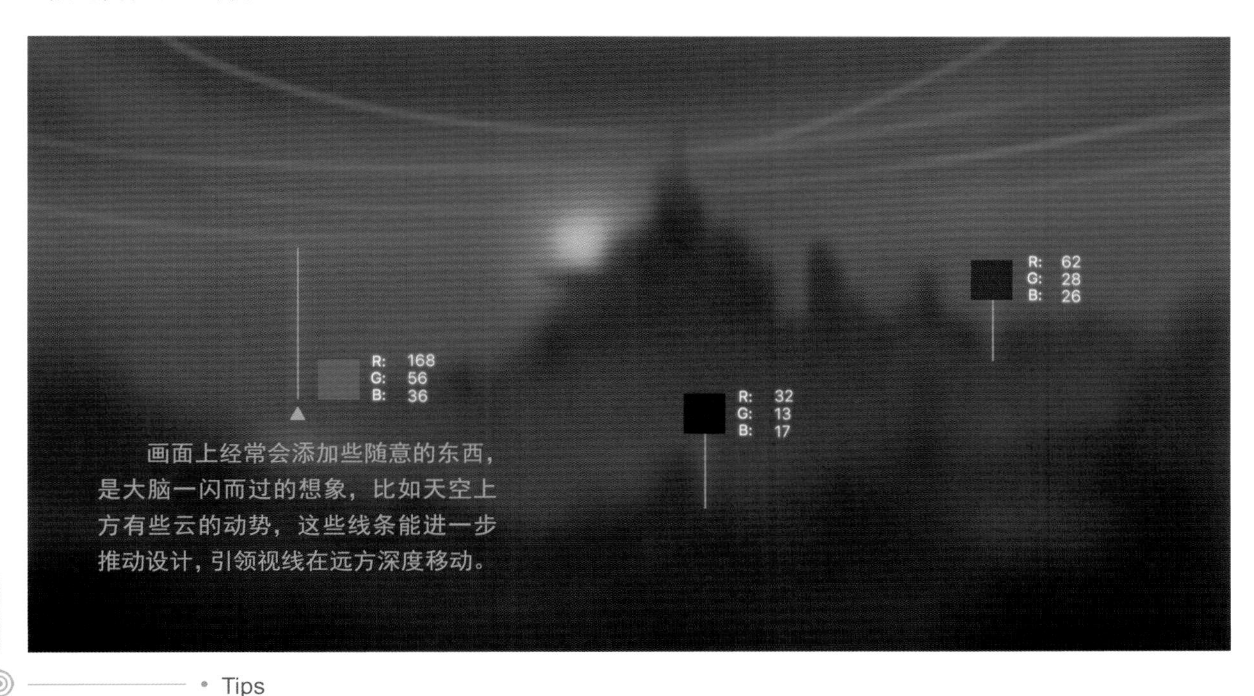
R: 62
G: 28
B: 26
R: 168
G: 56
B: 36
R: 32
G: 13
B: 17
画面上经常会添加些随意的东西，是大脑一闪而过的想象，比如天空上方有些云的动势，这些线条能进一步推动设计，引领视线在远方深度移动。

Tips

4. 推进形状

使用多边形套索工具（L），勾勒出边缘硬朗的山峰。明确区分近景、中景和远景，加亮远景中天空的部分，对比暗部差异，自然表现画面的深度，画出群山环抱的效果。

5. 画笔纹理

提高太阳的亮度。整个场景都因太阳而暖得发红。受太阳的光芒影响，围绕着主光源，天空的颜色由上至下、从左到右发生渐变性的明暗变化，越靠近它物体就会被照射得越亮。完成基础造型后，使用大油彩蜡笔笔刷，在勾勒出的形状上添加一些纹理，增加一些颗粒质感。

6. 地标建筑

一座废弃的要塞矗立在观察者与落日的中间，这是场景中与周围环境呼应的地标性建筑。用简单的几何图形和重复的形状来概括它的结构，提炼设计，使它变成一座具有魔幻感的建筑。

7. 日落下的对比界限

比起明朗的白天，日落的环境更像只有一个瓦数不高的台灯的房间，昏暗阴郁。太阳越靠近地平线以下的区域，天色越暗。光线照不到的地方越暗，颜色越重。整个幽暗的背光面和影子占了画面一半以上的面积。使用曲线工具（Ctrl+M）来加强这样的明暗对比，通过拉开的明暗差距和建筑上提炼出的大小体积形状，在厚重的大气中，创造一个更有深度的日落环境。

使用快捷键 Ctrl+M 调出“曲线”对话框。

调整前 ▲

调整后 ▼

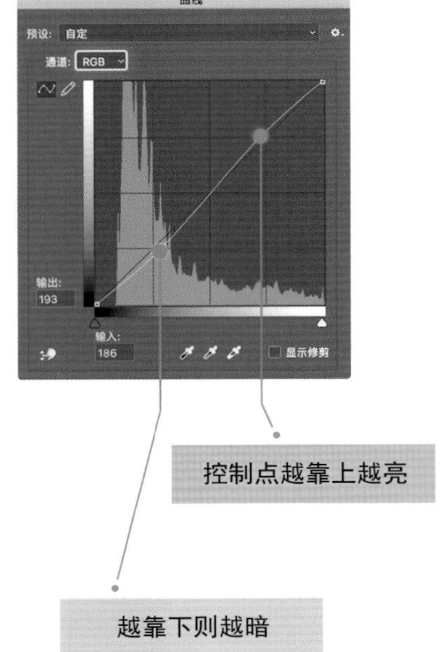

控制点越靠上越亮

越靠下则越暗

8. 燃烧的天空

最后该处理细节了。还记得构图前那个故事吗？此刻环绕在尖锐的太阳周围的是高饱和度的火烧云，颜色让整个场景都笼罩在如火焰般的氛围中。随着日落，黑夜慢慢地靠近。Hard 类型和带有纹理类型的笔刷配合使用，刻画山峰的边缘，使山峰看上去更加坚硬。处在远景区域的群山边缘偏软，细节部分要少于中近景里的。这些边缘的细节变化有助于传达空间的感觉。我多次强调空间、距离或者深度，是因为有了空间感，一个场景才会立体地呈现在画布上，而光影加强了这个立体空间的真实性。有了光，才有了颜色。

▲ 红色要塞 • 忧郁的逆光 Finish • Photoshop CC

• Tips

讲述一个故事，从构图、光影、颜色到设计，每一步都是在循序渐进中进行的。当我们没有清晰的思路时，不如多翻阅下自己的灵感笔记，冷静分析总比匆忙下笔好一些。每个人看问题的切入点不一样，结果也会不同。多去尝试，天道酬勤。

第4章 色彩与情绪表达

▶ 4.1 认识色彩

世界因有光才具有了颜色。世间万物都有自己的颜色。颜色可以表现出温暖的、冰冷的、亲近的、危险的等内容，它包含着太多的情感信息，所产生的情绪有时是无法用言语直接形容的。彩色系的颜色是由色相、饱和度、明度组成的。通过认识和学习色彩，我们可以发现不同颜色的搭配会演变出多样的视觉效果。它能表现出艺术作品中的绘画张力，可以传达出作品中的意境和作者要阐述的故事、情感和性格情绪，从而使读者得到感官上的满足。颜料是种合成物，具有很多种属性，其颜色都是根据可见光光谱得来的。我们应该先理解光再去理解颜色。无论是主观上还是客观上，色彩与光影都是密不可分的关系。在不同光影下，颜色会产生明度、纯度、亮度、色相、冷暖等规律性的变化。多去理解光影，灵活使用颜色颜料，才能在绘画中更好地控制和运用色彩。

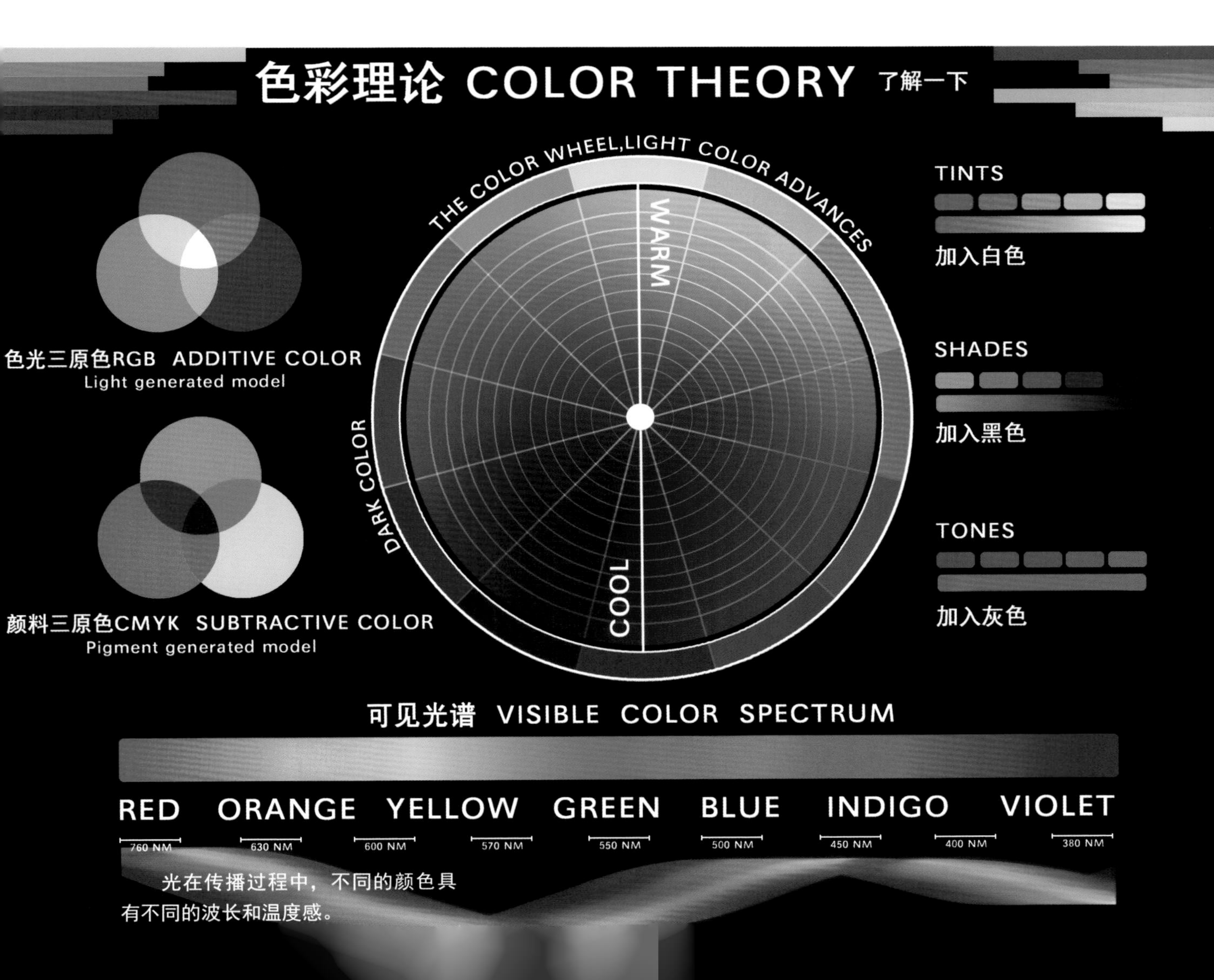

1. 可见光谱

人造光可以通过设计改造来获得更多可见的颜色。而自然光是由太阳光芒自然产生的，是人的视觉可以感受到的可见光，如明亮的光线经过菱镜或一些介质分散出红、橙、黄、绿、蓝、靛、紫。色彩光带，就是可见的连续光谱。彩虹作为气象中的光学现象，是一种自然形成的可见光谱的代表。其中，光谱里的红、绿、蓝这三种颜色为色光三原色，混合后可以组合成更多的颜色。

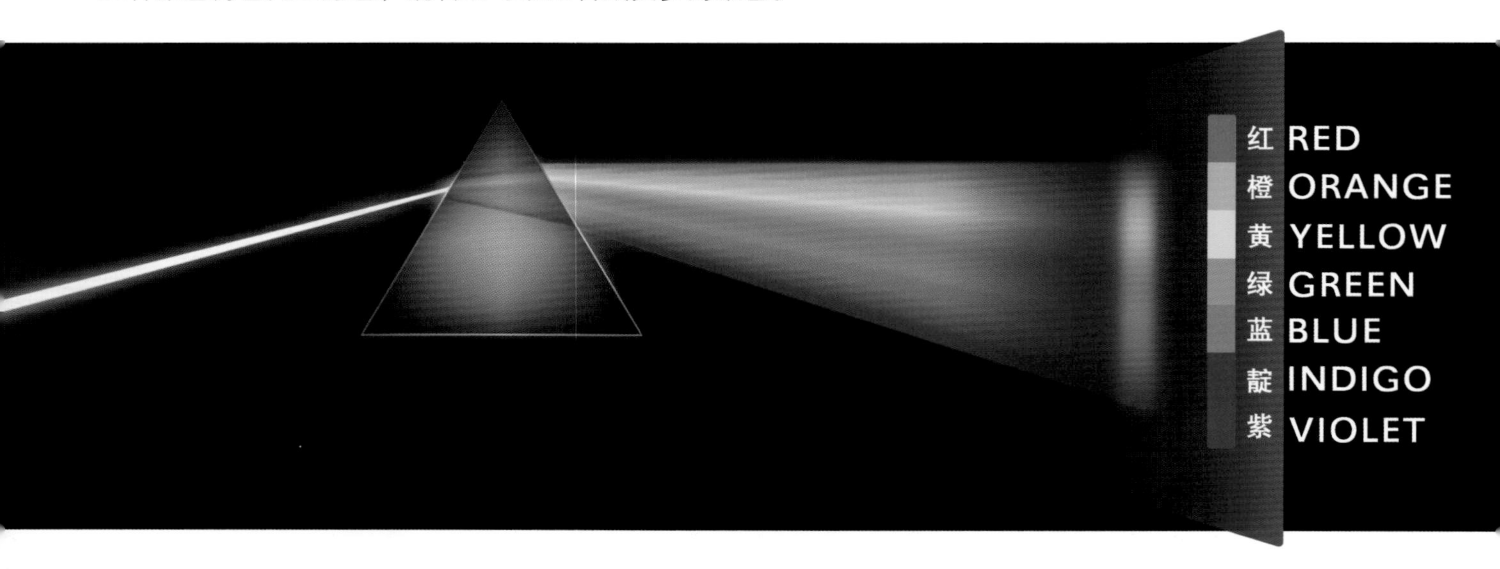

光线被折射及反射，照射到空气中的水滴，形成可见的七彩光谱。

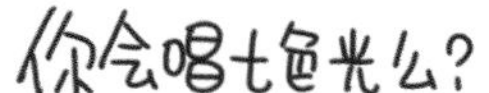

你会唱七色光么？

阳光照射下，由近至远，天空中可见光内包含了光谱内的颜色信息，冷暖颜色从亮过渡到暗。

在我看来，色彩是因为光的出现而存在的，我们能通过视觉辨认它们。落日红、橡皮粉、小麦色、琥珀色、千草色等这些好听的名字，都是参考了光谱和万物中的颜色。

Tips

2. 三原色

三原色是指色彩中不能再分解的三种基本颜色。三原色分为两种。第一种是色光三原色。在一定比例光模式下，原色光为红（R）、绿（G）、蓝（B）。色光三原色可以产生出多种多样的色光，混合后为白色，即光的三原色 RGB。

第二种是颜料三原色，即青（C）、品红（M）、黄（Y），按一定比例混合，几乎可以调配出所有颜色。颜料三原色混合后为黑色，即 CMYK。

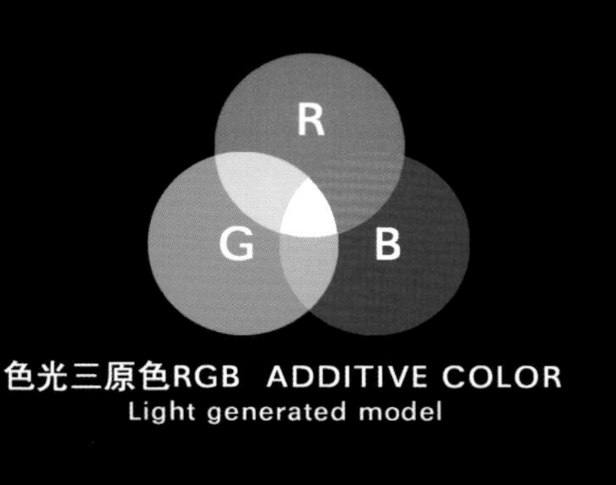

色光三原色RGB　ADDITIVE COLOR
Light generated model

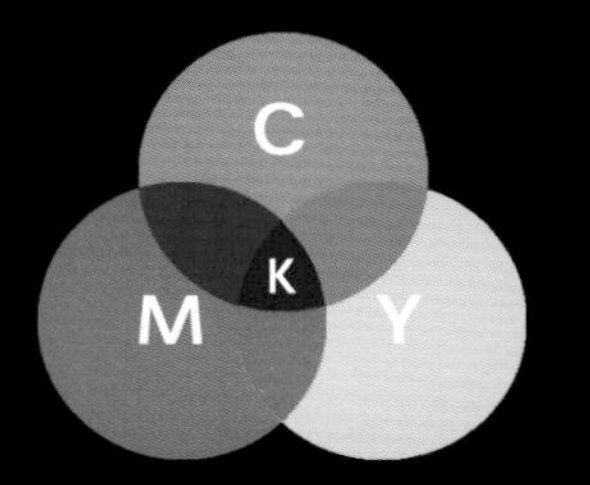

颜料三原色CMYK　SUBTRACTIVE COLOR
Pigment generated model

色光混合　COLOR AND LIGHT MIX

颜料混合　PIGMENT COLOR MIX

RGB 是一种色光模式，包含了光谱中可见的颜色，色彩鲜艳，颜色范围比 CMYK 更大，可以表达出绚丽的颜色和效果，更适合屏幕上显示，所以我们一般都是选用 RGB 模式进行绘画。而 CMYK 是一种印刷色，即青（C）、品红（M）、黄（Y）、黑（K）。利用颜料三原色的混色原理，在印刷中通常可由这四种色彩再现出万种颜色。CMYK 是 Photoshop 模拟出来的印刷色，在印刷过程中纸张、吸收、耗损、颜料品质和光线强度等不同，导致 CMYK 下的显示色彩范围没有 RGB 模式下的色域大。对比屏幕上 RGB 模式下的图，印刷品明度和饱和度都会低一点，也会出现一点色差。

• Tips

在数码绘画中，Photoshop 有 RGB 和 CMYK 两种模式，可根据需要来选择模式或者转换模式。考虑到打印，我们可以通过快捷键 Ctrl+Y 经常切换模式观察颜色范围来随时进行调整。

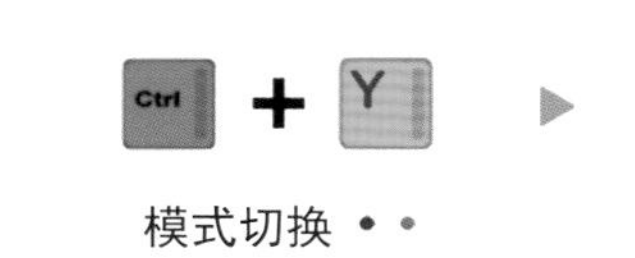

3. 色相

色相是指各类色彩的相貌称谓，是眼睛对颜色的感知，是形容彩色系中的最主要特征，如玫瑰红、紫罗兰、桔红、柠檬黄、橄榄绿等。色相、饱和度、明度是彩色系中的三个基本要素。明度是指色彩的明亮程度，饱和度也可以称为纯度，色彩的纯度越高色彩越绚丽，对视觉上的冲击力也越大。一个高纯度的颜色里加入黑色，明度就会降低。加入白色，饱和度会降低，但明度会提高。加入灰色，明度、暗度、饱和度都会降低，色彩对比柔和。所以色相、饱和度、明度在色彩中具有不可分割的关系。

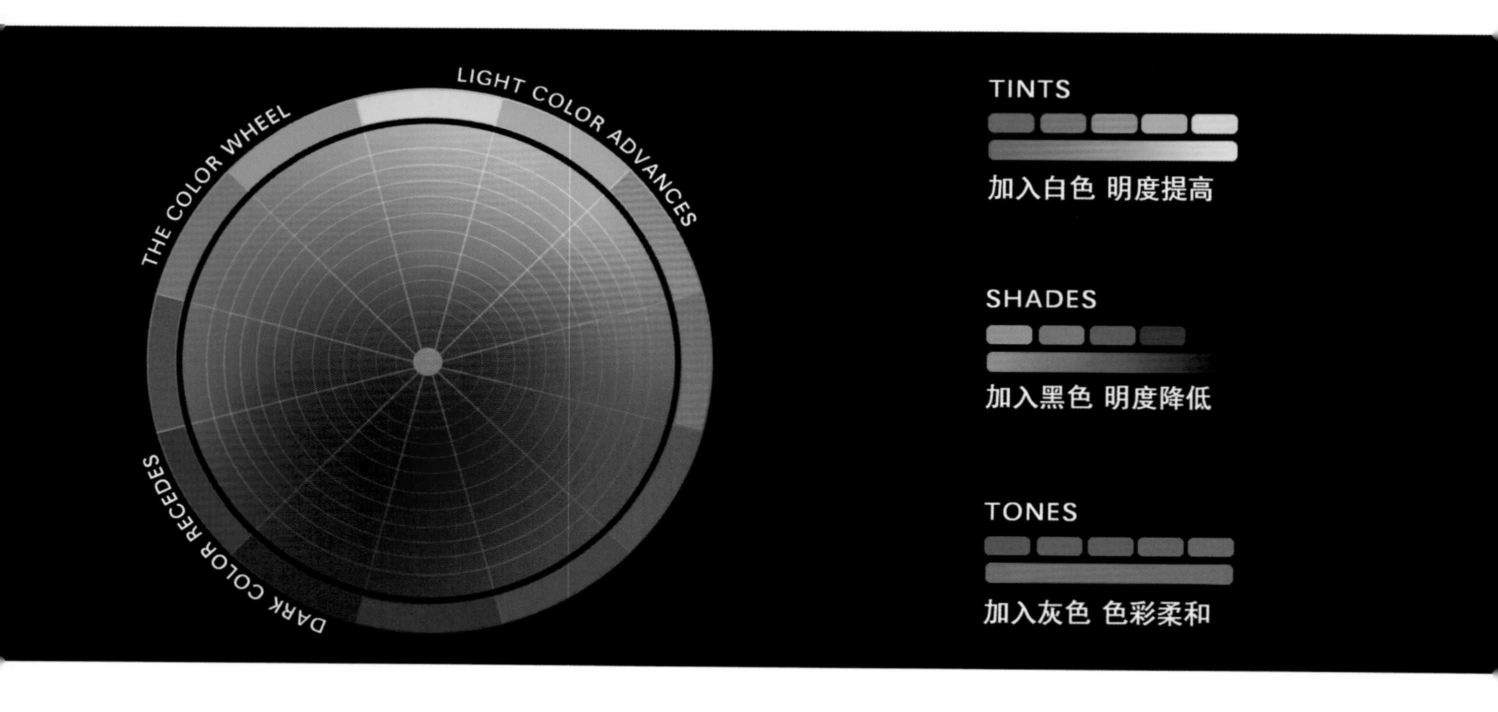

没有通过色彩训练的人通常会形容光是白色的，影子是黑色的。其实我们可以理解光是亮的、暖色的，影子是重的、颜色偏冷的，以这样的方式了解光与颜色的关系，才能对色彩有更好的诠释。在色彩绘画的作品中，最好不要用纯黑、纯白两色来表现光亮和暗面的部分，因为黑和白只有亮度变化，饱和度为 0，不具有色彩关系，也没有色相变化。黑和白属于无色系。

• Tips

在 Photoshop 里，可以通过色相 / 饱和度（Ctrl+U）调整数值改变色相、饱和度、明度，来表达出别样的色彩感觉。

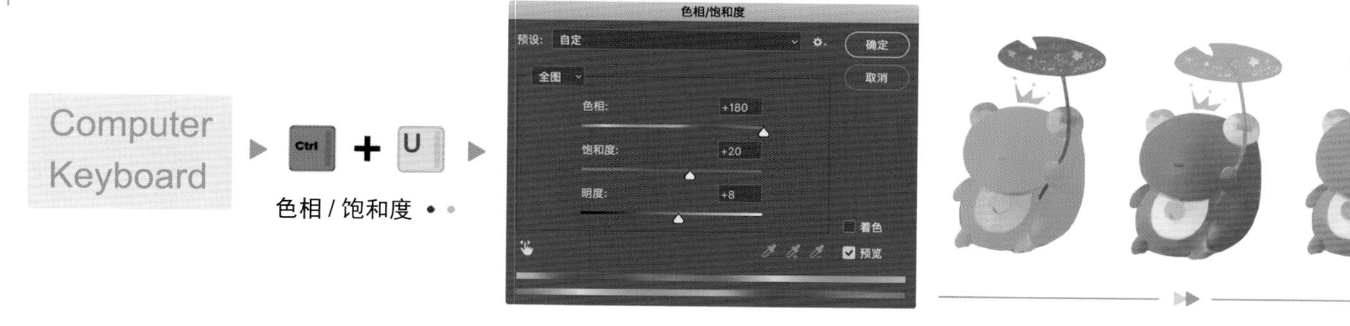

4. 固有色

固有色是指物体固有的属性在常态光源下的色彩，通俗讲是物体本身所呈现的固有色彩。关于固有色，主要是要准确地把握物体的色相。在强弱阳光的影响下，固有色不能占有全部的颜色，比如这个橙子，它的固有色是橙色，受到阳光和一些条件的影响，受光面和背光面都发生了明暗和纯度的变化，而固有色最明显的地方是在受光面与背光面之间的部分。

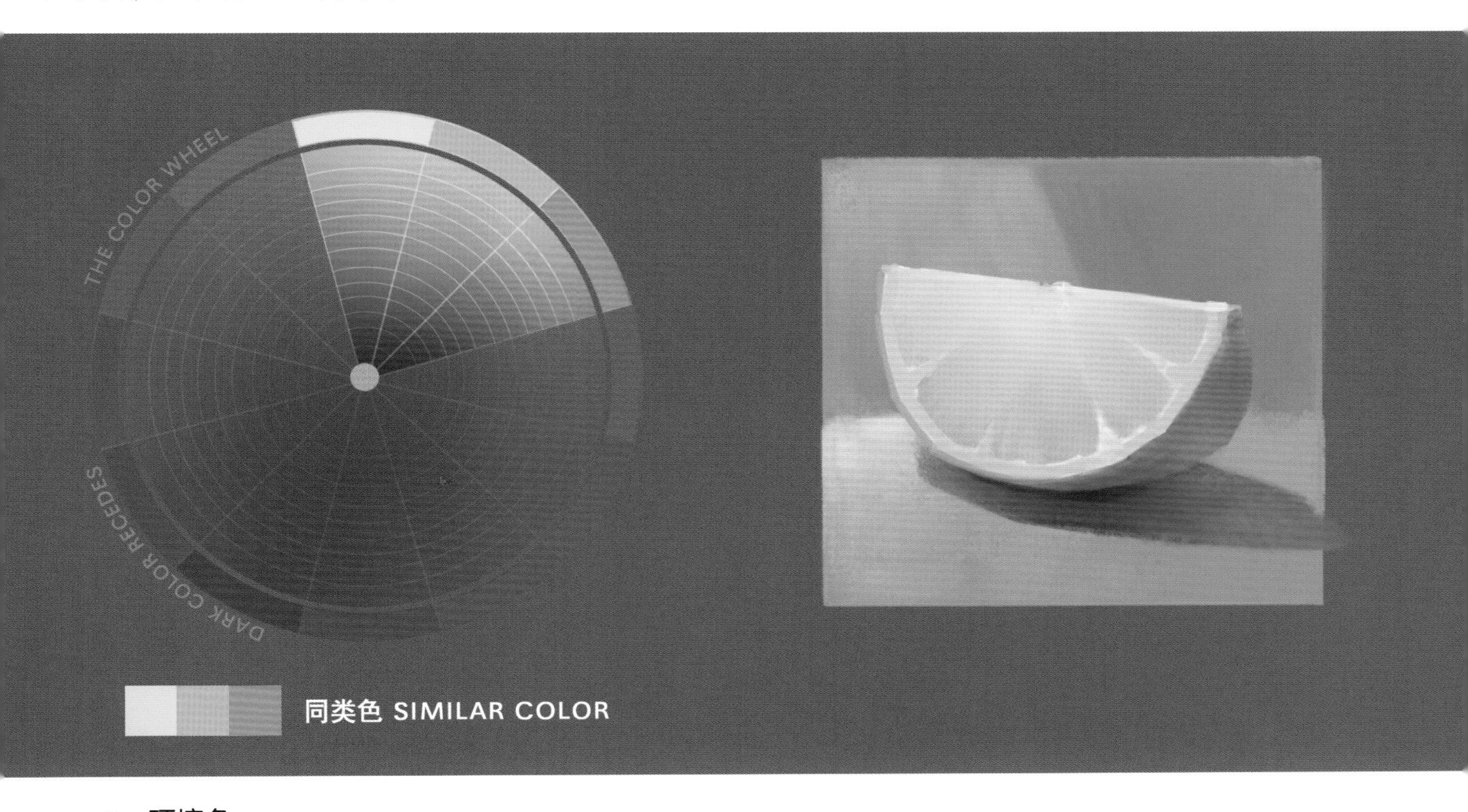

5. 环境色

光与环境色是相辅相成的关系。环境色是光源照射下环境所呈现的颜色。当光线照射在环境中时，物体表面受到光照，物体除吸收一定光线外，也能反射到周围的物体上。反射光颜色是与环境中各种物体的位置、固有色、材质和反光能力有关系的。环境色是非常复杂的色彩，它的存在和变化，能加强每个物体色彩间的彼此呼应，体现微妙的质感和空间表现。

光滑的半透明材质具有强烈的反射效果，本身的颜色全部来自周围环境色对它的影响。

Tips

6. 邻近色

邻近色是色相彼此近似的颜色。冷暖性质一致，色调统一和谐，感情特性一致。在色相环上相距120度左右的颜色范围，都称为邻近色。绿、蓝、紫的邻近色大多数都在冷色范围里，红、黄、橙的邻近色在暖色范围里。比如这个橙子，橙色为固有色，在光照的条件下，橙色发生了改变，在受光面里呈现出亮黄色，因为在邻近色的关系里，黄色比橙色更亮。在背光面中橙色也发生了改变，呈现出偏红的颜色，因为红色比橙色在色相上要暗一些。通过控制颜色的明暗面积来消减纯度，会让这个橙子有被光照着的感觉，看上去更加真实。

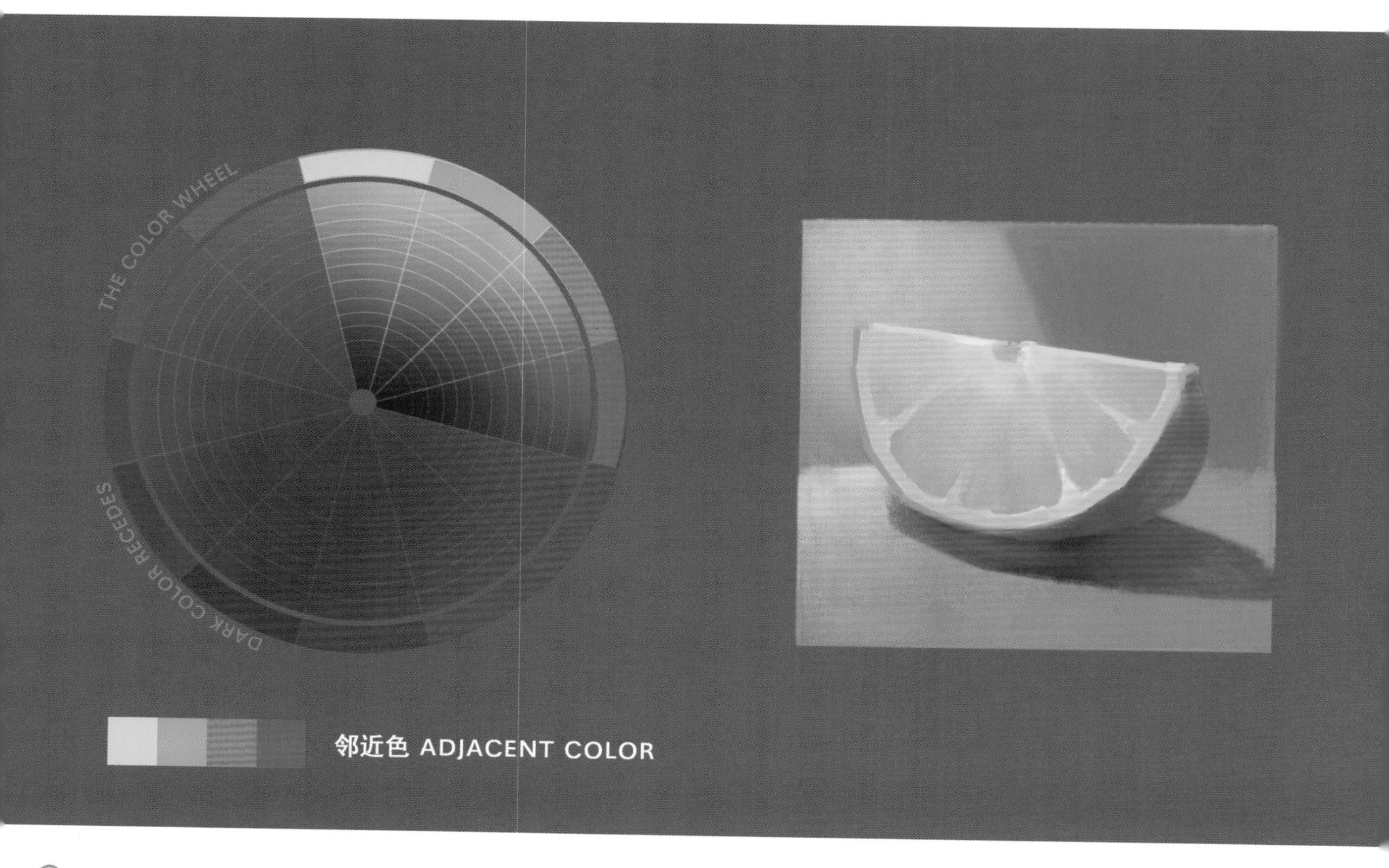

• Tips

邻近色与同类色不同，同类色只有色度的深浅之分，邻近色则是在色相上有区分。在绘制作品的过程中，使用大量的邻近色作为主色调进行绘画，会使视觉上色感平静，更具有光感和材质感。

7. 互补色

在色相环中，以 180 度相对应的颜色就是互补色了，如黄与紫、橙与蓝、红和绿。在作画中使用互补色，在视觉上会有强烈的颜色对比，能感到红的更红、绿的更绿。补色的调合和搭配可以产生华丽、跳跃、浓郁的审美感觉，体现出色光感，使画面色彩不单调。如果互补色的纯度高、明度高并且面积大，就会对画面产生强烈的冲击力，因此可以利用面积差、纯度差、明暗差、灰度等来弱化补色的关系，从而获得视觉上的平衡和丰富画面。

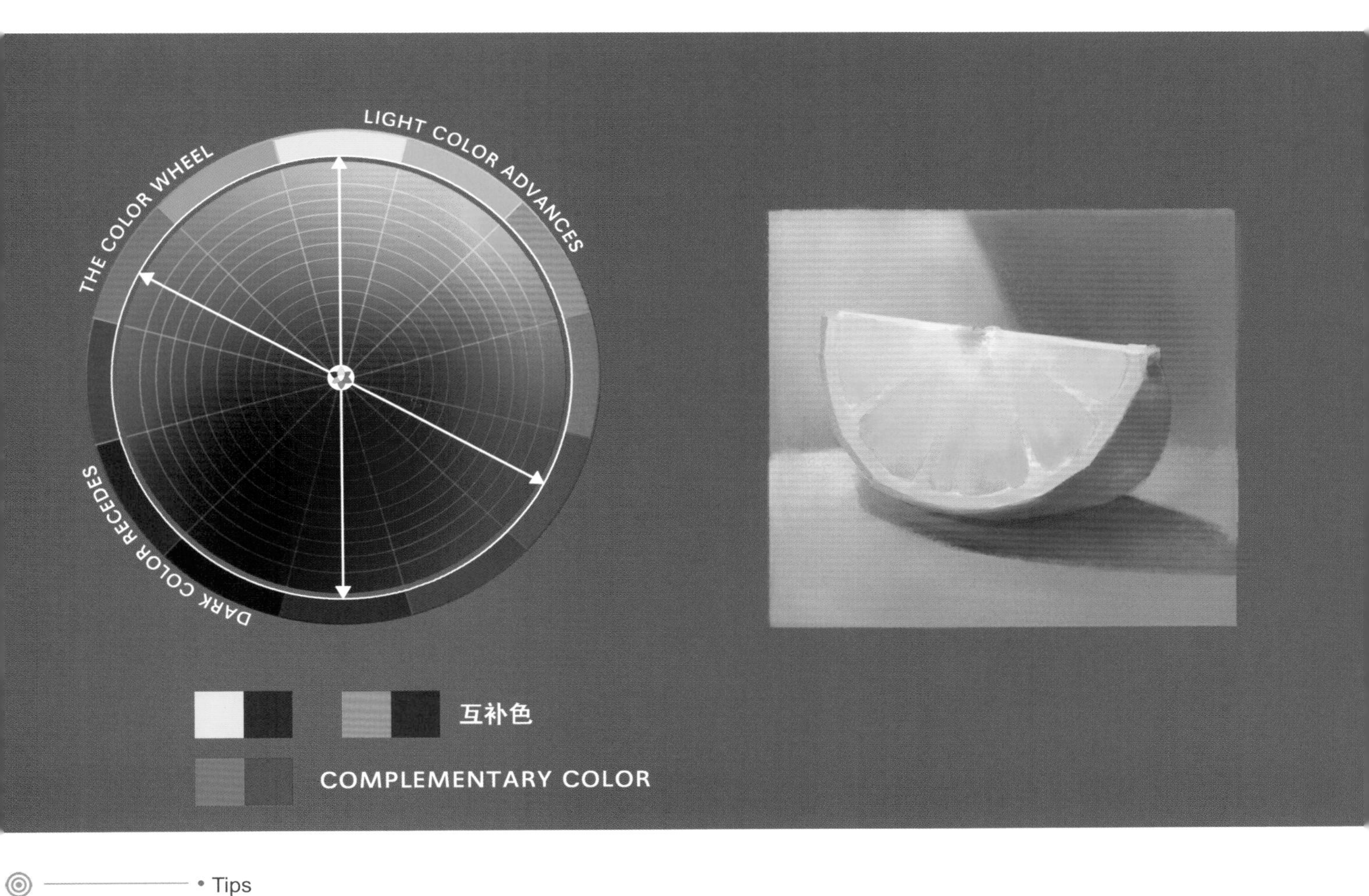

• Tips

任何一对互补色，它们相互对立又相互满足。美在矛盾中突出，拉开距离构建出空间感，是色彩中较为独特的情感表现。

8. 对比色

每一种颜色都可以形成对比，如色相对比、明度对比、纯度对比、冷暖对比。两种以上的能产生差异感的颜色，都称为对比色。色彩具有冷和暖的关系，每个颜色在多种颜色对比下会显得很暖或者很冷，彼此衬托。在色彩中如能很好地控制色相、明度、饱和度、冷暖对比，就能让画面具有戏剧化的效果。

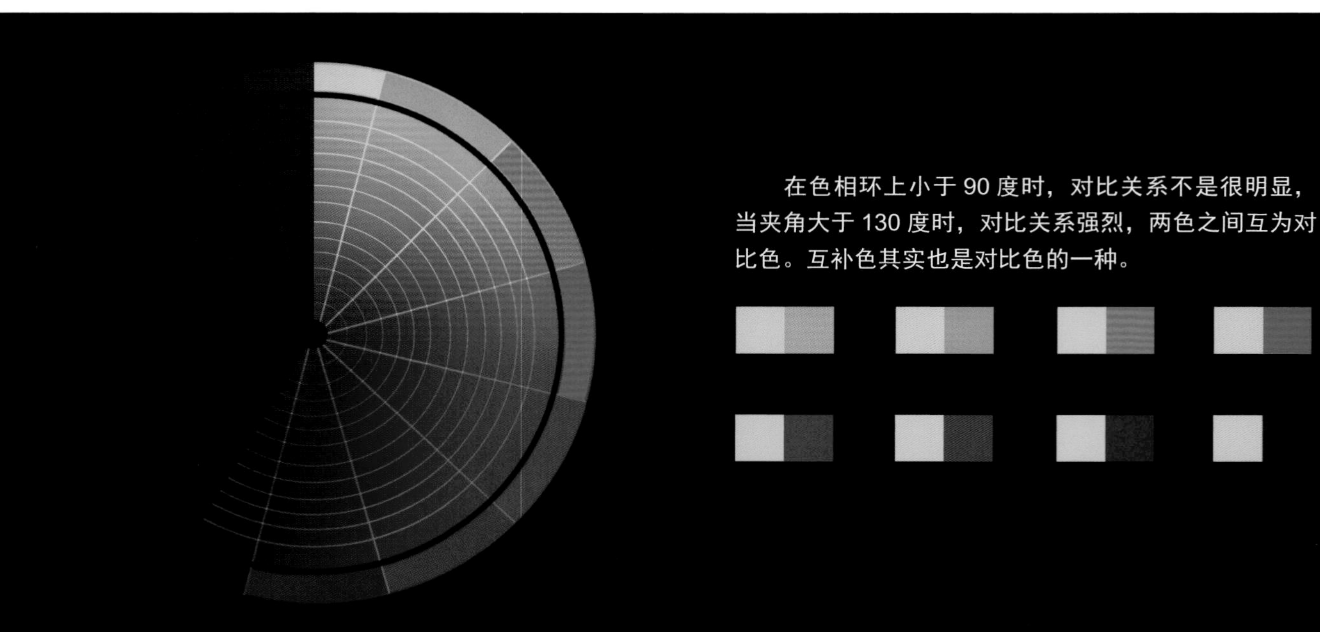

在色相环上小于 90 度时，对比关系不是很明显，当夹角大于 130 度时，对比关系强烈，两色之间互为对比色。互补色其实也是对比色的一种。

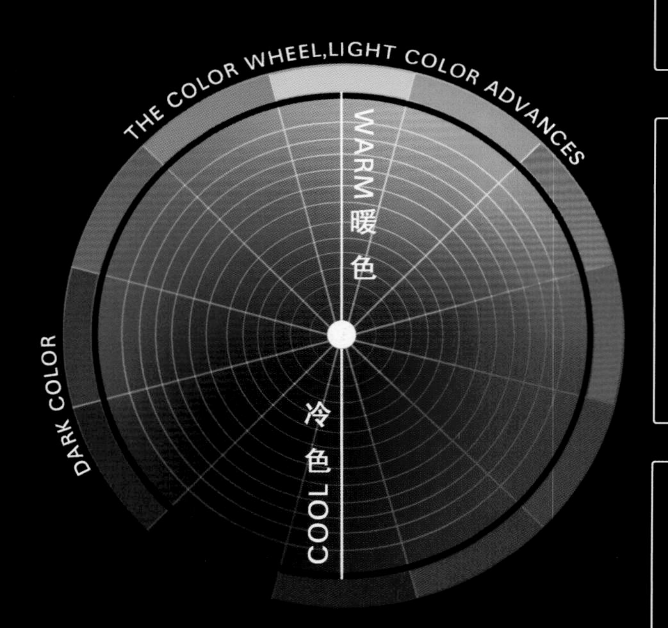

色相对比：因色相不同形成的对比，如红和绿、黄和蓝、蓝和绿等。

明度对比：一个色相加入不等量的黑或白，会产生不同明度的差别，差别越大，对比越强。

TINTS

加入白色 明度提高

SHADES

加入黑色 明度降低

纯度对比：任何一种标准色混入黑、白、灰色时，会使纯度降低，形成色相纯度的对比。

TONES

加入灰色 色彩柔和

在色相环上颜色彼此相邻，色彩对立会形成冷暖对比。冷暖色就是一种人们对色彩的心理感受，是通过联想而产生的暗示。比如红、橙、黄的色彩会给人一种亮和温暖的感觉，常常与火、太阳、光芒相联系。蓝、靛、紫这样的冷色，更容易让人联想到天空、海洋、夜晚、冰雪或较阴郁的环境。

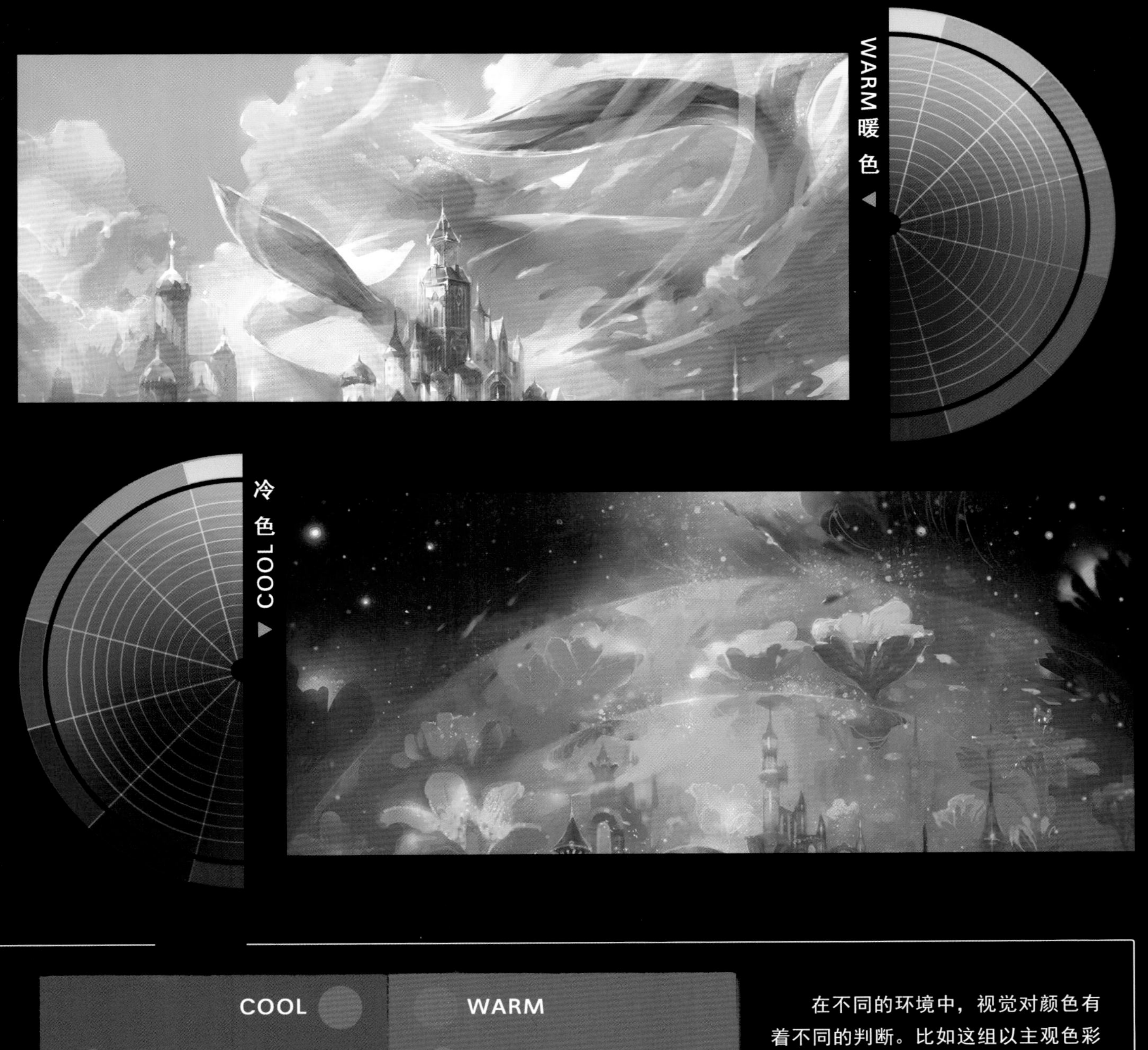

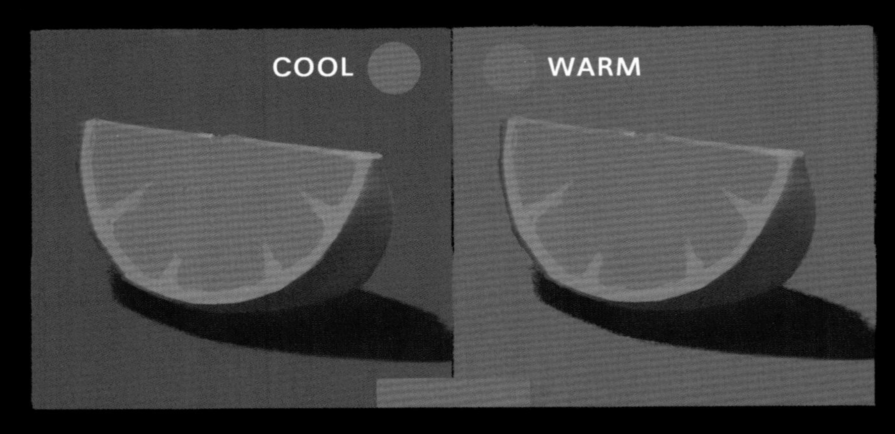

在不同的环境中，视觉对颜色有着不同的判断。比如这组以主观色彩表现的橙子，在两种背景颜色对比下，一个颜色偏冷一个颜色偏暖，其实它们是同一个颜色，只是对比环境的颜色，体现出了不同的感受。所以对比色里颜色是千变万化的，它是一种很微妙的色彩感觉，能在绘画中表达出更好的意境和情绪。

Tips •

9. 光源色

色彩学上有光源色、环境色、固有色，没有物体色和固体色。而光源色指的是本身发光的物体散发出的光投射到物体表面上呈现出的光的颜色，如自然光、灯光、火光等。我们常说的光源色有冷光源和暖光源。不同的光源色相不同，照射到不同材质的物体上时会产生色相的变化。

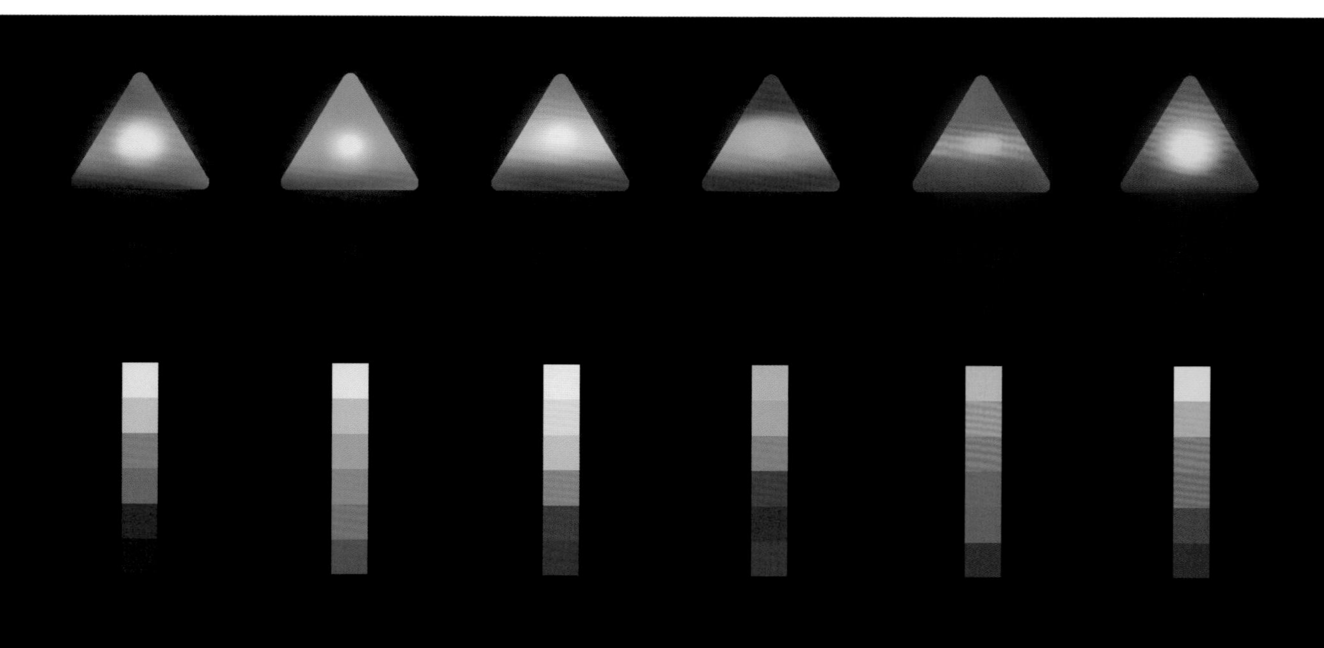

Tips

我们用两个有色光源举一个例子。环境中这个橙子放在一个白色衬布上，红色与蓝色分别以暖主光和冷补光的设定出现，将主光源设定为暖色时，整个环境色更是偏暖的感觉，是黄到蓝色的过渡变化。虽然橙子的固有色是橙色，但在暖色的主光源影响下，橙子的受光面比较亮，是偏暖的色相，所以橙子的受光面就是固有色 + 主光源色的体现。在侧光面橙子上的颜色比较灰，很柔和，接近了固有色。

补光没有主光源照射强，蓝色作为补光（模拟天光）体现在橙子背光部分，在冷色补光的影响下，红色和蓝色光源重叠时会出现蓝紫色。物体的材质决定了对光的吸收和反射能力，在反射面中就呈现出了蓝紫色，好让处在背光面的物体部分看着更具有光影体积感，所以背光面是固有色 + 环境色的表现。

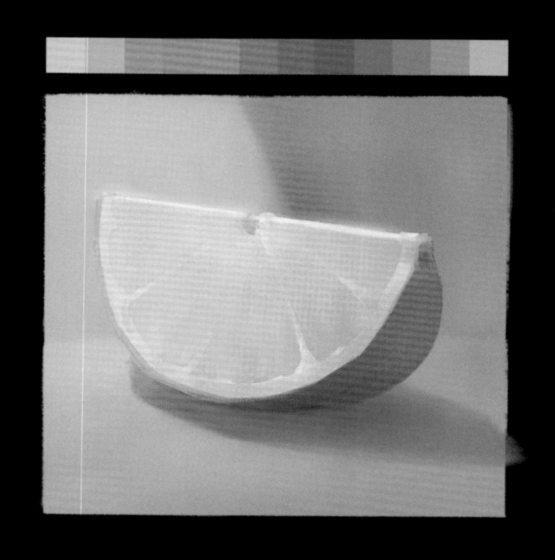

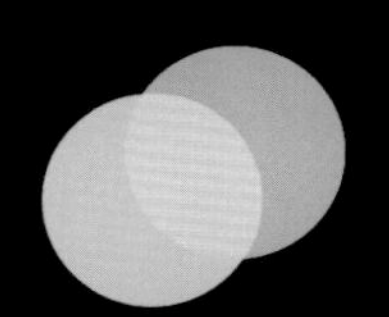

受光面：固有色 + 光源色

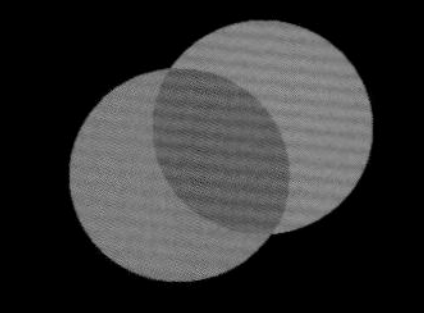

背光面：固有色 + 环境色

10. COLOR SUMMARY

在绘画过程中，要考虑到场景中光、环境和每个物体本身的颜色和材质，这些颜色有时具有颠覆性，要根据环境条件灵活运用，适当夸张，切勿生搬硬套。恰当使用邻近色、互补色、对比色，不仅能加强色彩变化、构建空间，还能表现出特殊的视觉对比与平衡效果，是非常有趣的艺术尝试。

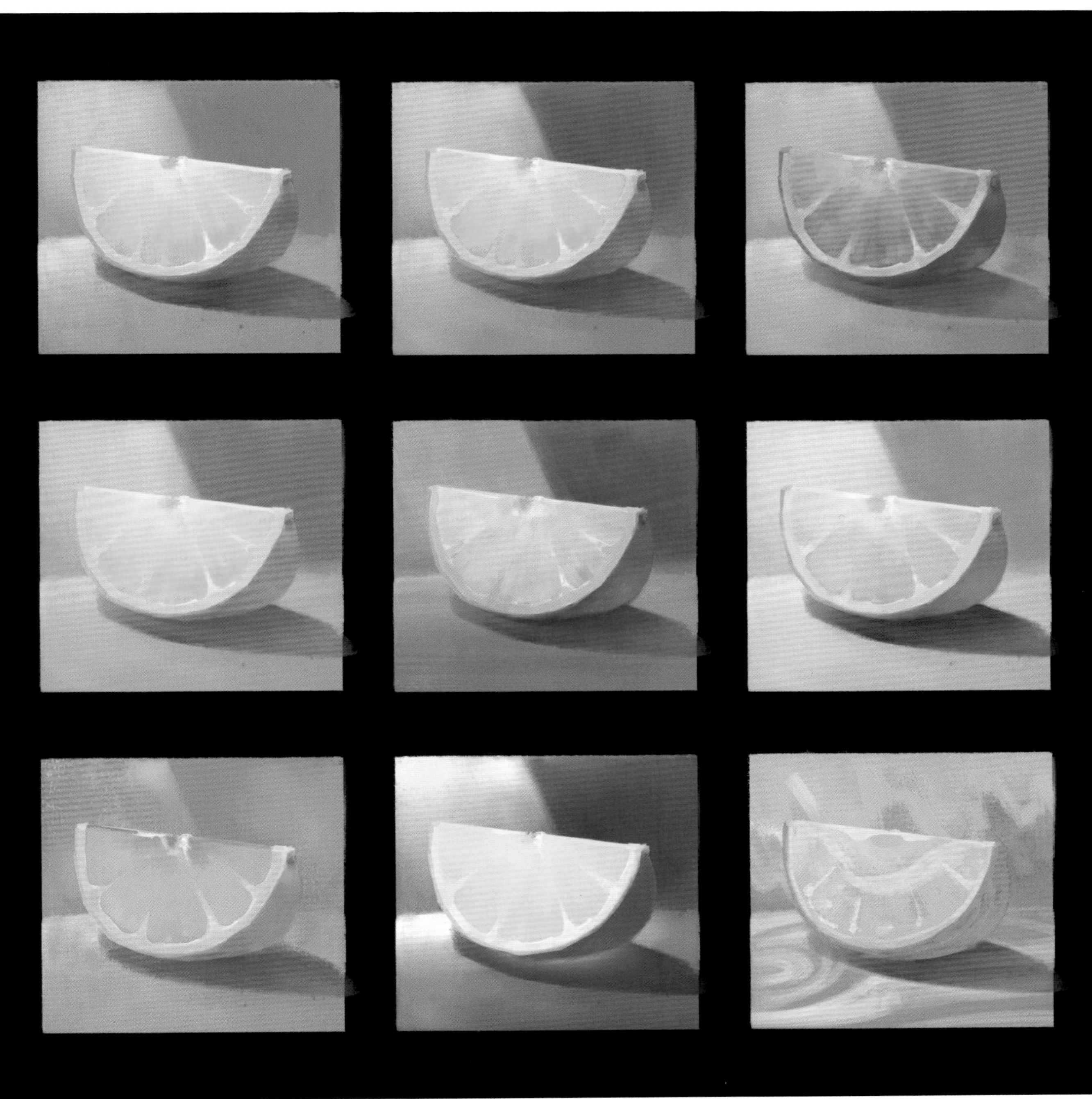

▶ 4.2 环境温度

从日出到日落，从晴天到阴天，从冰冷的冬天到温暖的春天，四季交替变换出冷暖的颜色。视觉感官可以给我们传达出一种温度感：暖色总是给人一种炙热的感觉，而冷色就会给人一种阴冷的感觉。从白天到夜晚，一天中，太阳移动着位置，阳光从斜射到直射，在大气层的反射作用下，阳光的颜色会改变。天空中产生多样的颜色变化，所以我们看到的太阳颜色会变成红色、桔色、黄色、白色等。颜色传达出的温度感，能体现出时间和气候环境的变化。

色温

无论是自然光还是人造光，光线对颜色的变化都起着关键作用。色温指的是光波在不同能量
感受到的颜色变化。例如，在日落环境中，当阳光斜射时，在大气层的反射作用下，红色能量光
我们能看到的。对照光谱，选择颜色，这个能量范围是红色到黄色区域的色彩温度。

可见光谱 VISIBLE COLOR SPECTRUM

RED ORANGE YELLOW GREEN BLUE INDIGO VIOLET

760 NM 630 NM 600 NM 570 NM 550 NM 500 NM 450 NM 400 NM 380 NM

• Tips

根据可见光，光谱以红、橙、黄、绿、蓝、靛、紫依次排序，我们使用的色相环就是依据可见光谱
Photoshop 拾色器里以色带的方式呈现。

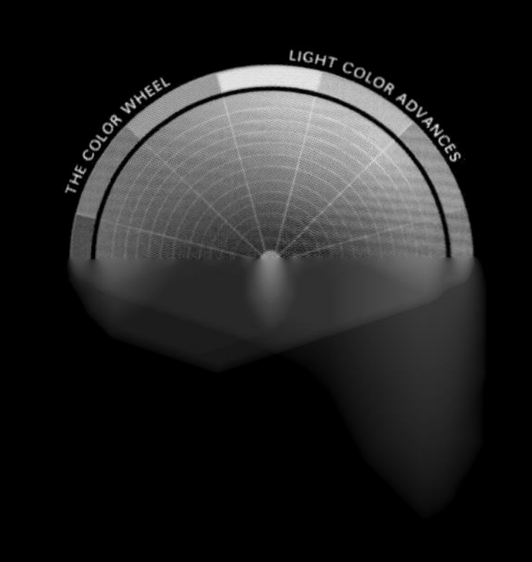

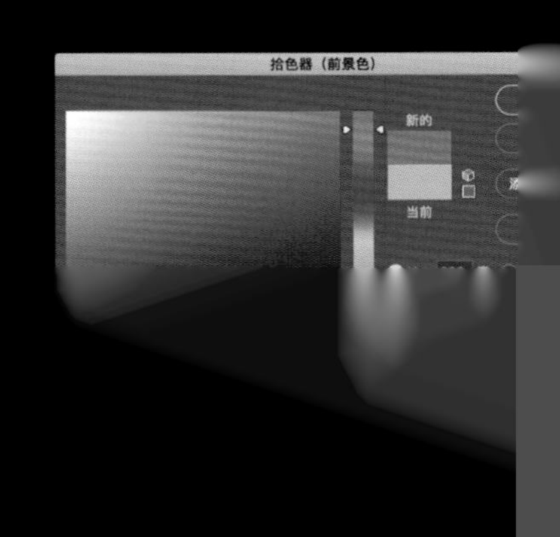

▶ 4.3 感官世界

我们是通过知识、信息来了解这个世界的，了解自然界物体的形状、颜色、味道、声音、触觉等，并记录这一切。人类对光亮和颜色是非常敏感的。有了感官，我们在一张图片里就可以分析出气候、环境、地貌、人文等信息，通过对光影和颜色的分析甚至可以推算出某一个时间段的天气环境。这些信息传达会影响我们的情绪，使我们或悲或喜。

有时一段文字就可以让我们浮想联翩，通过几种颜色就能绘画出美丽的画面，这是一种情感的传达。行万里路可以让我们了解世界，拥有好的感官感受，从而有利于我们更好地进行创作。

1. 晨雾缭绕

清晨时分，灰蓝色的晨雾弥漫在山间，看似厚重实则轻盈，雾气下的环境如纱幔笼罩，若隐若现。

2. 晴空万里

阳光普照，蓝天白云，在这生机盎然的季节里，绿色的植物成为这里最醒目的颜色。这是一个明亮的环境，温暖而潮湿。

3. 银装素裹

寒冷的冬天让温暖的颜色退去，冰雪覆盖下的大地安静地沉睡着，一切都仿佛静止了，只有天空的云在飘荡着。

4. 落日余晖

金色的光线洒满人间，每一处被阳光扫过的地方仿佛都被镶上了金边。这是一个柔和的环境，落日丝毫不回避它的光芒，倒映在水面上的余晖显得那么暧昧。

5. 夜色弥漫

夜幕低垂，这是喧嚣的一天的结束。月光皎洁，星辰也布满了天空，流光溢彩。灯火通明，彼此映照，而那些细节隐藏在了深蓝的夜色里，无声地变幻着。

5. 阴雨蒙蒙

绵绵阴雨，总是带给人淡淡的忧伤；一道光从乌云的缝隙中照射下来，遮遮掩掩的如思绪般捉摸不定。也许忧伤也是一种美。

第5章 场景元素绘制设计及材质表现

一幅画是由很多元素组成的：植物、自然、角色等。这些元素组成是构建场景的重要部分，我们可以用某种元素为主题来表现画面故事。虽然我们掌握的元素有限，而且绘画过程中会遇到很多技法难题，但万变不离其宗。在理解光影色彩的前提下，我们将用不同的绘画方法来表现云、植物花草、岩石山峰、建筑、星辰等场景中最常见的元素。根据元素的软硬材质特性来选择笔刷，不仅可以提升画作品质，还会节省绘画时间。可以用技巧来优化整个作画过程中的烦琐工作。

5.1 天空和云画法

5.1.1 天空和云

自然界是神奇的，由大气中的水蒸气凝结而成的云变幻着各种姿态：有时白云朵朵气势如虹，有时乌云密布阴郁感伤，有时被霞光染成斑斓颜色让人向往，有时又飘飘荡荡随风而去。云是具有体积感和有光影变化的，厚重、轻薄、柔软都是云的主要特点，它是飘浮在天空中具有不规则自然形态的聚合物，姿态万千，变化无穷。我们可以时常抬头看看天空中瞬息万变的云，观察它的形状，捕捉它的特征，还有那一刻云带给我们的心情。

1. 建立画面

使用快捷键 Ctrl+N 建立一个画布，输入 2508（W）像素 ×4039（H）像素，分辨率为 300 像素 / 英寸，采用竖构图来描绘一个厚重高耸的积云。

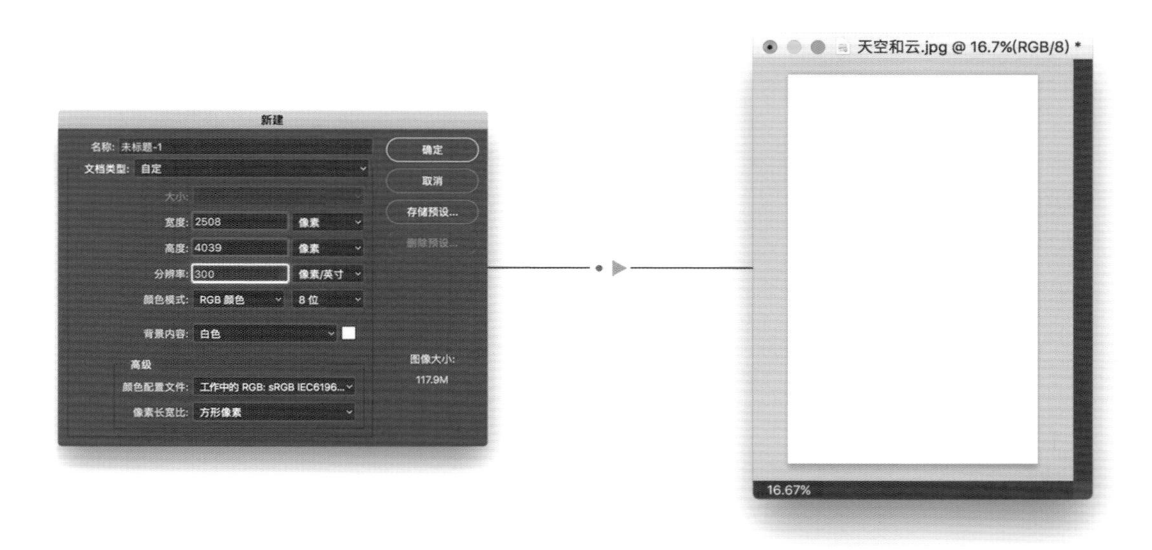

2. 天空的渐变

选择渐变工具（G），在拾色器中设定前景色 （R：12，G：36，B：225），再设定后景色 （R：29，G：170，B：242），选用“线性渐变”模式后，在画布上由上至下拉出渐变色，这样就得到了一个带有深度感的蓝色天空。

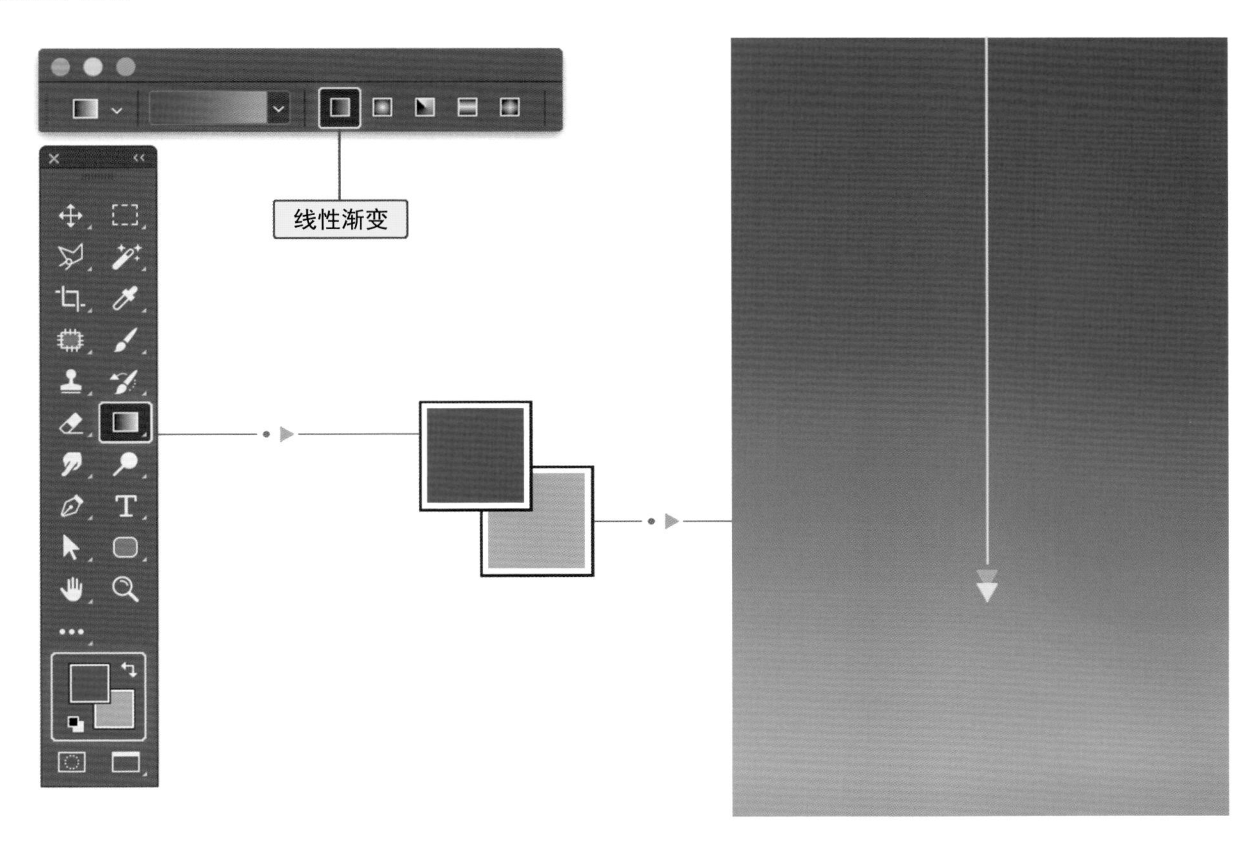

3. 笔刷选择

云给人的感觉很柔软，远远看上去很像一簇簇香甜的棉花糖飘浮在天空中，所以我们选用柔边圆笔刷起稿，来表现云的柔和性。当我们能很好地控制云的基本特性后，就可以选择带有纹理特性的笔刷直接绘制云的形态，这样能在细节上增加一层纹理表现。

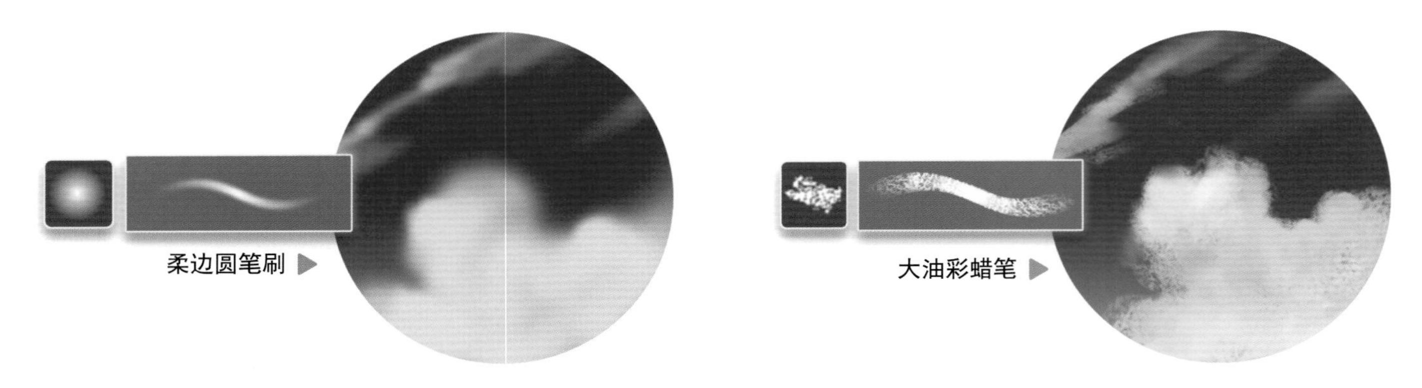

5.1.2 空间搭建

4. 形体概括

笔刷选好后先不要着急下笔，在这里我用几何体来搭建出一个空间，角度为仰视，能更好地观察云朵间的层次堆积。用大、中、小几何体来概括堆积出来的大型浓积云，能很好地理解飘浮在空中的云是具有体积感和空间感的。

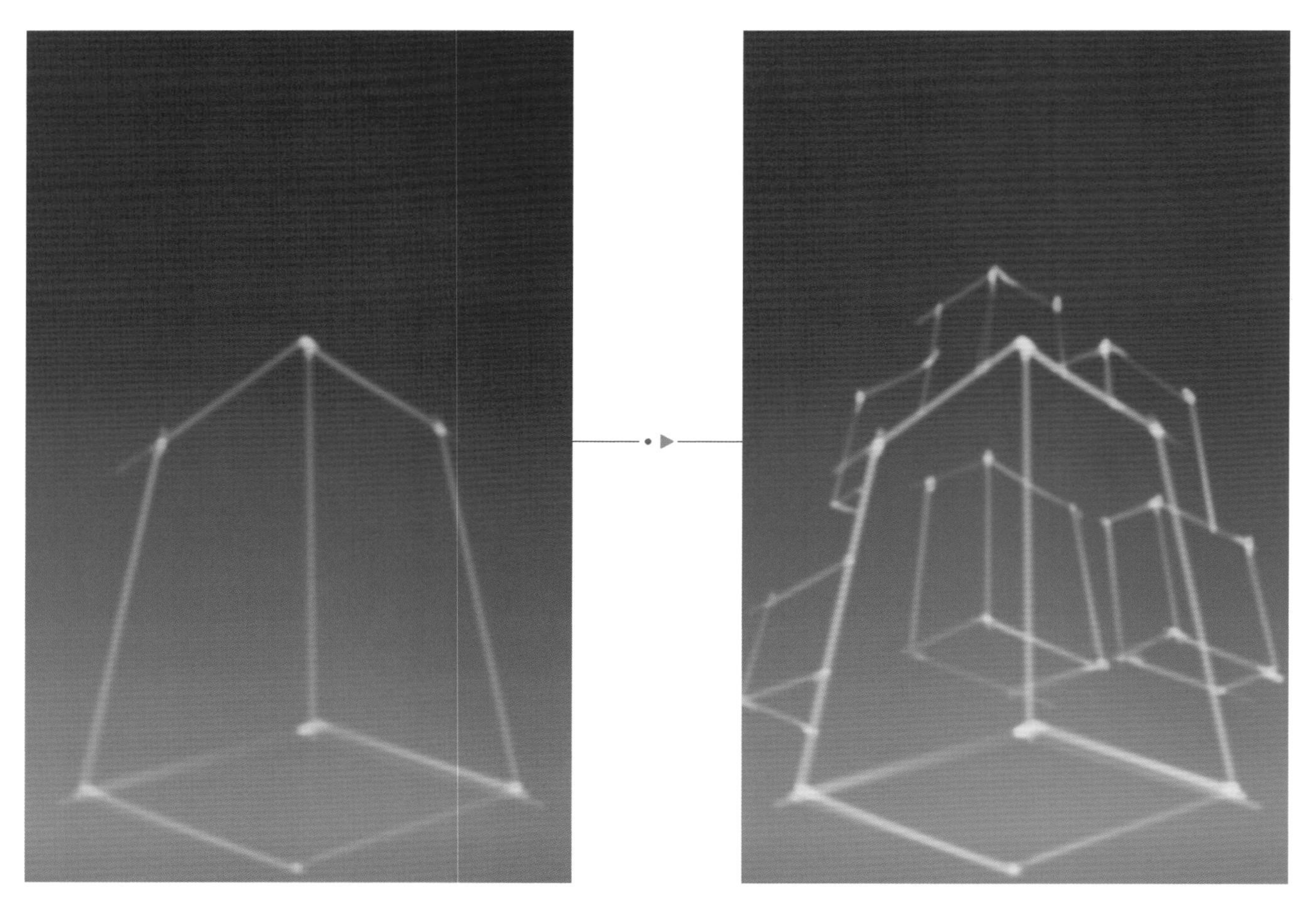

5. 设定光源基本着色

将主光源设定在画面左上方大概 11 点方向，这是一个晴天的气氛，整个云团被蓝色的天空包围，灰白色的云朵会被环境色严重影响，所以云朵的基本颜色以蓝白为主要色调。在自然光的影响下，每一个几何体都具有了受光面、背光面和反射面，用亮、暗、灰素描关系分割出明暗，让每一个形体都成为一个个体后，又能组合堆积出大型的群体，在统一光照下，看着也有整体感。

在色相对比上，紫色比蓝色要亮和暖些，考虑光照，可以用邻近色来表现每一处在光影区域里的过渡色彩，所以在反射面里，我加入了带有紫色信息的颜色进行色彩对比，从而产生冷暖对比。

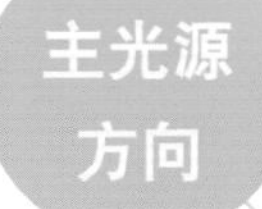

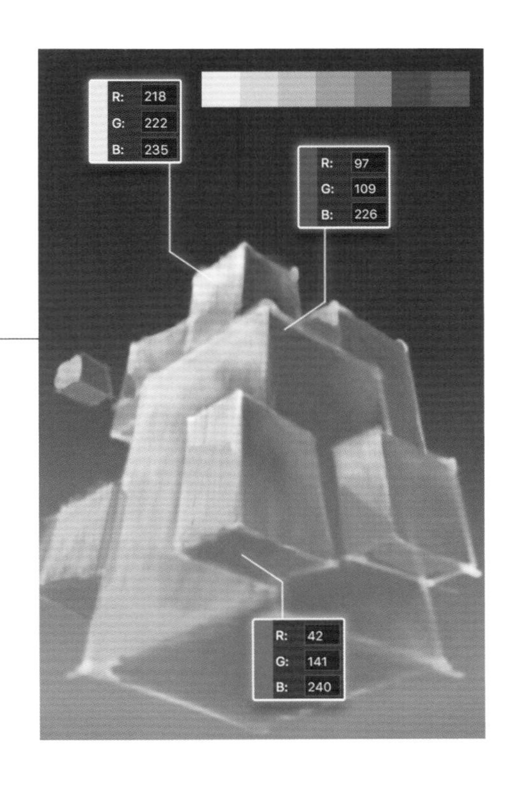

• Tips

在这些概括的云块上，靠近主光源的云块会向斜下方投射出阴影，影子的表现会拉近彼此的距离，可以体现出空间层次。

无阴影投射，物体之间感觉较远。▲

有阴影投射，物体之间感觉较近。▲

5.1.3 云的膨胀

6. 轮廓形状

世界上找不到两片相同的树叶，云也是如此，它很柔软，没有太过尖锐的棱角，边缘会随机出现各种丝状的自然姿态。物体在主观人为的修饰下可以很对称很完美，但缺乏生动感。而我们表现自然的感觉时，就需要用不规则形状进行排列。我们可以从自然中获得很多灵感，在与主观设计结合后就能得到我们想要的故事画面。

过于追求平衡会让形状产生强烈的对称感，而少了很多体现自然中风的动势。
多以不规则的形状来描绘边缘起伏，是自然状态的体现。

用柔边圆笔刷 在已经铺好光影颜色的云块上，结合吸管工具（Alt），消减云块棱角，将其变得圆润。云是膨胀、蓬松自然的感觉，所以边缘形状不要大小一样，否则会显得很生硬死板。

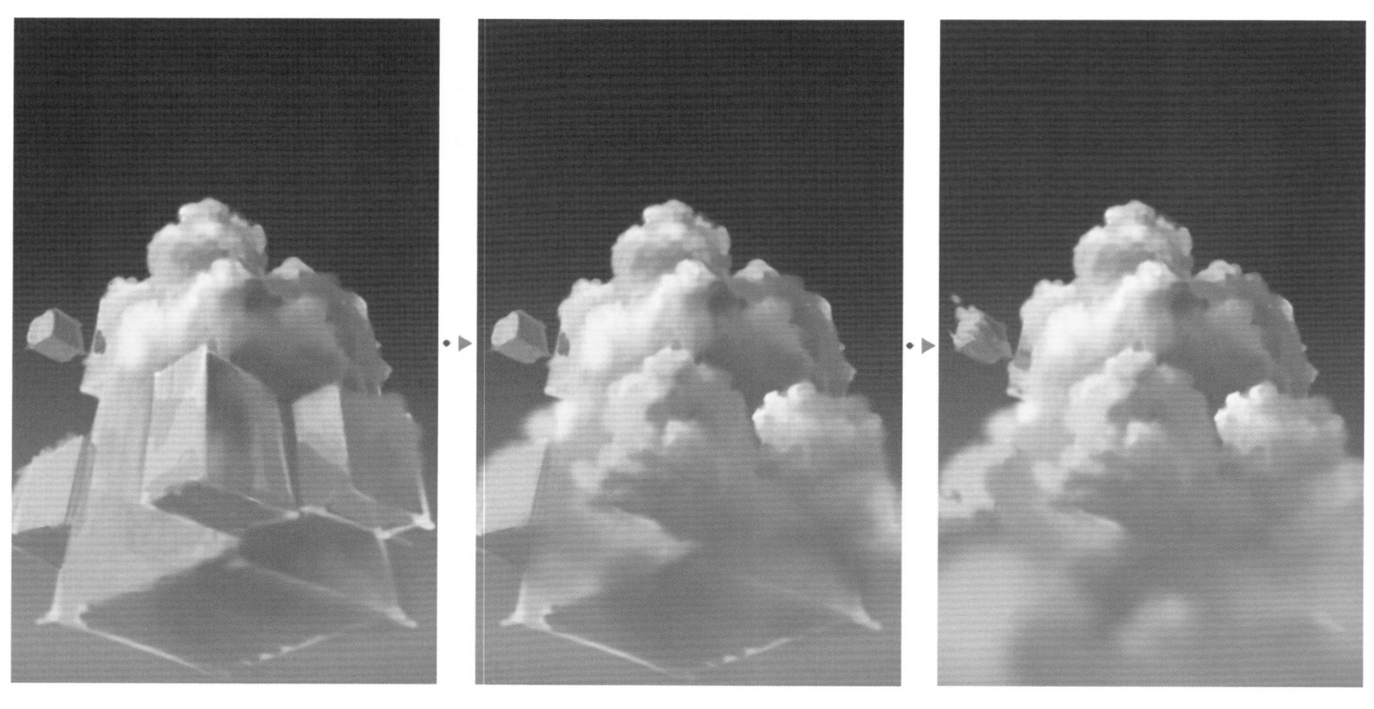

5.1.4　云的质感

7. 提炼边缘

风会让云起伏，摇摆不定，形状不一。较薄的云会被风吹得变形，很长或者很散，它们的边缘虚化，感觉快要飘散没了。而较为厚实的积云，它们的边缘显得硬朗结实，所以我选用了 Hard 类型的笔刷 在云的受光面上，用较亮的颜色 来提高边缘清晰度，加强云的厚重感。通过 Hard 和 Soft 笔刷描绘云的边缘，就有了软硬薄厚区分，而积云就有了起伏状态，变得错落有致，更靠近现实中的自然效果。

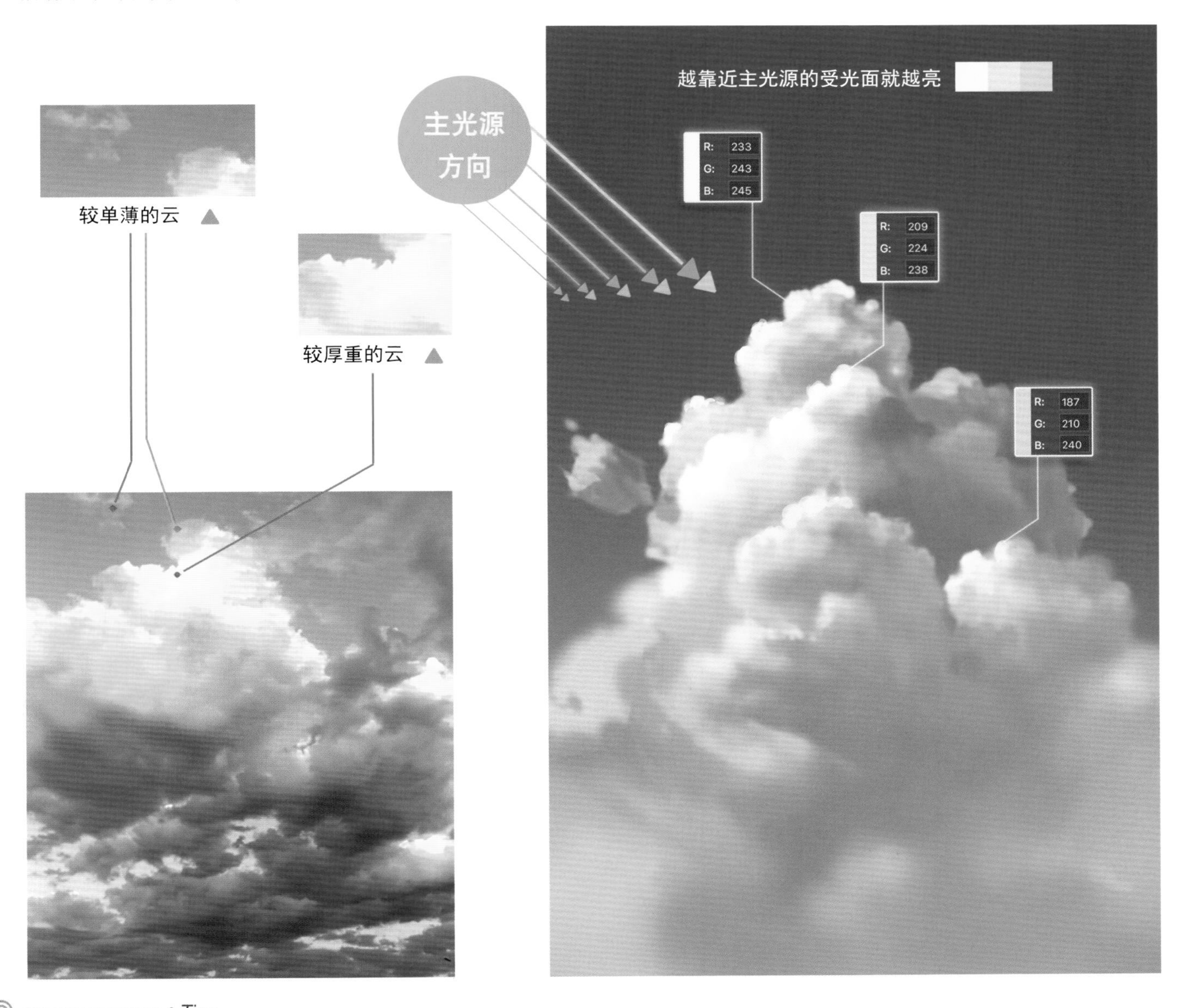

• Tips

明暗面分割对比越明显，体积感就越强，就会显得很厚重，反之则很单薄。

很薄的云　　较薄的云　　较厚的云

8. 通透效果

云是由水蒸气构成的，被强烈的光线照射后，厚实的云会反射和吸收光线，使光线无法穿过；而较薄的云吸收光线后会形成明显的子面散射，或者能被强光直接穿透。

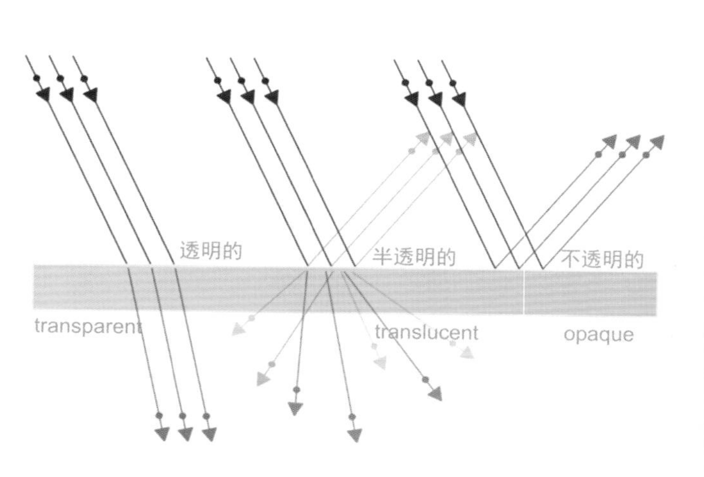

如果想把一个物体描绘得具有通透感，那么就要考虑光线对物体造成的子面散射。当光线照射在不同材质的物体上时，或吸收或反射或折射，而子面散射就是光线进入物体内部不断折射，通过材质内部散射的作用而形成的效果。

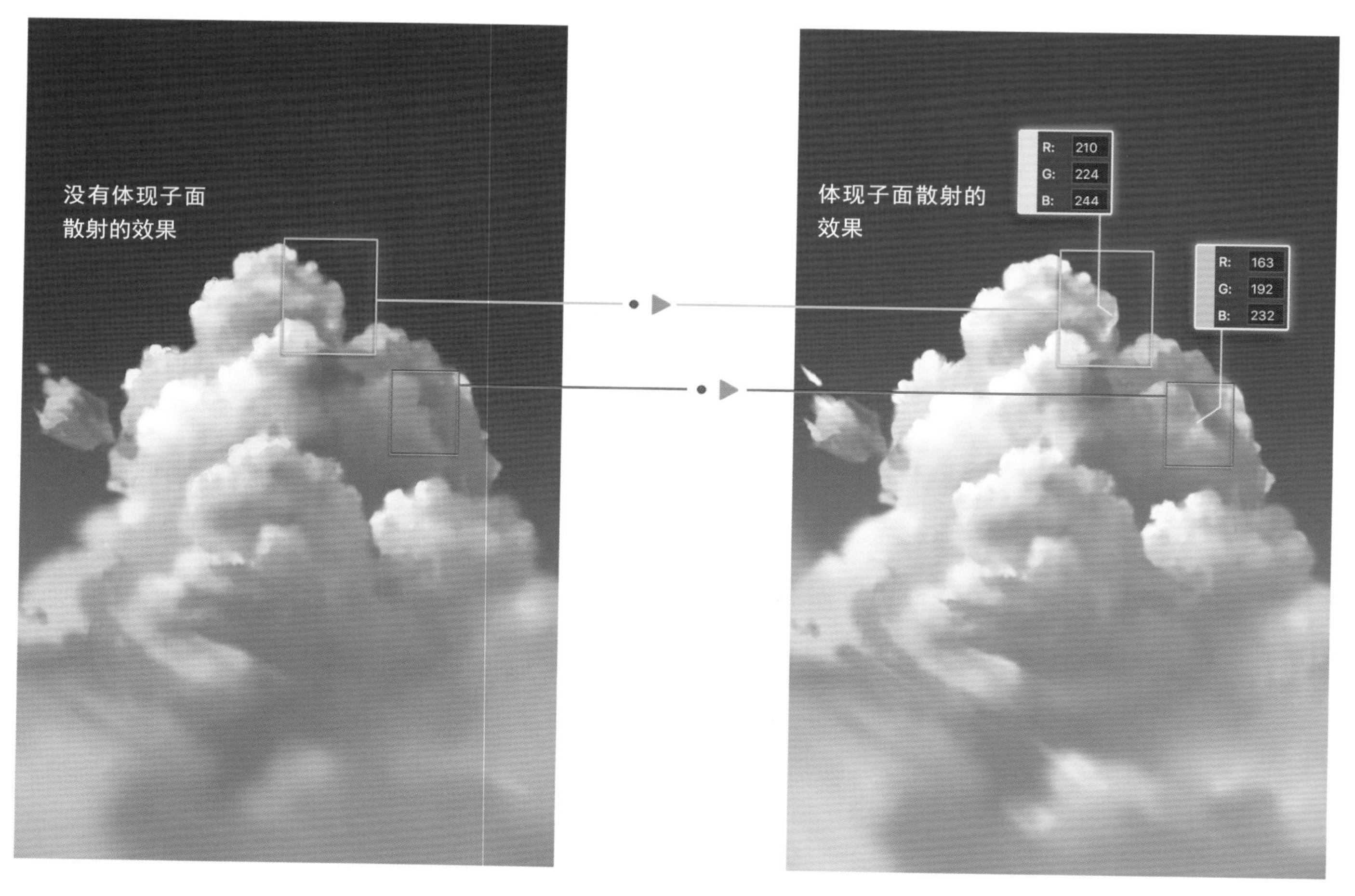

9. 加入细节

积云是由大大小小的云朵组成的，使用 Soft 笔刷 在一些大型云朵的旁边添加少许薄云，通过对比，更小更薄的云会衬托出其他云朵的厚实高大。为了让云朵能更自然地表现出随风而动的丝絮感，我们最后使用涂抹工具 （R）在云的一些边缘上以散射状涂抹出虚化柔软的过渡，进一步来增强积云的薄厚感，营造出贴近自然的起伏效果。

▲ 天空和云 • Finish • Photoshop CC

▶ 5.2　花草画法

万物都有规律性，花草也如此。作为画面意境的辅助，花草在场景中起着重要作用。对插画师来说，更多的学习来自对自然的观察。想要逼真地绘制它们，就要先了解花草的基本结构和特点。

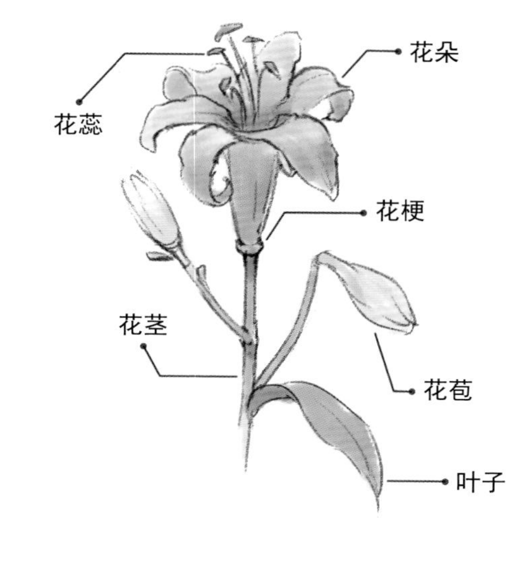

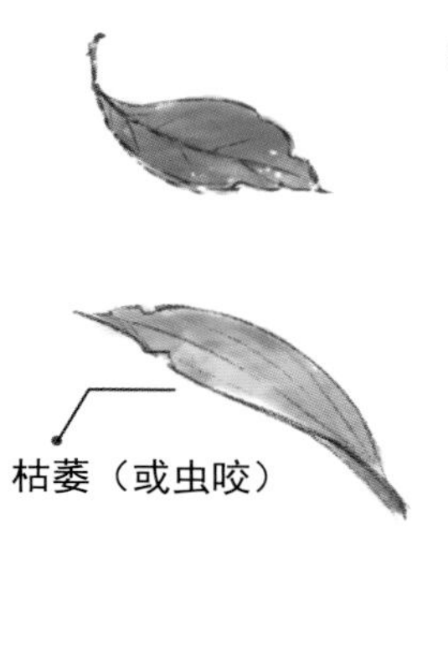

我们利用花草的造型和颜色的差异，可以在绘画中营造出不同的画面氛围；通过观察并发挥更多的想象力，就可以创造出多元化的视觉元素，演绎出更多样的风格。

5.2.1　花草元素的提炼和概括

1. 建立画布

使用快捷键 Ctrl+N 快速建立一个画布，输入 2508（W）像素 ×3508（H）像素，分辨率为 300 像素 / 英寸，建立竖构图来表现较高的花草。

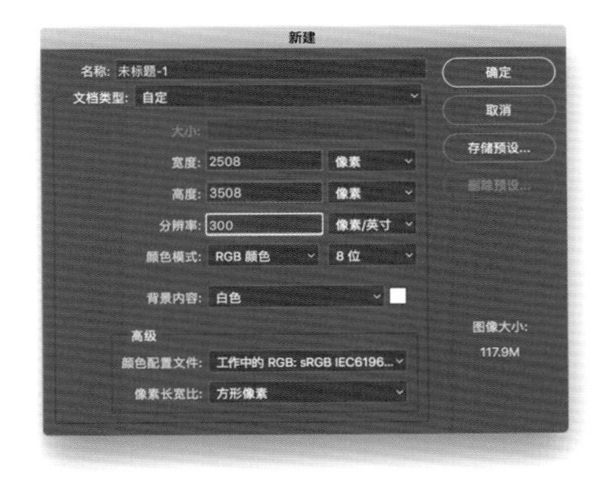

2. 笔刷选择压感设置

使用快捷键 F5 打开画笔设置界面，使用快捷键 B 来激活界面。选择几款 Soft 和 Hard 类型的笔刷，勾选“传递”，打开传递设置界面，设置“控制”为“钢笔压力”，勾选“湿边”效果。花草一般较柔软，这里将多用 Soft 类型的笔刷进行起稿绘制。

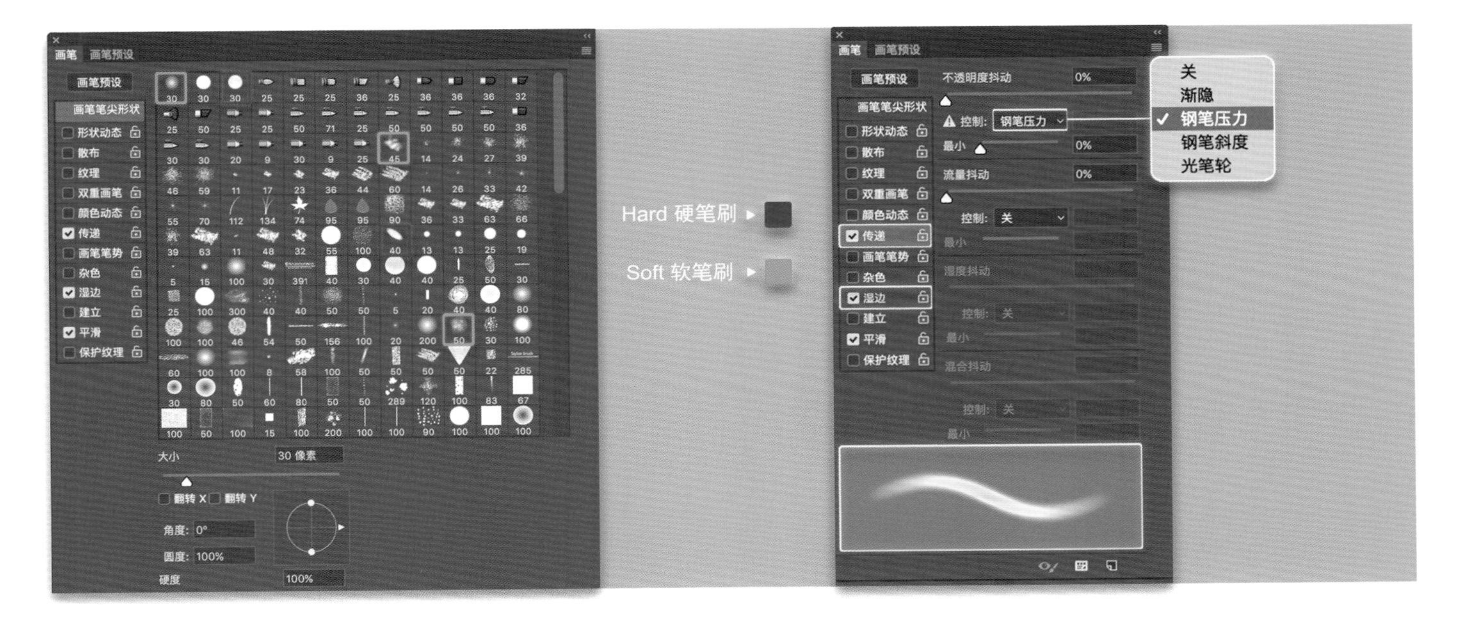

3. 环境色

在拾色器中选择植物本身的基本绿色（R：61，G：108，B：25）为主调颜色，主光源设定为左上方，放大笔刷，根据想象中温暖气候下的植物环境铺满具有空间感的渐变环境色，来制造一个生机盎然的环境。

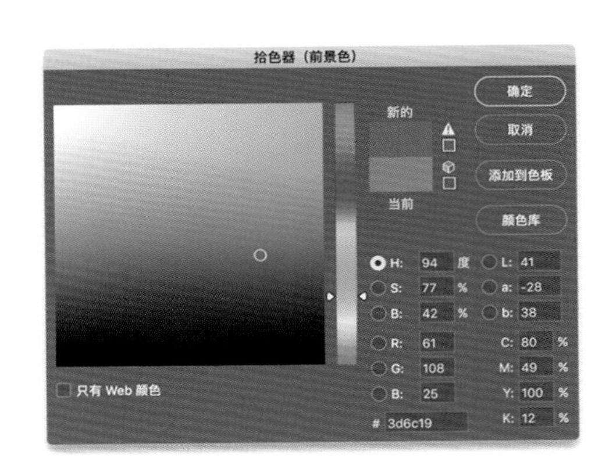

4. 几何形体概括

缩小柔软画笔，在这个图层上以几何形体概括的方式勾勒草图，根据花草的生长方向确定花草的基本结构与整体构图。

Tips

线的组合形成了块面，用几何形体来理解立体感、理解透视会更容易。捕捉角度和分析光影，找到花草的结构生长规律，为后面着色提供思路。

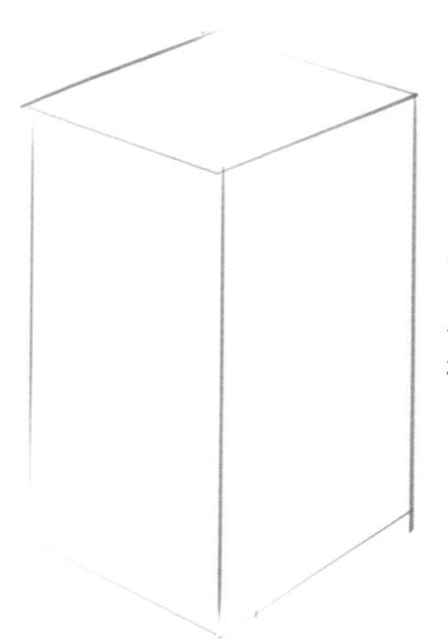

首先确定大概的透视角度

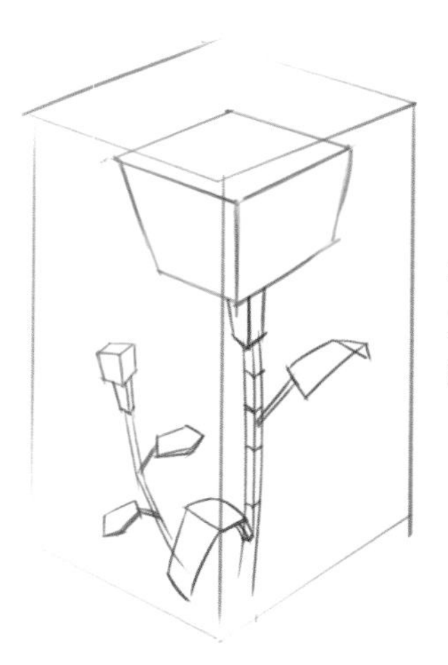

在透视关系下，概括出形体

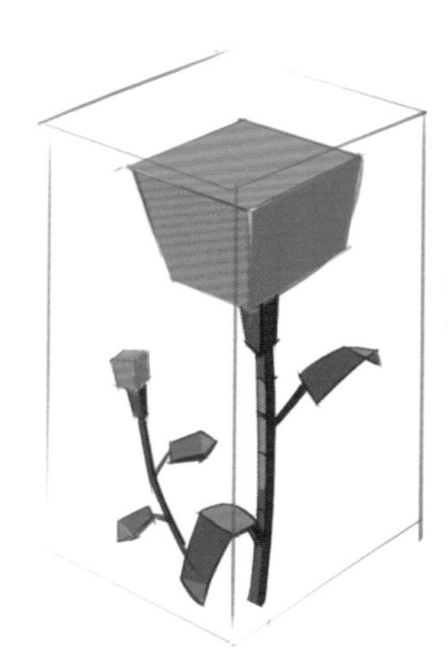

光影概括分割明暗

Tips

用几何体概括，是为了根据其结构更好地理解光影，制造空间关系。粗糙的草图或者精致的草图，都是为了表现结构和元素，在色彩上也好理解素描、颜色冷暖关系。

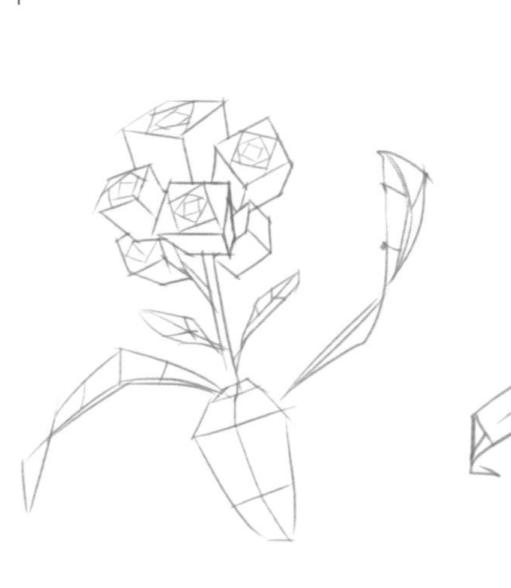

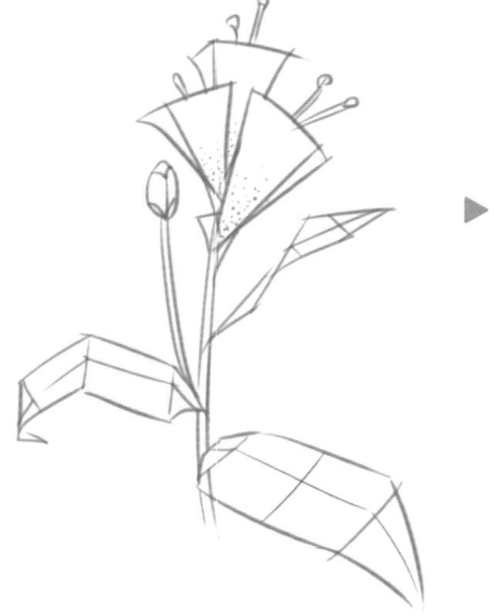

先用几何形体概括的方式将花草大致绘制在画面中。

5. 分割素描关系

在画好的花草几何形体上，根据主光源方向将受光面和背光面以素描关系的方式进行分割。依据大小层次，让靠近我们的受光面的部分更亮一些，并明确影子的位置，表现出花朵、茎、叶子之间的结构关系。在后方背景处添加褐色，营造出有其他密集植物的感觉，与近景颜色区分，从而拉开空间层次关系。

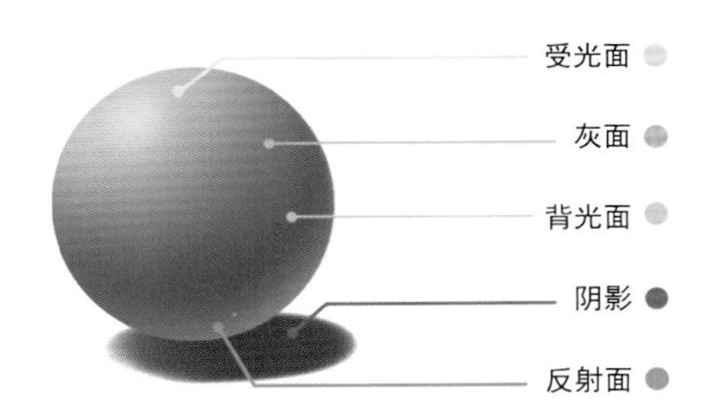

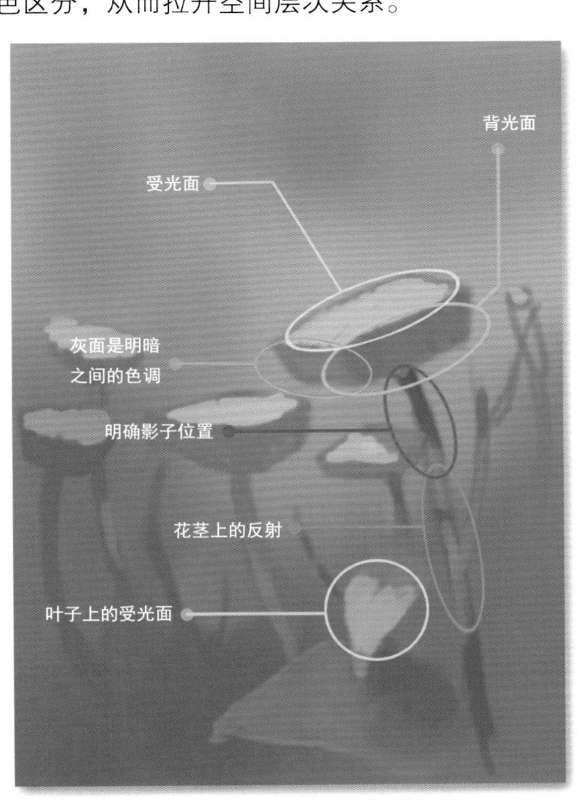

较大的花朵能给本身的花梗茎处投出阴影，强调这些阴影能明确花草的结构和距离关系。这一步通过用素描的黑白灰关系区分明暗来表达块面，虽然本身有了绿色，但并没有色彩的冷暖关系对比，所以依然是单色的素描关系。

Tips

6. 加强光照

在拾色器中选择较深和较亮的绿色系，依然根据光源绘制离我们最近的花草部分，还要加强绘制花茎上的影子和反射面，使结构层次进一步清晰。

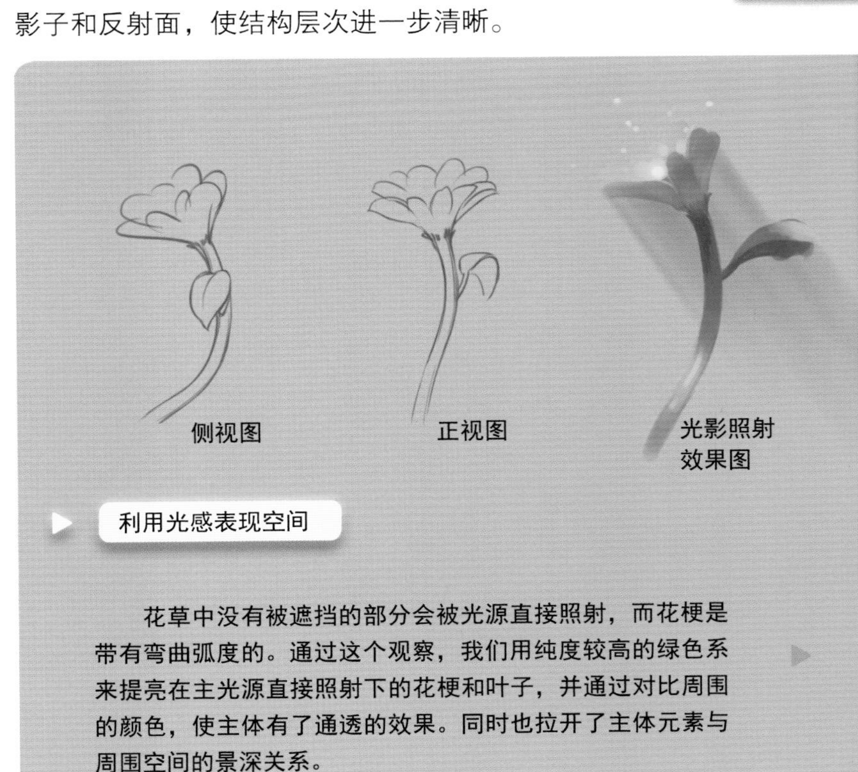

利用光感表现空间

花草中没有被遮挡的部分会被光源直接照射，而花梗是带有弯曲弧度的。通过这个观察，我们用纯度较高的绿色系来提亮在主光源直接照射下的花梗和叶子，并通过对比周围的颜色，使主体有了通透的效果。同时也拉开了主体元素与周围空间的景深关系。

5.2.2 增加主视觉描绘

7. 铃兰花

拾色器中选择偏黄绿的颜色，在画面中增加一个酷似铃铛的铃兰花。这棵铃兰花便构成了画面描绘的中心，也就是主视觉的对象。

Tips

人工植物

与整齐划一的人工植物相比，自然植物更多样化且形状不同。

R: 215 G: 213 B: 51

R: 161 G: 188 B: 33

8. 注入颜色

关于花朵的结构部分，我们可以在明暗的块面上添加颜色。根据冷暖来制造色彩关系，让受光面为暖色，背光面为冷色，体现出光感对花草结构的影响。这样颜色有对比，层次更鲜明。

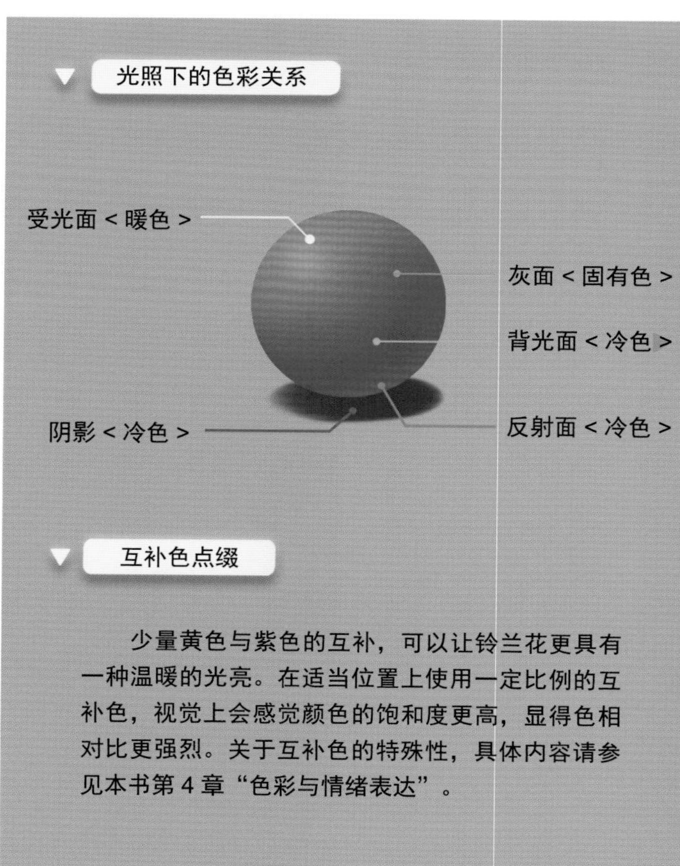

光照下的色彩关系
受光面 < 暖色 >
灰面 < 固有色 >
背光面 < 冷色 >
阴影 < 冷色 >
反射面 < 冷色 >
互补色点缀
少量黄色与紫色的互补，可以让铃兰花更具有一种温暖的光亮。在适当位置上使用一定比例的互补色，视觉上会感觉颜色的饱和度更高，显得色相对比更强烈。关于互补色的特殊性，具体内容请参见本书第 4 章“色彩与情绪表达”。

5.2.3　结构分析与形状变化

9. 捕捉自然动态

选用一款 Hard 类型的笔刷，使用吸管工具（Alt），在已经分好明暗的块面上吸取颜色，根据透视关系向四周各角度按放射状方式下笔。下笔要果断，体会花朵在绽放的瞬间。

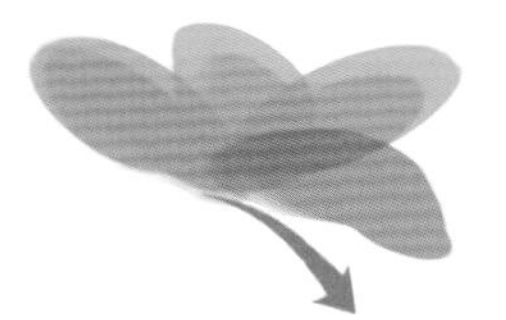

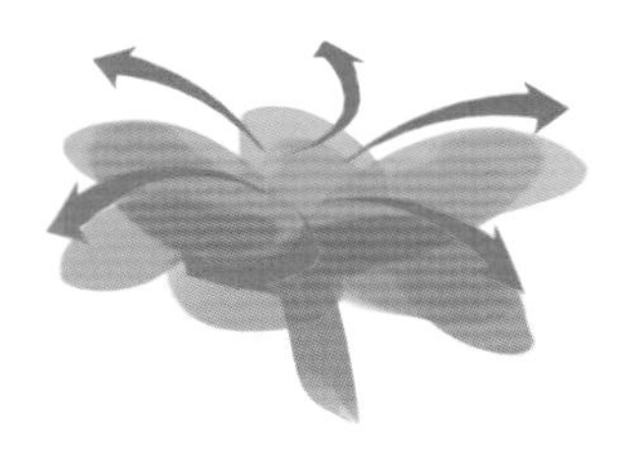

世上的花草品类繁多，在插画绘制中也需要遵循一定的自然规律。基本了解一些花草的结构与环境，可以更好地传达画面中的意境，把握细节的完美。

Tips

花瓣本身是有体积重量的，因此花瓣的表面会因起伏而形成光影和色彩的变化。

在绘制花草的初期，我们往往会被复杂的结构和光影颜色搞得无从下笔，动态的丢失也让画面表现得僵硬刻板。当遇到这样的困难时，不妨试试用网格状的透视线来捕捉结构转折，从而得到动态效果，这是非常好用的观察形态的技巧。

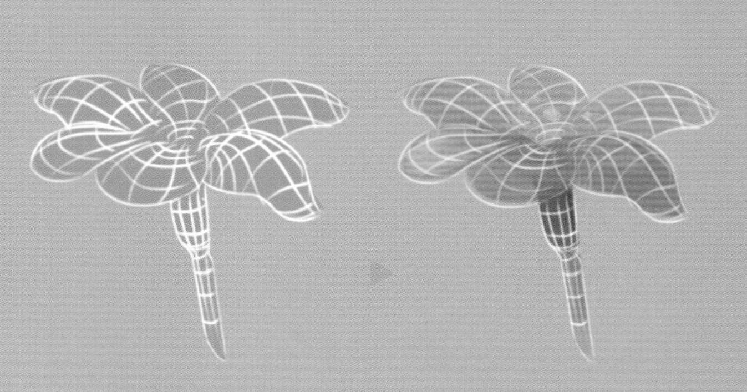

网格透视线的使用有助于捕捉形体，当物体明显突起于平面时，网格线相对疏散且间隔较宽；反之物体向内向下凹陷时，网格线则越来越紧密集中。

5.2.4 润色渲染及材质表现

10. 穿插新元素

使用 Hard 类型 和 Soft 类型 的笔刷增加几个花苞，穿插在花草中，根据结构起伏来给画面中花瓣的形状增加光影和色彩。

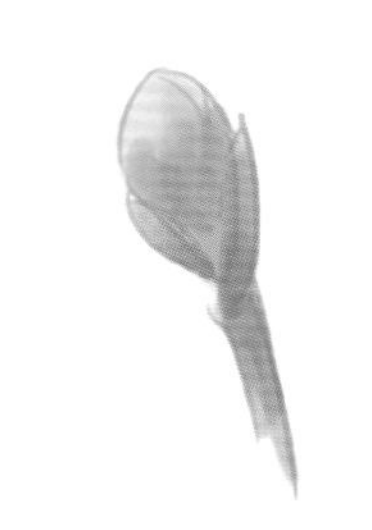
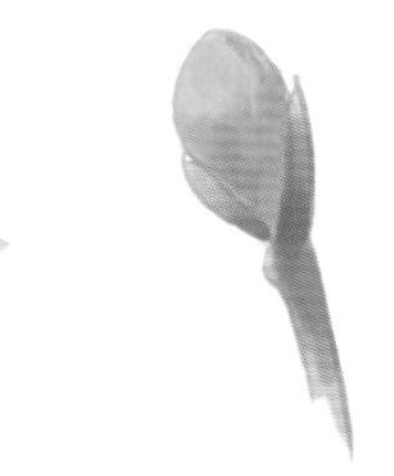

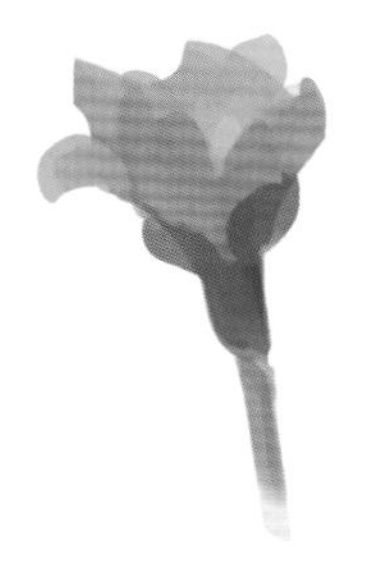

即将枯萎的花与鲜艳花苞同时存在，共同表现自然界中植物新老交替的一幕。它们的颜色微妙，形状不同，规律地遵守着自然界中的法则。善于观察这些，将这些自然的元素融合表现在我们的场景里，即使夸张也不过分，还能反推出当时的环境气候，给画面带来更多的生命力和视觉张力。

Tips

在强光照射下较薄的花草会被光线穿透，形成内部折射，造成一种有自发荧光的效果，这是光线穿过花草时，材质上形成的子面散射表现，从而光感通透。

通过材质球发现，光穿过物体时吸收了一部分光照，造成了内部折射，呈现发亮感，颜色具有渐变，对比之下背光面更亮更暖。

11. 提炼形状

使用 Hard 类型 笔刷处理边缘，调整铃兰的形态。加强光照渲染，使刻画主体更加细腻。在铃兰根茎处增加叶子表现，完善结构细节。

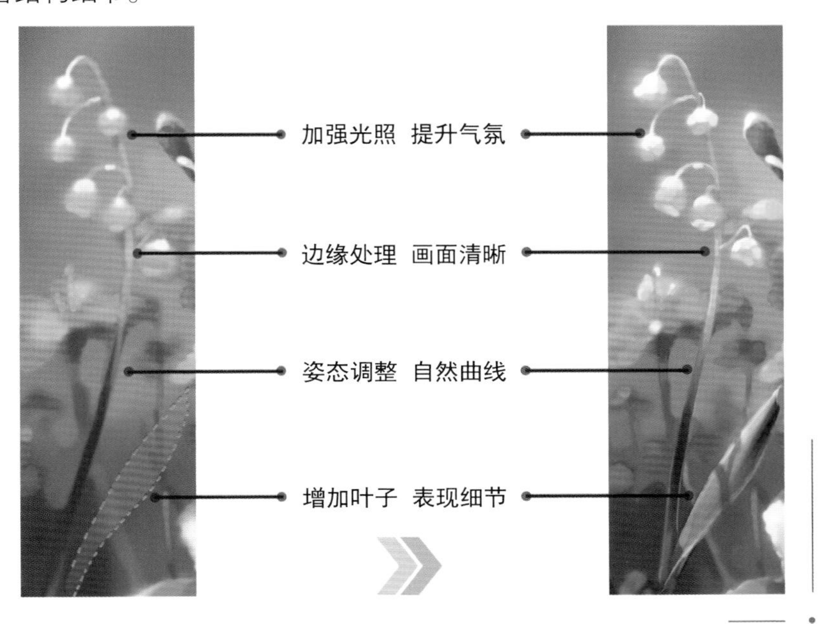

12. 整理笔触

结合涂抹工具 处理生硬的笔触，使颜色柔和地过渡。最后用 Soft 类型 笔刷提高光亮，加强质感，制造反射荧光效果，渲染意境。

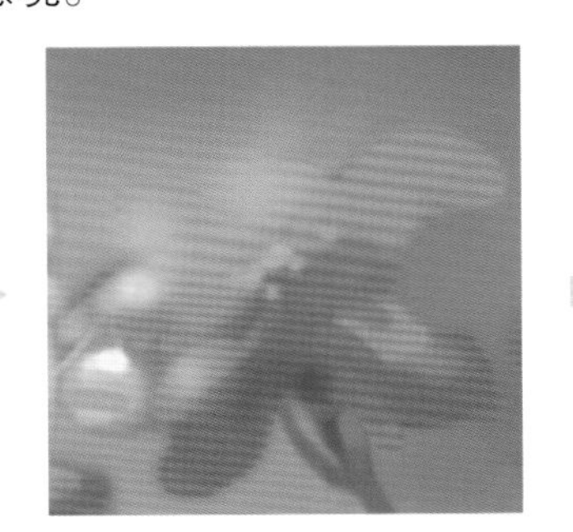

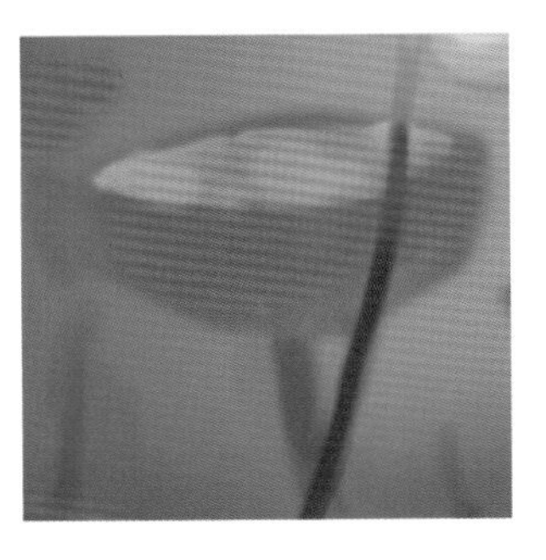
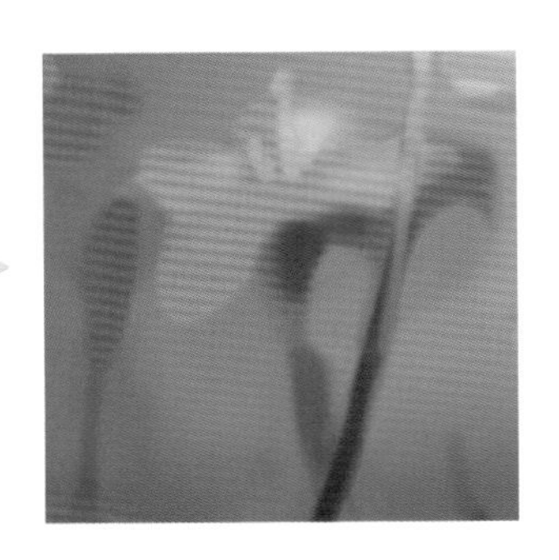

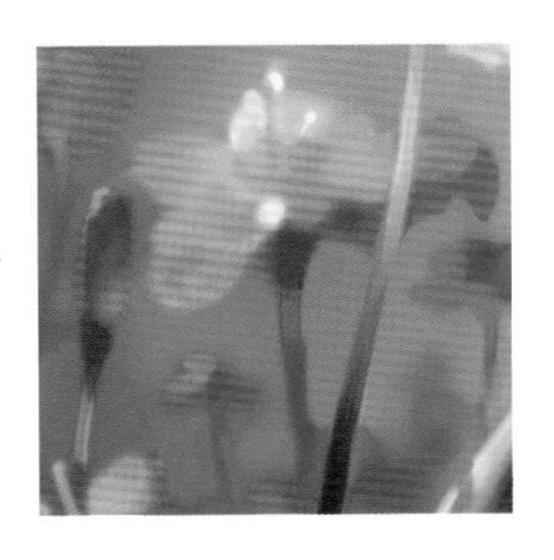

Tips

回顾一下花草的绘制过程：学会用几何形体概括，当确定主光源方向后，光影的关系就不能随意改变了。颜色的运用要有冷暖对比，光的穿透形成内部的反射，这些都体现了花草的结构与质感。

13. 完成

用同样的方式绘制其余花草，但要注意非主体的花草细节刻画不应过重，以免抢了主元素的视线而主次不分，使画面没有重点。水平翻转画布，查看是否整体均衡，来回缩小和放大画布，查看整体效果，确认没有问题后，完成花草绘制。

▲ 花草 • Finish • Photoshop CC

▶ 5.3　植被画法

在这个蓝色星球上，表面覆盖着大量的陆地植被和海洋植被，它们虽然不像高山河流那样庞大，被人重视，但却覆盖着整个世界。植被作为生态环境中的要素之一，安静地生长在各个角落。在场景表现中，植被虽细微，但却是不可缺失的地理环境细节。

5.3.1 植被分析和建立

植被是附着在物体表面生长的植物。下面我们来绘制一幅带有植被和环境关系的场景图。

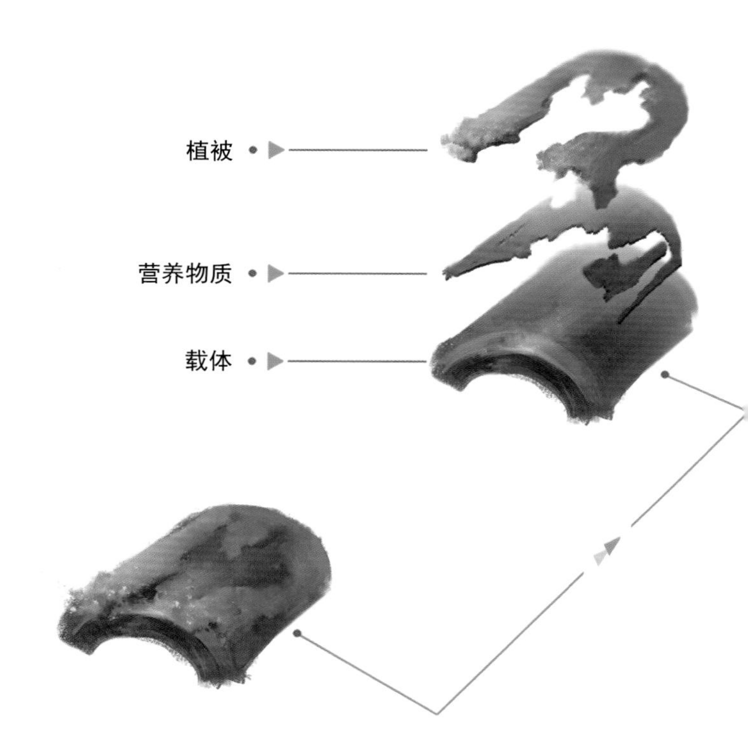

1. 创建画面

使用快捷键 Ctrl+N 建立一个画布，输入 5414（W）像素 ×3454（H）像素，分辨率为 300 像素 / 英寸，填充画布背景颜色（R：83，G：75，B：54），采用横构图来描绘这个潮湿的环境。

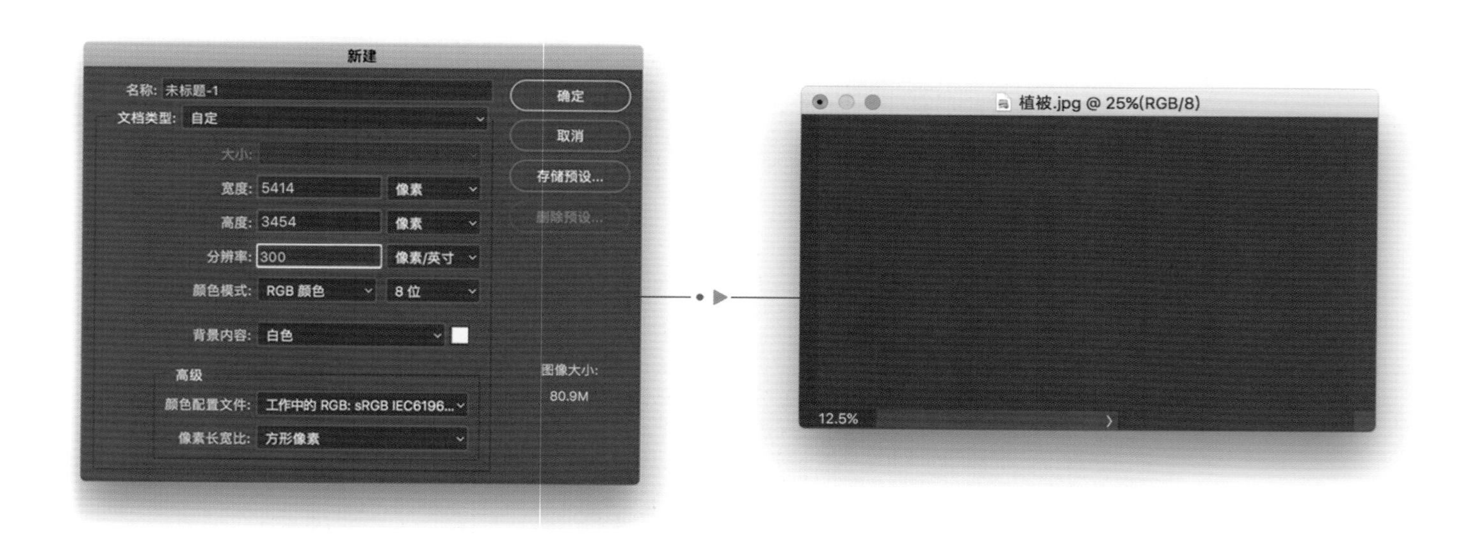

2. 构思草图

我以在大自然中形成的水塘来构思这个大环境。在潮湿的生态环境里，植物生长旺盛，粗壮的树根被植被厚厚地包裹着，蜿蜒中野蛮生长，不知道存活了多少年。联想到这样的环境，选择用带有纹理的笔刷 ，在拾色器中选择属于该物体本身的固有色，以俯视的视角快速勾勒出草图，打造一个稍显幽暗的氛围。

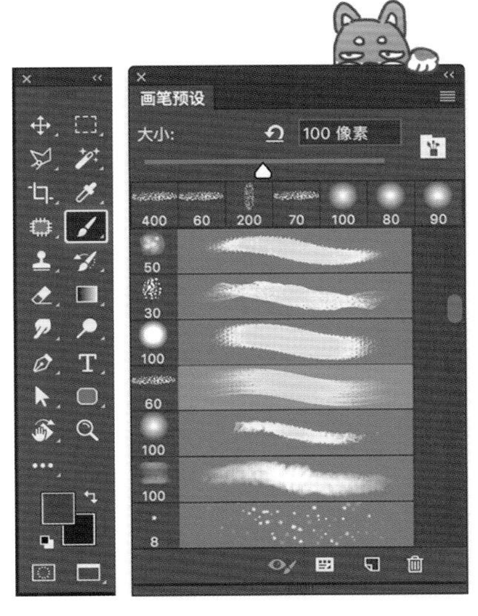

▲ 打开“画笔预设”，选择画笔。

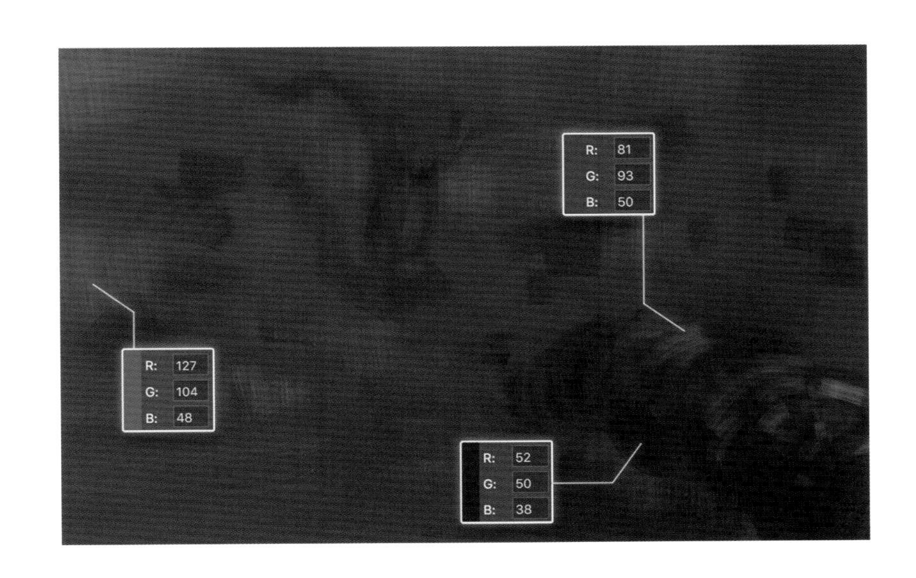

3. 确定光源方向

光线是体现场景气氛的重要因素。在这样的幽暗环境中，我把主光源设定在大概一点钟方向。根据这个主光源设定，在树根上绘制出受光面，并勾勒出粗壮的树根投在水面上的影子。这可以使人联想到茂密的树林。

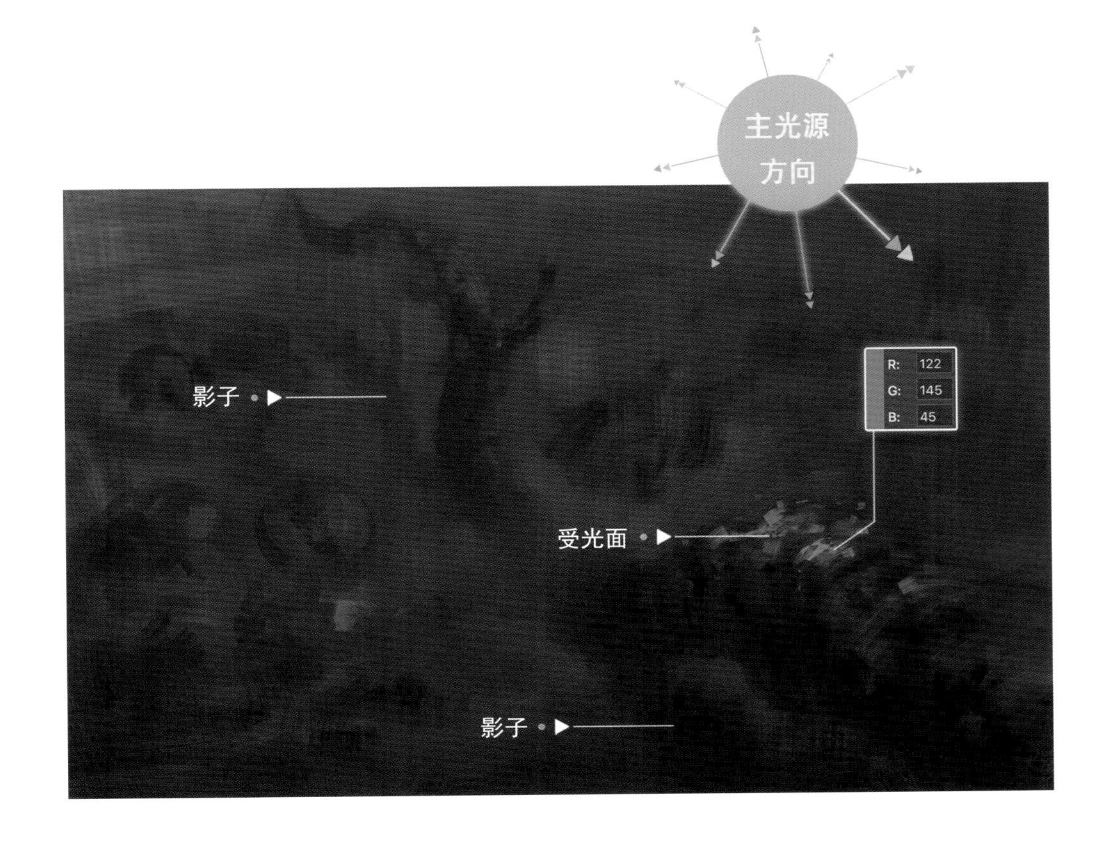

5.3.2 环境里的元素

4. 增加些趣味

干净的水是清澈的，可以清楚地看到一部分伸展到水中的树根。在拾色器中选择颜色 （R：118，G：46，B：31），在这自然形成的水塘里添加两条游动的鱼，来增加这个环境生态圈中的趣味性。我把它们添加在了画面中心处。靠近水中树根的位置，水面下斑驳陆离清澈见底，而水面上如黄金般的颜色，反射着阳光，明亮闪烁。

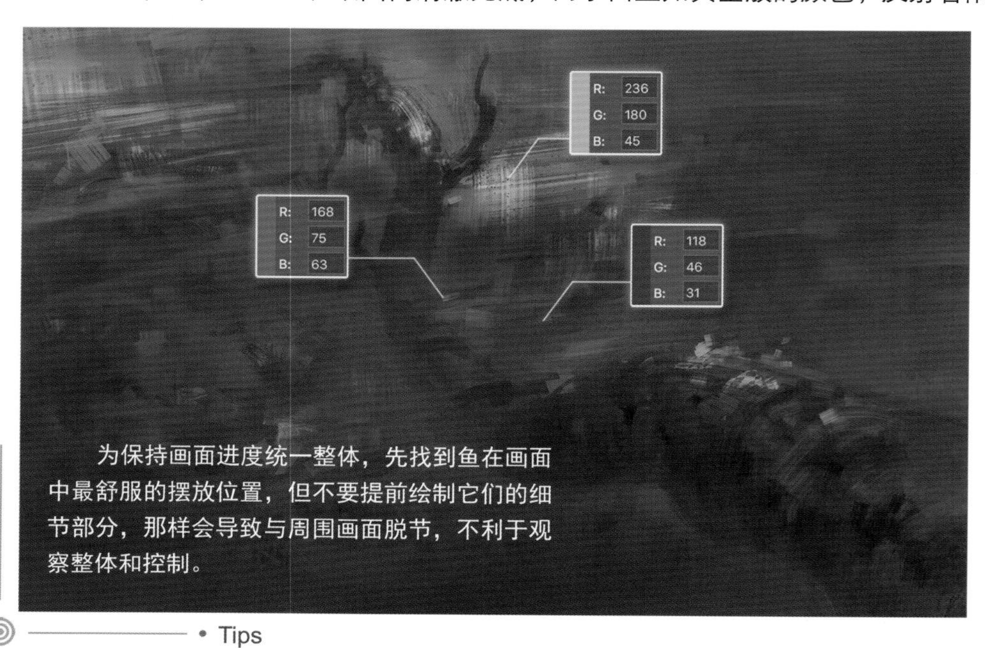

R: 236
G: 180
B: 45
R: 168
G: 75
B: 63
R: 118
G: 46
B: 31
为保持画面进度统一整体，先找到鱼在画面中最舒服的摆放位置，但不要提前绘制它们的细节部分，那样会导致与周围画面脱节，不利于观察整体和控制。

Tips

5. 依附在树根上的植被

植被依附在载体上，它们像是群落家族似的包裹在载体上，会随着载体的结构而变化，呈现出起伏形状，具有很强的装饰覆盖感。植被的茂密程度完全取决于它生长的环境和所吸收的营养。往往越是在潮湿温暖的地方，它生长得越旺盛，面积也越大。

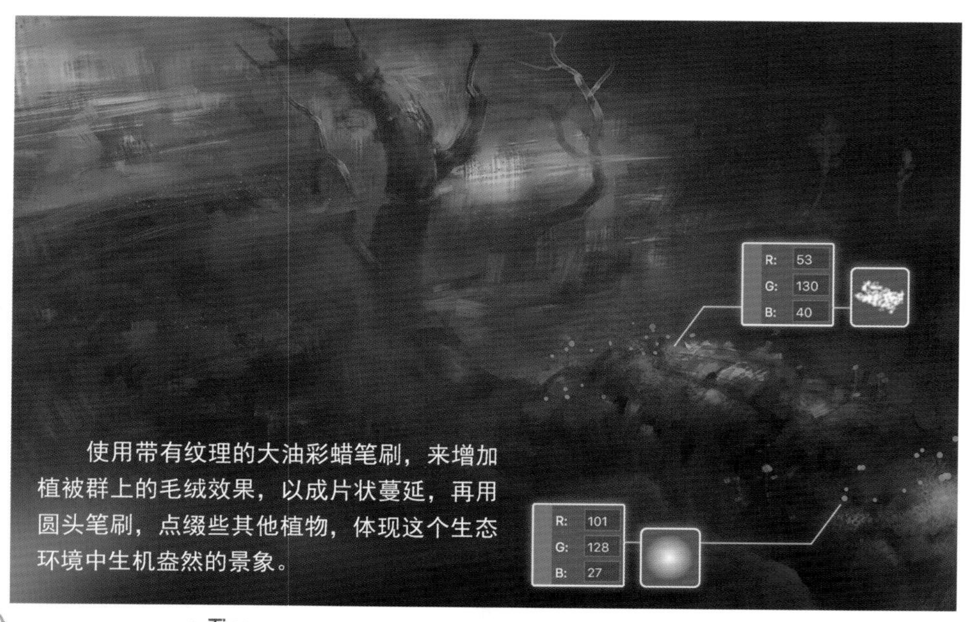

R: 53
G: 130
B: 40
使用带有纹理的大油彩蜡笔刷，来增加植被群上的毛绒效果，以成片状蔓延，再用圆头笔刷，点缀些其他植物，体现这个生态环境中生机盎然的景象。
R: 101
G: 128
B: 27

Tips

6. 增加植物元素

在表现自然场景中，很多种类的植物是随机生长的，它们没有被人为地修饰。我曾经观察过这样的地方，体现的是一种自然状态下的美感，那些植物多得让人叫不出它们的名字，但搭配起来是让人舒服的。我尽量记住这样的画面，以产生更多联想。所以在这个场景中，我参考了自然中的环境，在池塘里增加了水草和圆形的荷叶元素。它们漂浮在水面上，使画面中的环境变得更加丰富。

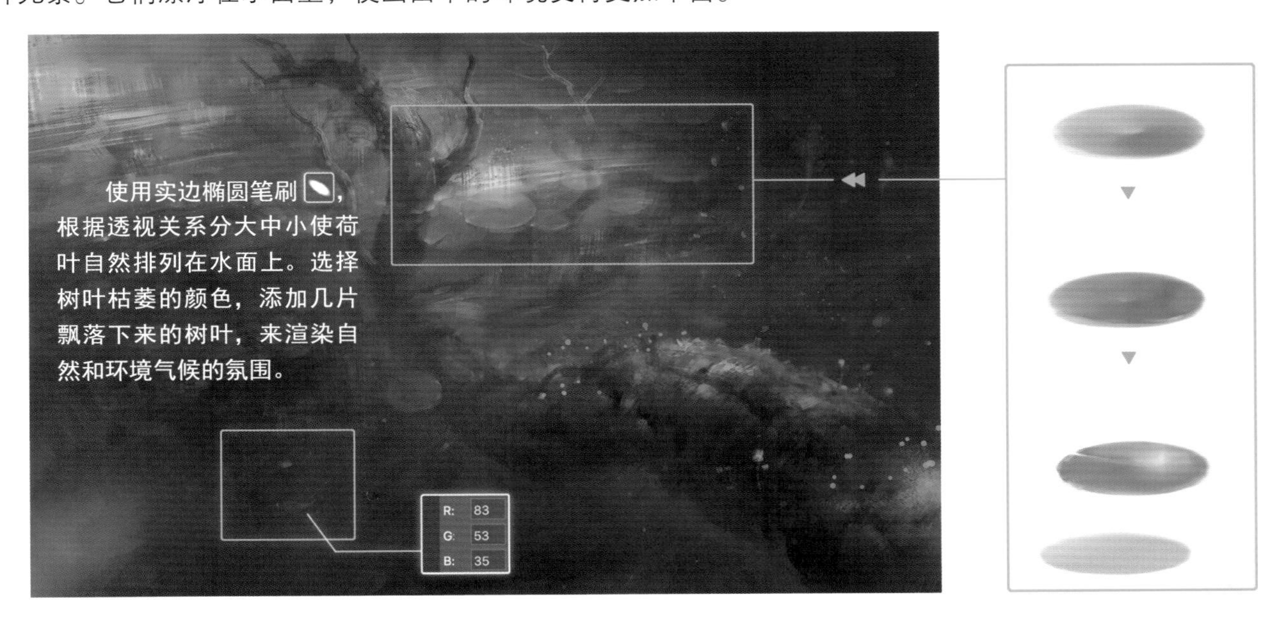

使用实边椭圆笔刷，根据透视关系分大中小使荷叶自然排列在水面上。选择树叶枯萎的颜色，添加几片飘落下来的树叶，来渲染自然和环境气候的氛围。
R: 83
G: 53
B: 35

5.3.3 最后的调整收尾

7. 层次剥离

画面中的每一个元素都是独立的个体，它们彼此纠缠像在同一层次，但在空间上又是存在着距离感的。比如这个弯曲的树根，角度与水面重叠，它从画面右侧延伸入水，末端又从水中向上伸出，呈“凹”字形，那么离水面最远的树根部分就存在着距离感，而且右侧的树根部分也是离观察者最近的地方。要表现这样的距离感，就要剥离开元素间的层次，把处在近景的树根边缘明确一些，与水面拉开虚实关系。这样体现了高低层次距离，提高了边缘的清晰度，也提升了画面精度。

8. 提升光亮，描绘主要对象

在近景的植被上，使用 Soft 笔刷，在“线性减淡”模式下提高光亮。光亮不仅能传达出气氛，同时还能提升环境中元素的质感。

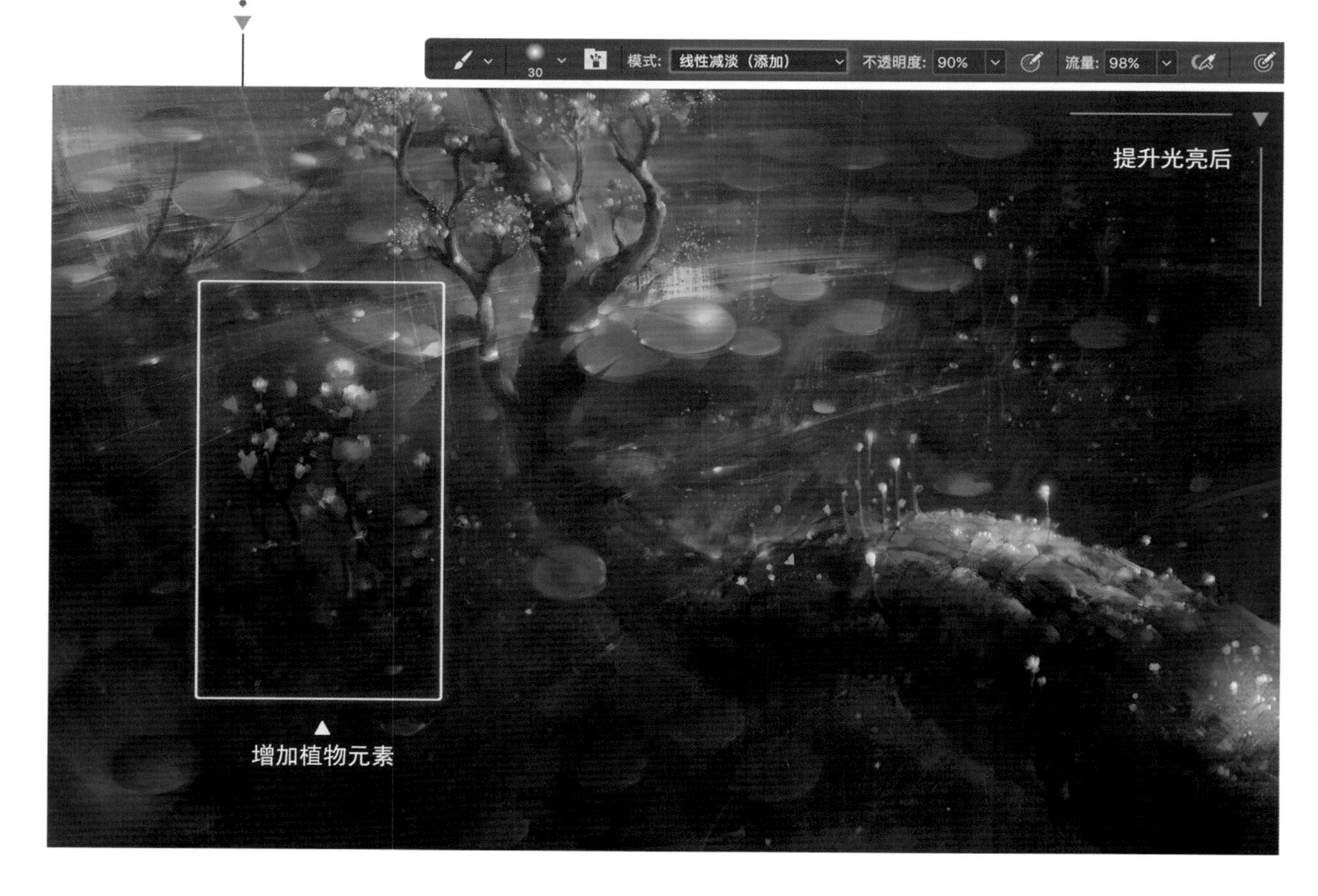

9. 加入细节并润色

经过了前面每一步的绘制后，我们放大画布加入细节，尤其对于近景树根上的植被，根据光影提炼边缘，制造空间。在阴影的部分加入一些蓝紫色，通过对比让色彩更加绚丽明亮。

在这幅场景中，森林的绿色为主要色调。大量使用邻近色能更好地控制色彩，最终传达出森林气氛，而互补色的使用会让水中的鱼变得很醒目，阳光穿过那些缝隙照射下来，光影斑驳下是生长旺盛的植被。

其实只要细心留意，环境允许的条件下植被到处可见：有时在阴暗的角落处，有时在瓦砾破旧的房檐上。它们是自然形成的现象，也是叙述故事中的常见元素。

▲ 植被 • Finish • Photoshop CC

▶ 5.4 灌木画法

灌木不像大树那样高大，它比较矮小，没有明显的主干，是靠近地面、枝条丛生的木本植物。在场景的表现中，灌木是常用的植物元素之一。在表现自然生态时，灌木能体现出不同的地理环境，可以衬托出与其他周围元素的比例关系。

5.4.1　灌木分析和建立

观赏类的灌木具有密集的枝条和叶子，这让它变得有很强的可塑性，经常被人为地修饰出形状。灌木没有像大树一样的主干，它由枝条、叶子组合而成，变化多样的枝杈彼此穿插，松散地从地面生长而出，带有一些天然形成的对称感。在表现灌木元素时，要注意观察枝杈的变化，从而更好地还原它的自然状态。

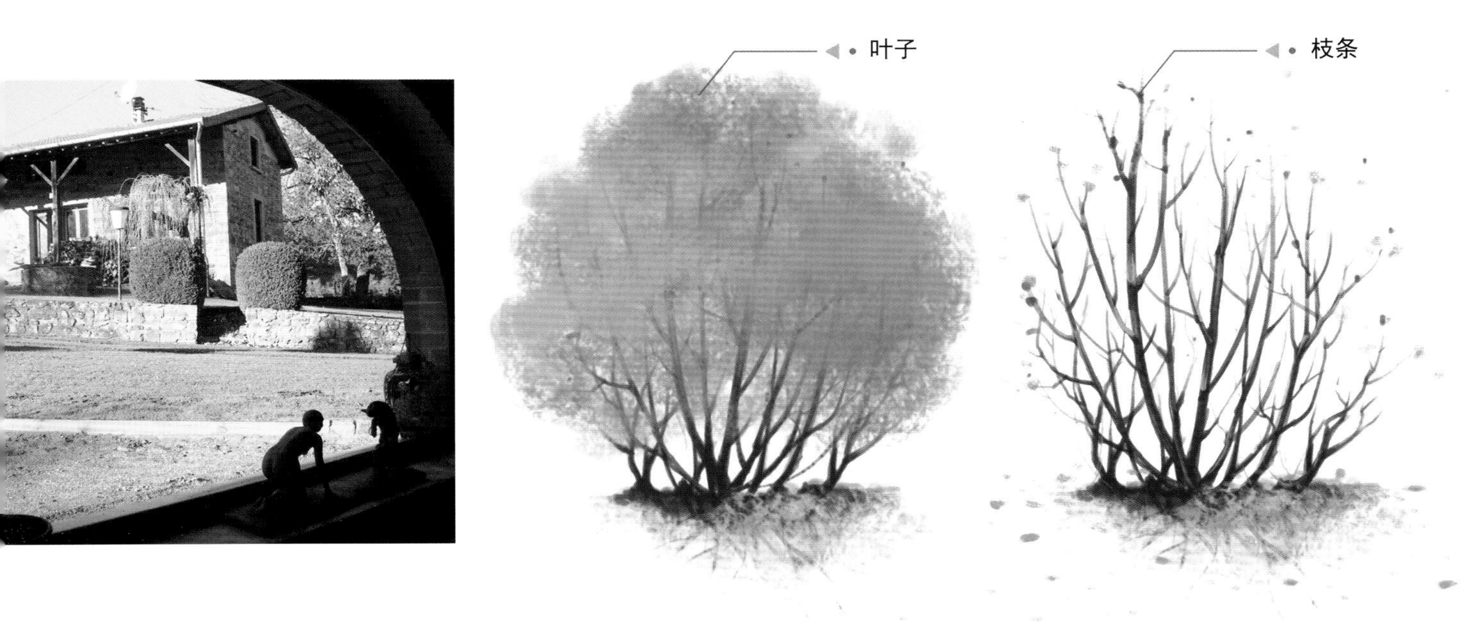

1. 创建画布

使用快捷键 Ctrl+N 建立一个画布，输入 5618（W）像素 ×3130（H）像素，分辨率为 300 像素 / 英寸，按 D 键，快速得到黑白前后景色；选择渐变工具，“线性渐变”模式下在画布上从上至下拉出过渡渐变，这样得到了一个带有深度感的画布。

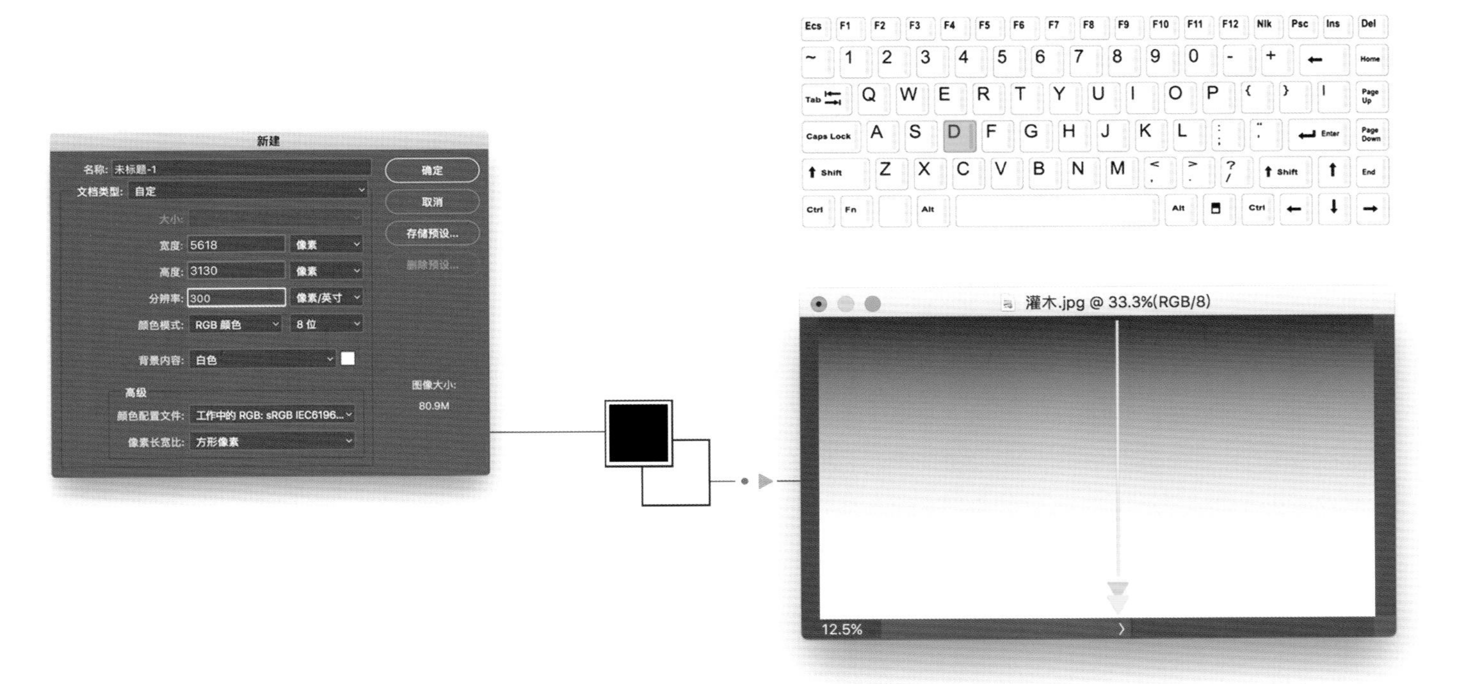

2. 从黑白草图开始

在这个画布上，先通过确定地平线的位置来得到一个角度，并设定主光源方向。为了更好地理解块面带来的体积感，我将场景里要表现的元素用偏圆形的几何形体来表现。自然光下使用带有纹理的笔刷 将大脑中想象到的自然画面快速地表现在画布上。使用黑白草图起稿，有利于场景规划时统一光源布局，搭建出景别空间，在着色阶段也会更理性一些。

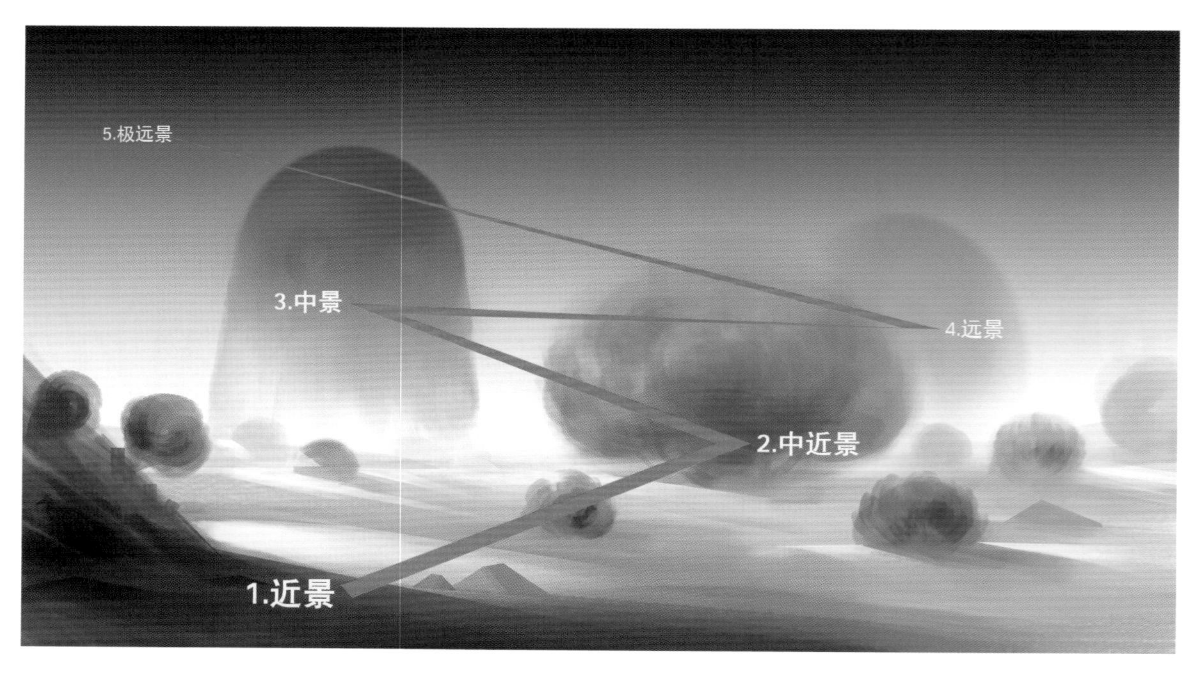

3. 基本着色

季节会改变植物颜色，但一般情况下我们想到的植物是绿色的，这也是植物给我们留下的最初的色彩印象。在拾色器中选择绿色，从固有色开始着色。根据光源影响，使用类似色、邻近色在已有的素描关系上铺满颜色，会得到带有简单色彩的气氛环境。

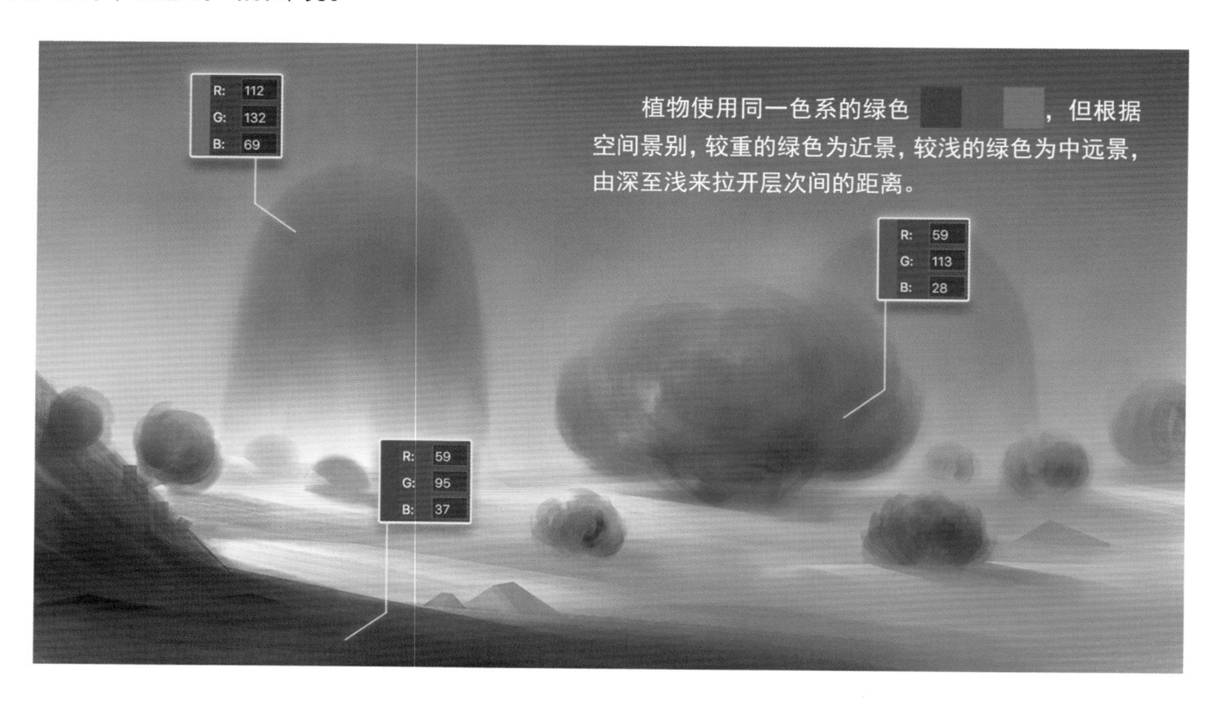

5.4.2　地质地貌

4. 改变天气

将主光源设定在画面的左边。靠近地平线的位置，地面上的影子被拉得很长。这是个明朗的清晨，将远处的天空与云分离开，将充满雾气的天气改变为一个晴天的气氛，可以让空间看上去更遥远。加一些云的形状，联想更多有趣的东西，来丰富随时变化的思路，让画面中的元素都变得可爱一些。

5. 明暗下的草地表现

在自然环境中，花草、灌木等植物覆盖、蔓延，错落生长在高低起伏的地表之上。明暗的对比会让地面有凹凸感，生长在其上的花草植物也会有色彩上的变化，这样可以制造空间上的层次。

根据明暗中色彩的变化分析，使用带有大颗粒笔刷　，根据空间表现，按由近到远、由大到小点缀出草地上的变化。
地平线
在暗面阴影里，色彩表现暗淡。
在亮面阳光下，色彩表现明亮。

6. 灌木结构提炼

使用 笔刷，来提炼灌木枝条结构。灌木的枝条很多，越往上生长，枝条就越纤细，枝杈错落穿插伸展。使用 笔刷来表现大量密集组合成花簇的叶子：质感较柔软，形状较蓬松。

这款喷枪柔边高密度粒状笔刷带有
很强烈的喷洒颗粒感

5.4.3 调整修改到完成

7. 为画面增加故事

在绘画过程中，创作者的想法是多变和递增的，常常处于真实与虚拟联合联想出来的状态。就像我在设计中远景的元素时，起初我更多是想用圆润的山或者植物来表现，但大脑中突然回忆起我小时候看过的一款游戏，所以我将这两个元素进行调整，改造它们的形状和色彩，尝试表现出更多故事。

8. 注入细节

最后来检查一下画面：在黄色元素上，加上带有拟人样式的表情后，比起最初的想法，画面更加有意思了，并且带出了故事性。近景添加了多种颜色的花草，丰富了画面中的细节。细节不仅仅是某个元素上的纹理刻画，更是多元素在光影下的综合表现。

在灌木表现上，粗细不一的枝条和枝杈错乱穿插，枝杈越多，叶子就越密集。光影下的灌木形状，以冷暖色彩对比来加强体积感，与周围花草簇拥，彼此呼应，建立了自然状态下的植物表现。在这样的环境气氛中，以灌木为主要元素的场景就完成了。

▲ 灌木 • Finish • Photoshop CC

▶ 5.5 树和树林画法

我们的星球上生存着上万种千姿百态的树，不同的生态环境孕育出不同的树种。自然界中的树与环境息息相关，通过对树和植物的分析我们可以反推出什么样的地域是湿润的，什么样的地域是干燥的，这些都是有利于我们观察环境和表现场景的重要因素。在我的系列作品中，我常常把大树元素作为画面主体，叙述和表达我的故事。小时候与很多植物为伴，登上山顶望向远方，对未来充满好奇。我喜欢大自然，把记忆搬到画布上去，描绘心中的小美好，也是我从事美术工作的初衷。

5.5.1　树的结构分析和建立

树具有顽强的生命力，有时可以从角落中或缝隙间生长而出。它主要由树根、主干、枝干、树枝、叶子组成。多个枝干和叶子又可以组合成树冠。一般树冠看上去更像一个半球形，体积感很强，具有自然姿态的优美变化。灌木没有明显的主干，所以灌木的感觉更像一个树冠种到了地上。我们可以用灌木的特点来理解大树的结构。越向上生长树枝就越纤细，树枝越多树叶就越密集，这样的树冠看起来就越丰满、越庞大。下面我们就以大树为主要元素，绘制一幅奇幻主题的场景插画。

叶子
树皮
树枝
主干
枝干
树冠
树根
树干看起来更像一个圆柱体。这样归纳我们可以更好地理解大树的结构，可以利用透视辅助线捕捉枝干的形体。

1. 创建画布

使用快捷键 Ctrl+N 建立一个画布，输入 5358（W）像素 ×6499（H）像素，分辨率为 300 像素 / 英寸，得到竖构图的画布。在拾色器中选择颜色 ■（R：98，G：72，B：59），并填充在画布上。我打算用一个较幽暗的环境来构建这个奇幻的世界。

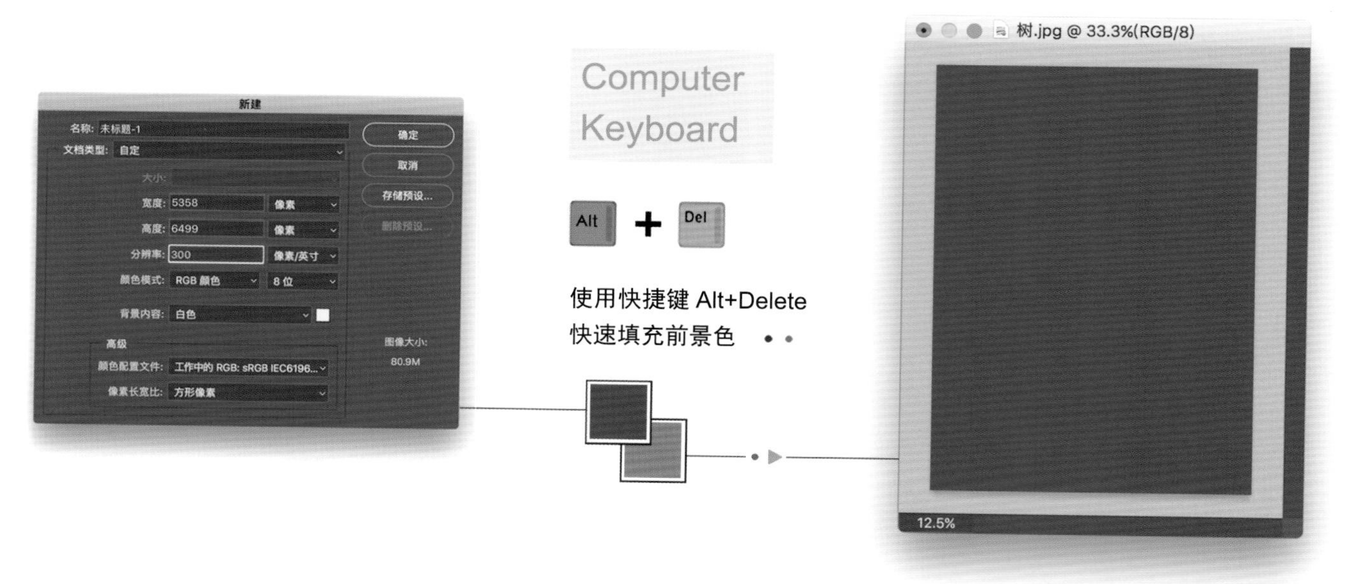

2. 从草图开始

在画布上先确定地平线的大概位置，会得到一个视角，选择带有颗粒感的笔刷 ▇，使用较深的颜色 ■（R：79，G：43，B：21），以树为主体，勾勒出大树、起伏的草地和蜿蜒小道的大致形状草图。线条带有透视，可以随意一些，迅速捕捉心中的画面感。

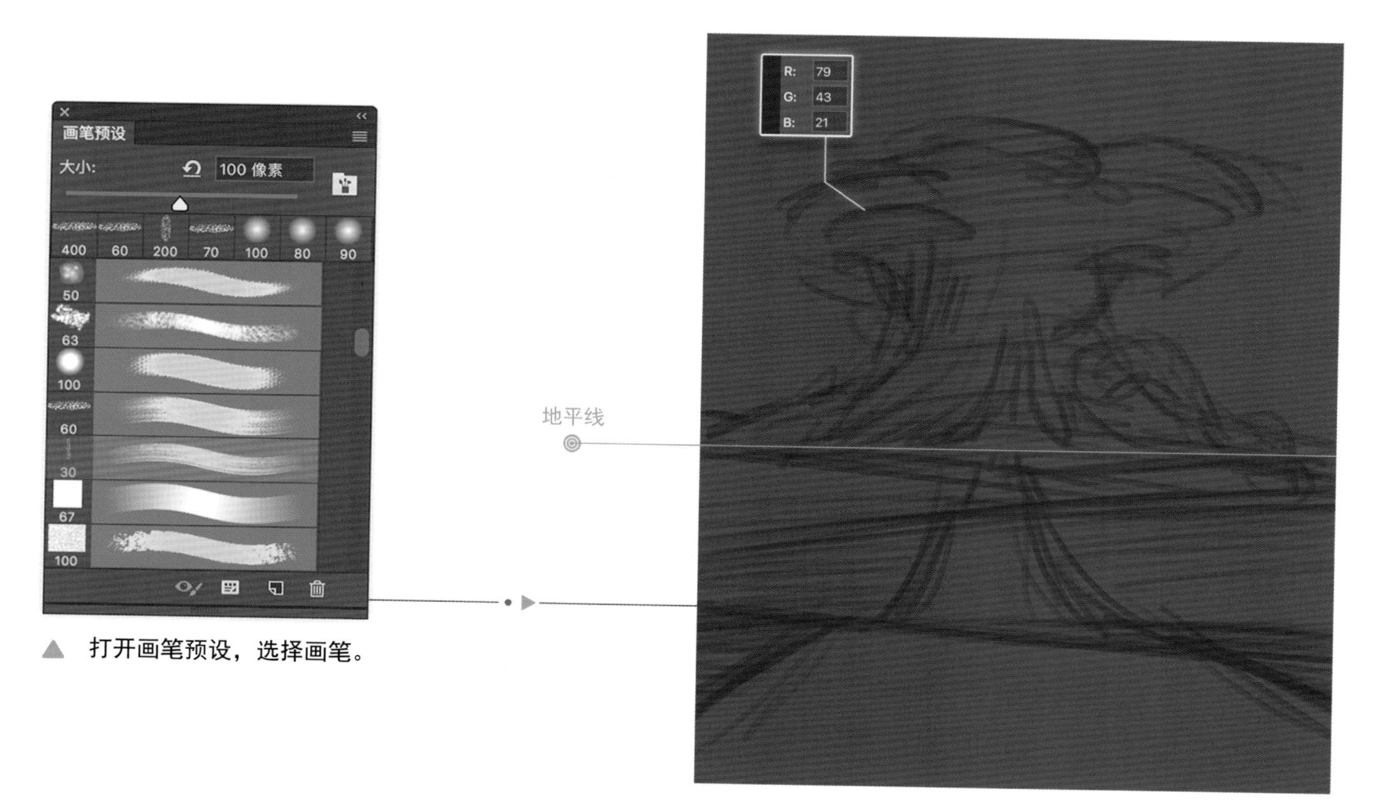

▲ 打开画笔预设，选择画笔。

3. 设定光源

使用 Soft 笔刷 在“线性减淡”模式下，吸取颜色 （R：189，G：81，B：26），分别在近、中、远、景别上提亮颜色，营造让光源从上方照射下来的效果。所以前期设定了顶光源来渲染这个奇幻的氛围。

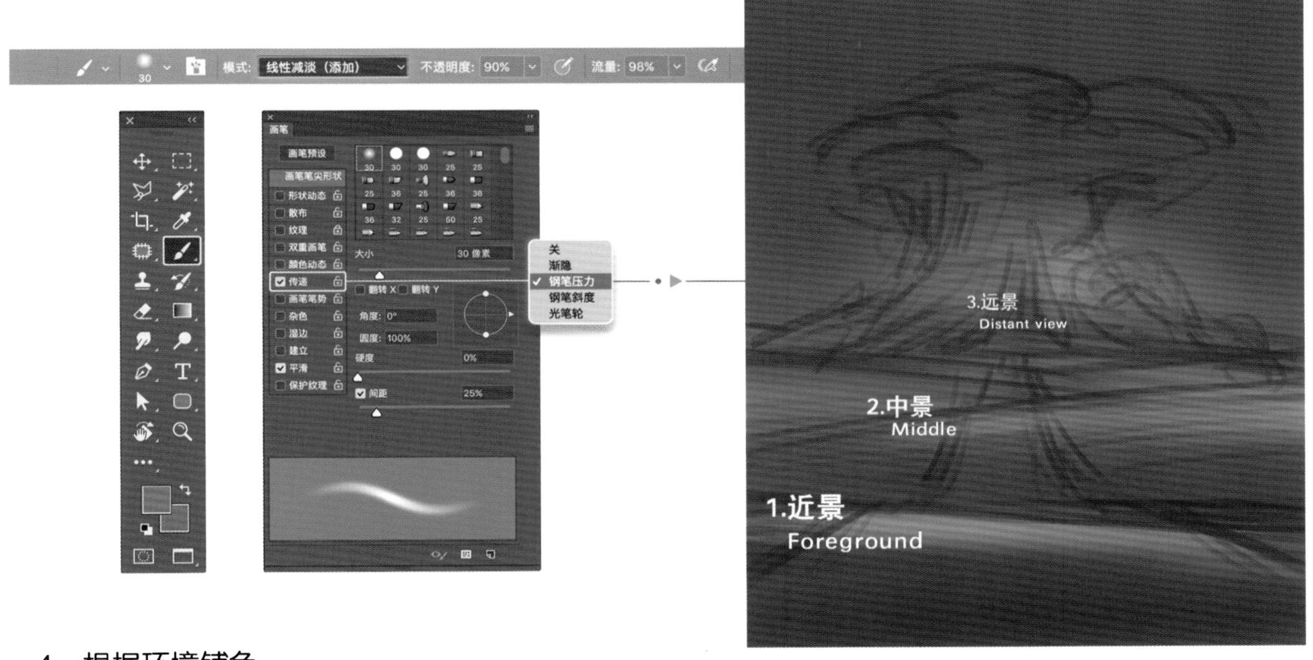

4. 根据环境铺色

黑夜使人感觉冰冷、不安，而光的出现会让人有希望的感觉。我将两者结合，参考夜晚环境，以冷色为主色调，来铺垫整个环境。当光线从天空照射下来时，光亮下的部分是明亮而温暖的。想要营造不一般的世界，使用强烈的对比色彩是其中一个突出特点，所以我选用深蓝色表现天空，青绿色表现植物。根据光源方向，我使用夸张的邻近色和互补色来营造一个具有强烈明暗、冷暖对比的黑夜。

▲ 夜晚环境参考

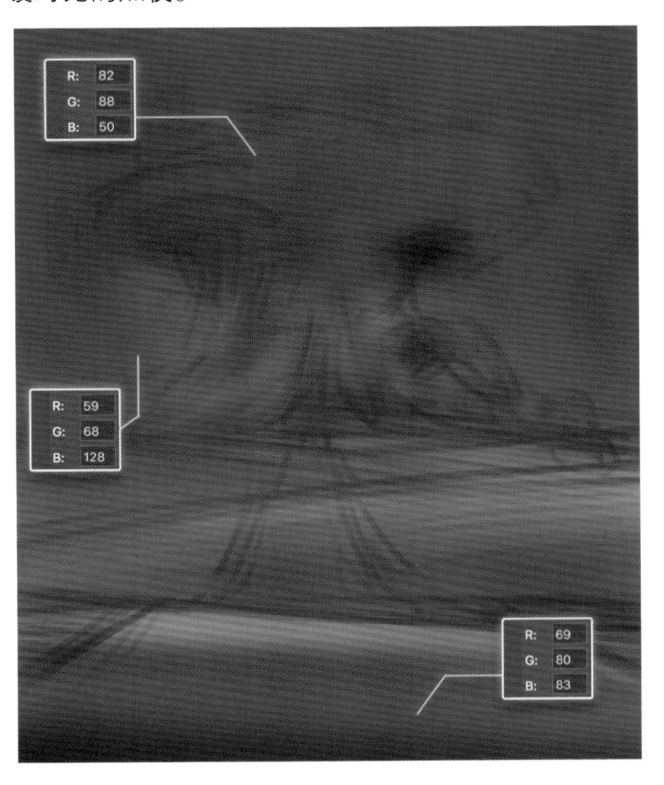

5.5.2 制造奇幻感

5. 夸张结构

一般的大树是很常见的，如果使它的结构夸张，就可以使它变得很特别。所以我使用带有纹理的笔刷 ，让扎在地里的树根有一部分从地底伸出地面，环绕弯曲向四周伸展，显得更加妖娆。在主干表现上，加大加粗来增加它的体积，从主枝干分出的侧枝干使紧密的树冠彼此交错环抱。

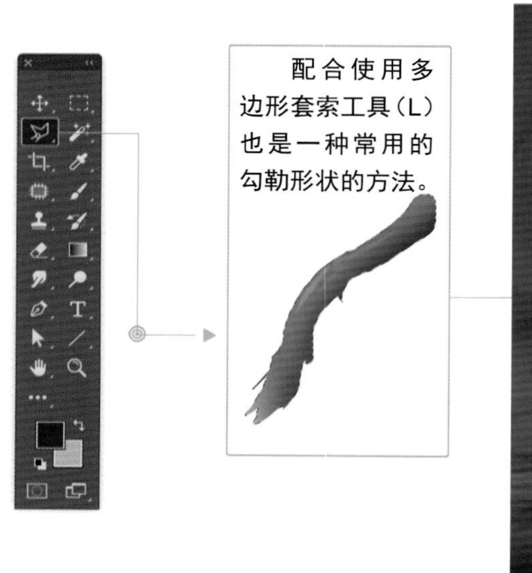

配合使用多边形套索工具（L）也是一种常用的勾勒形状的方法。

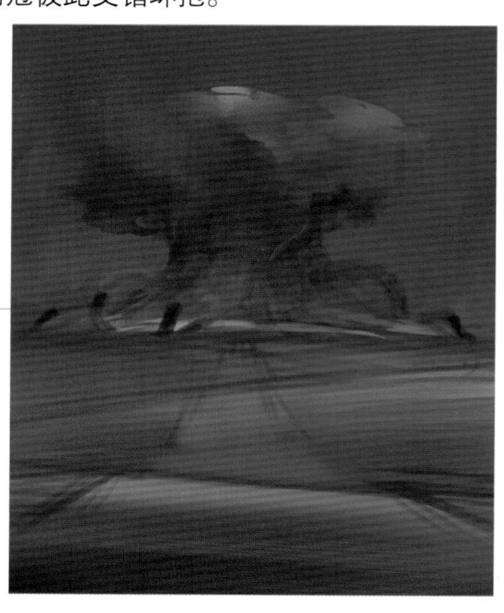

6. 能量圈

如果只有一棵奇怪的大树耸立在画面上，显然还不能渲染出更多的奇幻气氛，所以我设定了一个环绕在大树底部，散发炙热感的能量圈来增强整个环境的奇幻效果。让伸展出来的树根一部分在能量里，一部分在外，虚无之地形成了能量壁。现在这个散发能量的区域，已经成为场景中最亮的地方，整个大树被这个发光的能量影响。这体现出了强烈的颜色对比，在景别上，也拉开了与中景、近景间的距离。

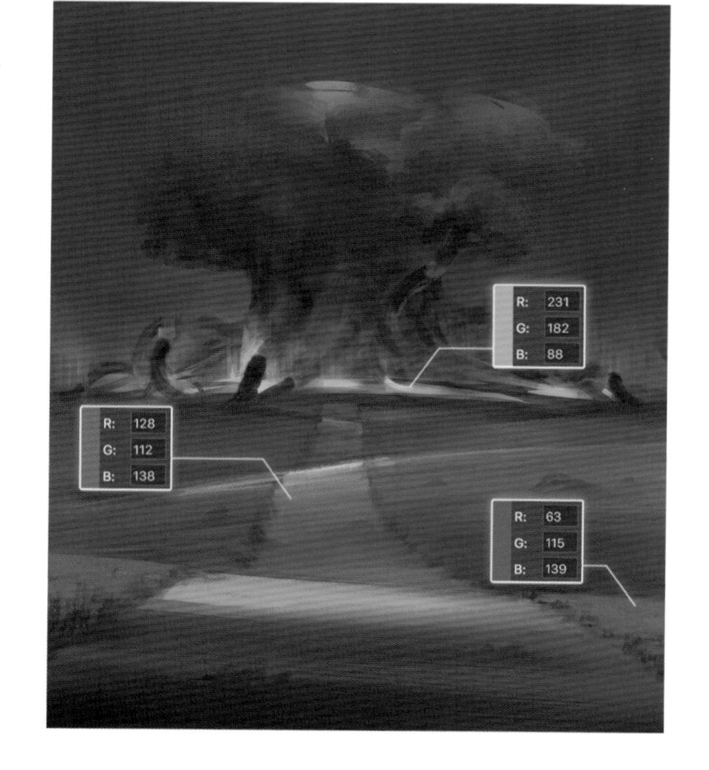

Tips

7. 树冠之间

树冠越多说明这棵树生长得越旺盛。主枝干有粗细，那么树冠就有大小之分，就要体现出不同的比例关系。它们都是向四周各个角度生长伸展，树冠之间必然存在距离上的关系，所以要体现出层次感。从观察者的角度，越靠近观察者，树冠边缘越清晰越有细节，而远离的部分就会边缘模糊细节不清。这是透视上对空间的表现。

用几何形体来概括形状，会更好地理解树的结构和光影表现。

• Tips

5.5.3 加入角色

8. 透气感

大家都看到过这样的画面吧：再密集的树冠，随着风摆动，观察者也可以从树枝间看到天空，有时阳光也会从树叶之间的缝隙处照射下来。我们要吸取夜空的颜色，在树干、树杈之间拓展开一些区域，露出一些夜空的颜色，那么整个大树就有了通透的空气感。这样的场景会让空间距离更大，更加模拟了自然状态下的树的表现。

相比丰满密集的叶子，稀疏的树杈间要留有很多区域，以透出后面的颜色或光亮。

• Tips

9. 渲染润色

根据建立好的光影、色彩、空间，使用柔边高密度粒状笔刷 ，开始绘制每个层次上的元素细节。继续体现色彩上的冷暖变化，并配合使用涂抹工具 将生硬的转折面的颜色轻轻揉开，让过渡更自然。使用 Soft 笔刷 在“线性减淡”模式下再次提亮受光面和发光的部分，来进行最后的润色。

利用快捷键 Shift+Ctrl+N 新建一个图层，在靠近画面中央起伏的小路上，绘制一只自发光的鹿。这样画面中有了生命体，潜移默化中渲染出了更多故事，最终烘托了奇幻的氛围。

▲ 树 • Finish • Photoshop CC

树林是高密度的植物区域，树密集生长，种类繁多。在表现自然状态下的树林场景时，要注意树与树之间的分布和距离表现。树林中光的表现交错复杂，除了体现树木粗壮的形体外，还要考虑树木影子间的互相投射。我们可以按树木稀疏密集的分布情况，使用景别划分层次，搭建空间。这次我们根据灌木和树的单独结构，来绘制一幅树林的场景插画。

5.5.4　创建寂静的树林

1. 建立画布

使用快捷键 Ctrl+N 建立一个画布，输入 6778（W）像素 ×3850（H）像素，分辨率为 300 像素 / 英寸，得到一个横向画布。在拾色器中选择颜色 （R：149，G：188，B：245），并填充在画布上，用白天自然光的环境来绘制寂静的树林。

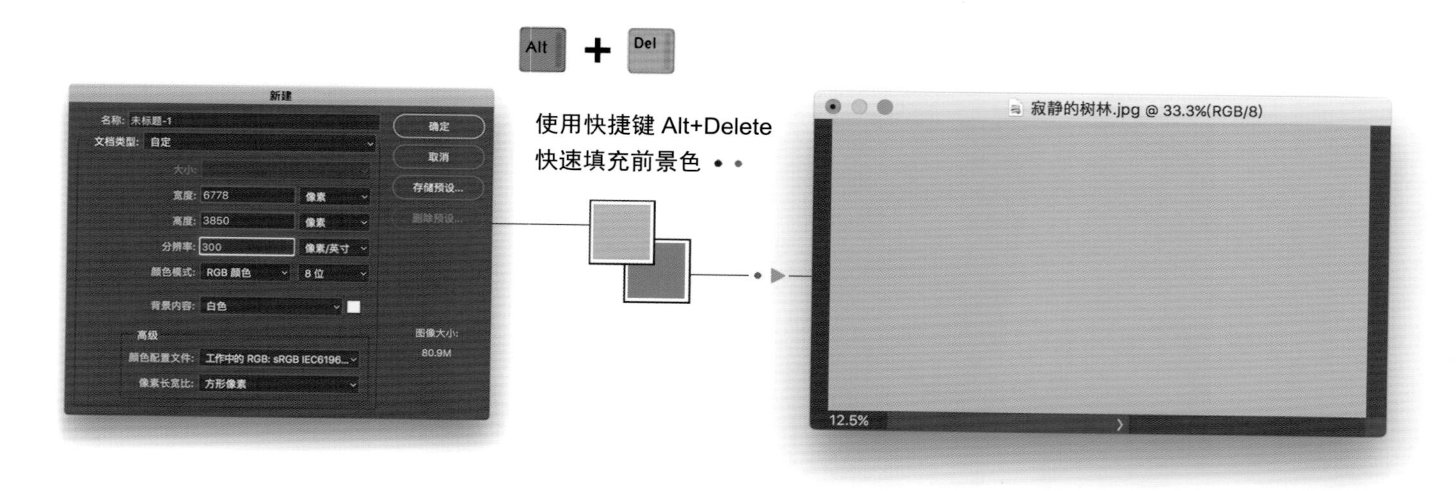

2. 勾勒草图

选用 Soft 柔边笔刷 ，选择较深的颜色 （R：98，G：128，B：191），确定地平线的位置，以获得视角。按近景为树林、远景为山坡的地貌形态快速勾勒出大致草图。

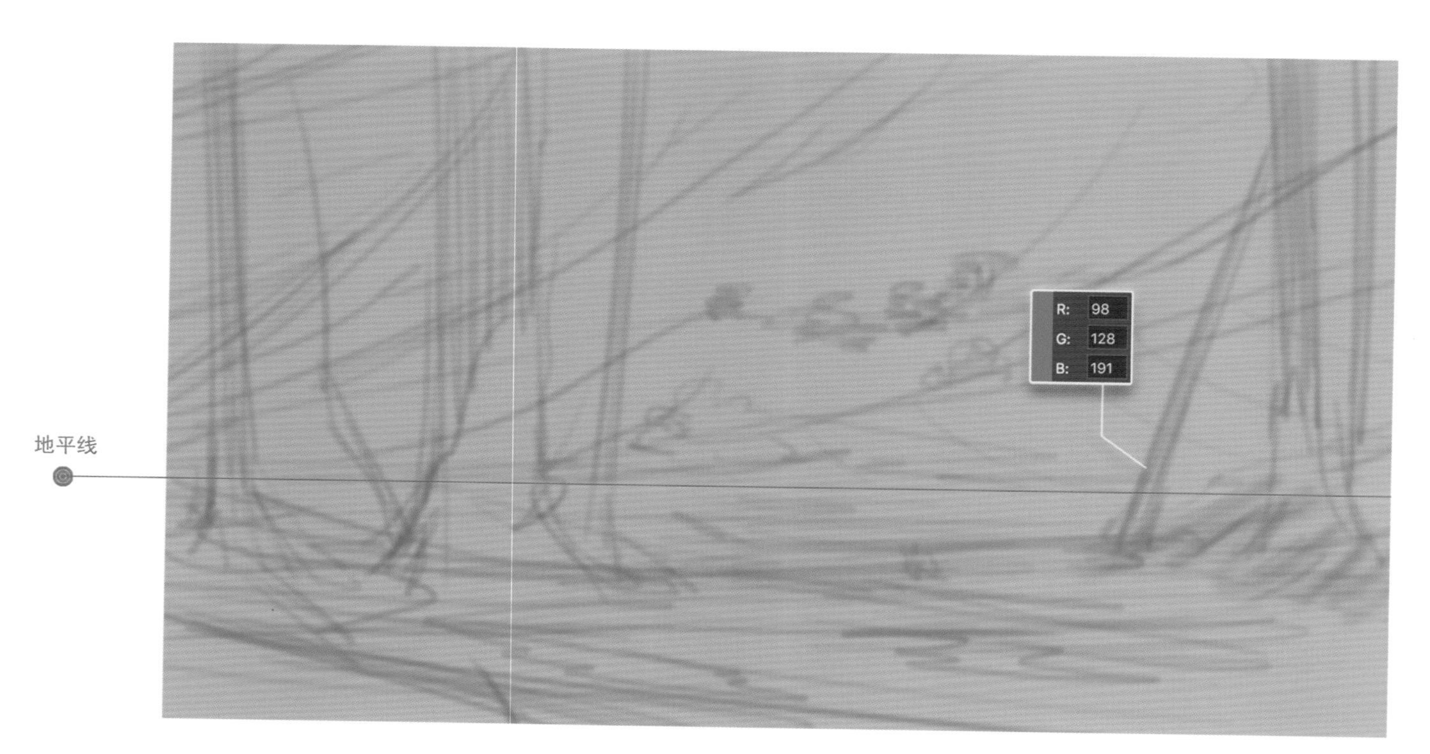

3. 气氛铺色

继续使用 Soft 柔边笔刷 并放大笔刷，将整个场景铺上偏冷的色调。想象一下，近景的树林里阳光更多被密集的树冠遮挡，所以我设定近景区域更幽暗一些，将中景的部分作为阳光直射下来的受光区域。这样的明暗对比会让中远景显得更加空阔一些，以拉开景别间的层次距离。通过这样的绘制我们得到最初的空间。

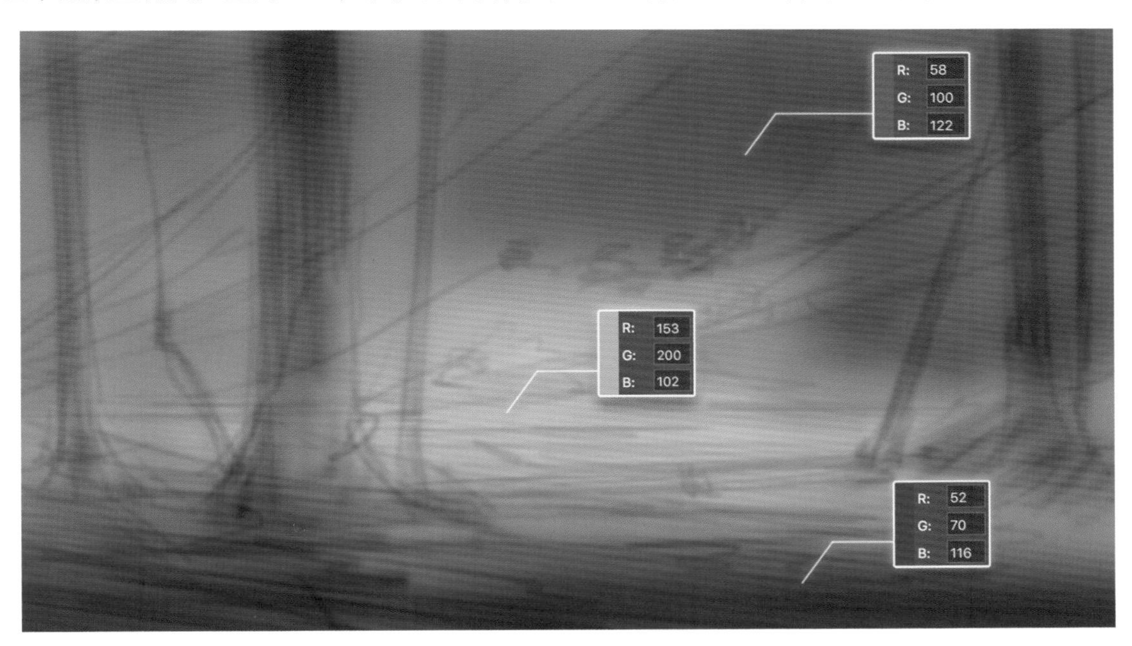

5.5.5　造型提炼和空间深度

4. 光源方向

将主光源设定在场景中靠右偏上方处，阳光以斜射的方向照射在山坡处。在周围高山的环抱下，使用 Hard 类型笔刷 在山脚下添加几座房子，使其看起来就像一个远离喧嚣的幽静村庄。

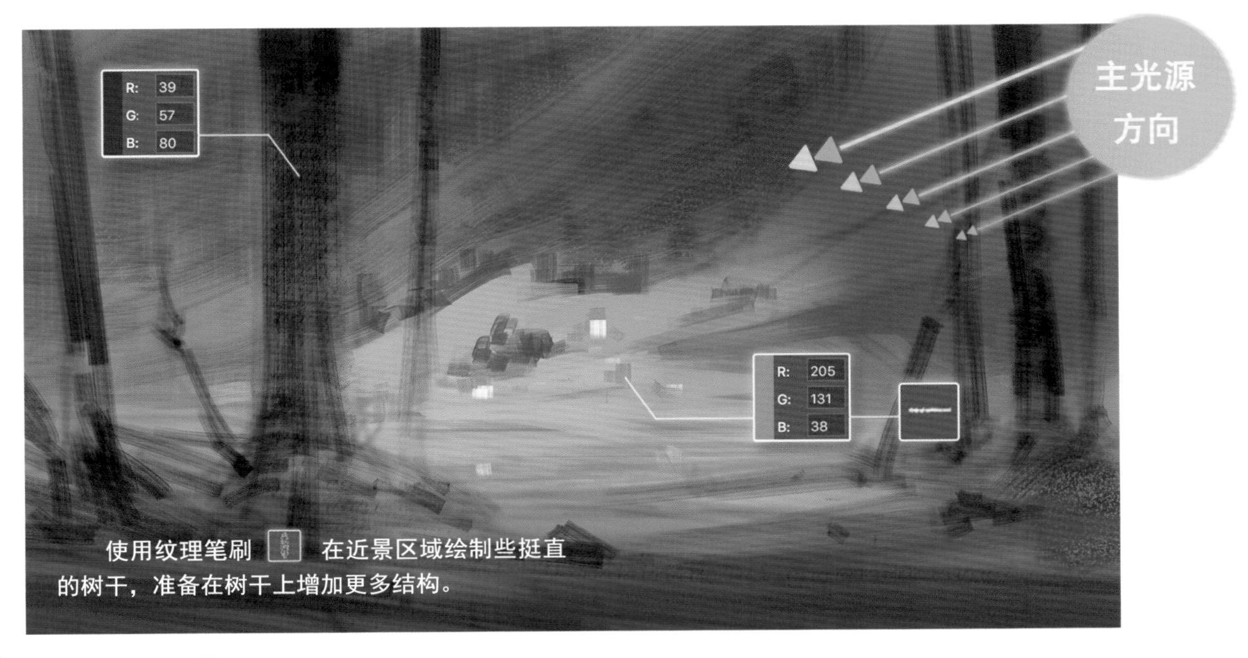

使用纹理笔刷 在近景区域绘制些挺直的树干，准备在树干上增加更多结构。

• Tips

5. 大小不一

我们来观察一下，在自然状态下的树林中，树的大小有很大的比例差别，不像人工种植的树林那样整齐划一。按照这样的自然随机生长的特性，我们将树大概分成大、中、小等，使其具有粗细变化，并以不对称方式自然排列，在有粗有细的树干上，添加树枝的结构。

▲ 人工种植的树林

▲ 自然生长的树林

●▶ 空出的中间的区域，感觉更像一条要走出树林的林间小路，可以传达出更多故事。

6. 树林中的自然状态

肥沃的土壤和水使树林里的植物长得比较旺盛。记忆中我走进树林里，总会感觉到丝丝凉意，密集的树冠彼此纠缠穿插，地面上有很多落叶，岩石上也都长满了新鲜的苔藓。被这些厚厚的植被包裹着的树干自由地生长着，感觉更像另外一个世界。我不知道有些树为什么会斜着生长，也许是大自然使它这样。一切都是那么自然随意。但我留意到，岩石、植被、倾斜的树干依靠在更大的树木之间，继续努力地生长着。这些扑面而来的清新感觉，都可以用来构建树林环境中的细节。如果色彩能让人感觉到温度，那么树林带来的感觉就是潮湿。

Tips
在岩石和树干上加入一些植被的颜色，有积水的地方会形成一些倒影，树根与地面的连接处，依附着各种植物元素，是更多杂草的聚集处。
倾斜的树干
R: 20
G: 60
B: 38

▲ 夜晚环境参考

7. 在远处山坡上的树林

随着地貌的变化，在远景中，山坡上的植物随着地面的起伏变化生长，各种形体的树看上去很像一簇簇灌木。我在这里选用带有纹理的笔刷 来表现远景中的树林。注意阳光下与阴影中植物的明暗变化：阳光下颜色更亮更暖，阴影里是暗淡冰冷的。

5.5.6 细节深入

8. 倒影

对面的山坡上矗立着橘色屋顶的房子，我们使用多边形套索工具 （L）快速地勾勒出房屋的形状。在近景的树林与村庄之间，我添加了水元素作为中近景部分。平静的水面具有很强的镜面反射效果，使用带有纹理感的笔刷 配合吸管工具 （Alt），在吸取房屋的颜色后，镜像表现在水面，使其形成倒影效果。

9. 加入细节和生命体

在林间小路的尽头，我加入了一只橘色的狐狸游走在树林的边缘。这也符合树林环境生态，能为画面增加更多生命气息感，叙述更多的故事。最后使用带有纹理颗粒感的笔刷 来刻画近景中的元素，让树木的边缘更加清晰。为了提高画面精度，我绘制了一些枝条来丰富树林中的植物形态，这样以树林为主题的场景就完成了。

▲ 寂静的树林 • Finish • Photoshop CC

▶ 5.6 水画法

纯净的水是无色的液体，本身颜色是由周围环境的反射决定的。流动的水会形成波浪，遇到坚硬的物体时会形成四溅的水花，形态自然不固定。平静的水在不同的光线角度下会形成不同的高反射镜像效果。任何一种物质都会打破宁静的水面，产生水波涟漪。这些都是大自然中水的特质。有水和土壤的地方，就会滋养植物和微生物，在场景描绘中会有不同的生态环境表现。根据水的特质我们可以描绘出多样的具有张力的场景形态。

5.6.1　海浪的分析和建立

作为一种波动现象，海浪是水的一种姿态，具有液体的重量和力量感，受环境与光的影响还会有奇妙的色彩变化。透明质感下带有一定的厚度，卷曲中带着优雅的自然美感。捕捉澎拜的海浪不是一件容易的事，自然状态下人们总是琢磨不透它的动态轨迹。我们可以把静态下的海浪分为海水、海浪、浪花三个部分，根据光照，用几何形体来概括它们的块面关系。而部分浪花脱离海浪成为空中独立的个体，是表现海浪时最精彩的部分。

带有光影体积感的海浪，是现实自然状态的表现之一。用块面的方式概括理解动态中的海浪，也能更好地诠释山峰、冰山等密度较高的物体。

Tips

1. 建立画布

使用快捷键 Ctrl+N 建立一个画布，输入 5000（W）像素 ×3000（H）像素，分辨率为 300 像素 / 英寸，得到一个横向画布。在拾色器中选择颜色 （R：114，G：134，B：145），并填充在画布上，这是带有背景色的画布，我准备从一个阴霾的环境中开始建立。

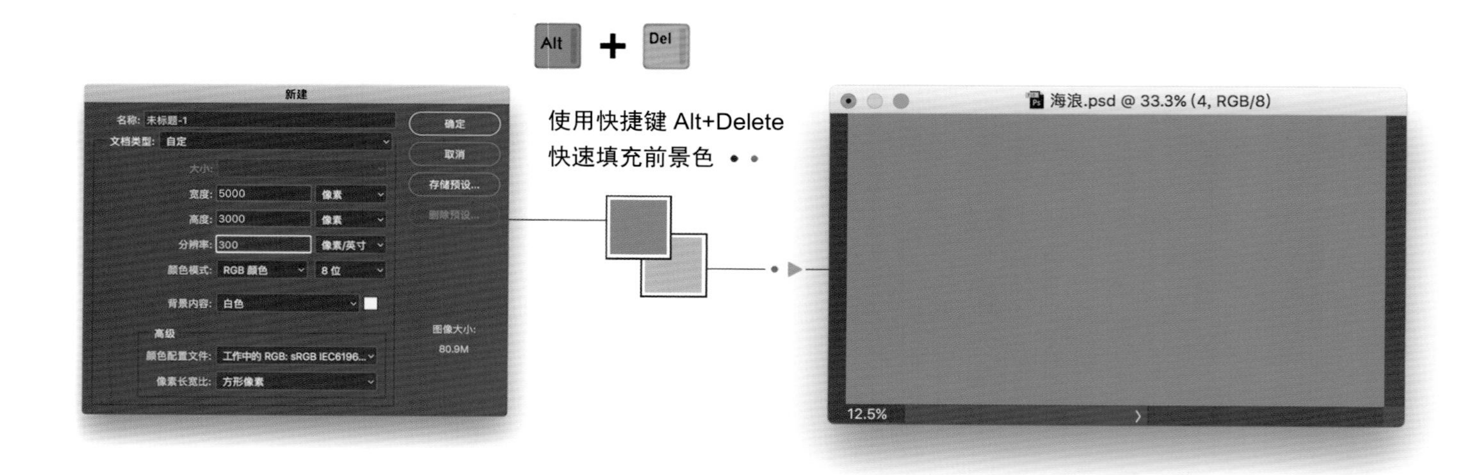

2. 天海交界

选用 Soft 笔刷 在拾色器中选取颜色 （R：124，G：154，B：165），以地平线为交界，分开天和海的区域，让较深的颜色延伸到近景，这样我们得到了一个具有深度的视角。

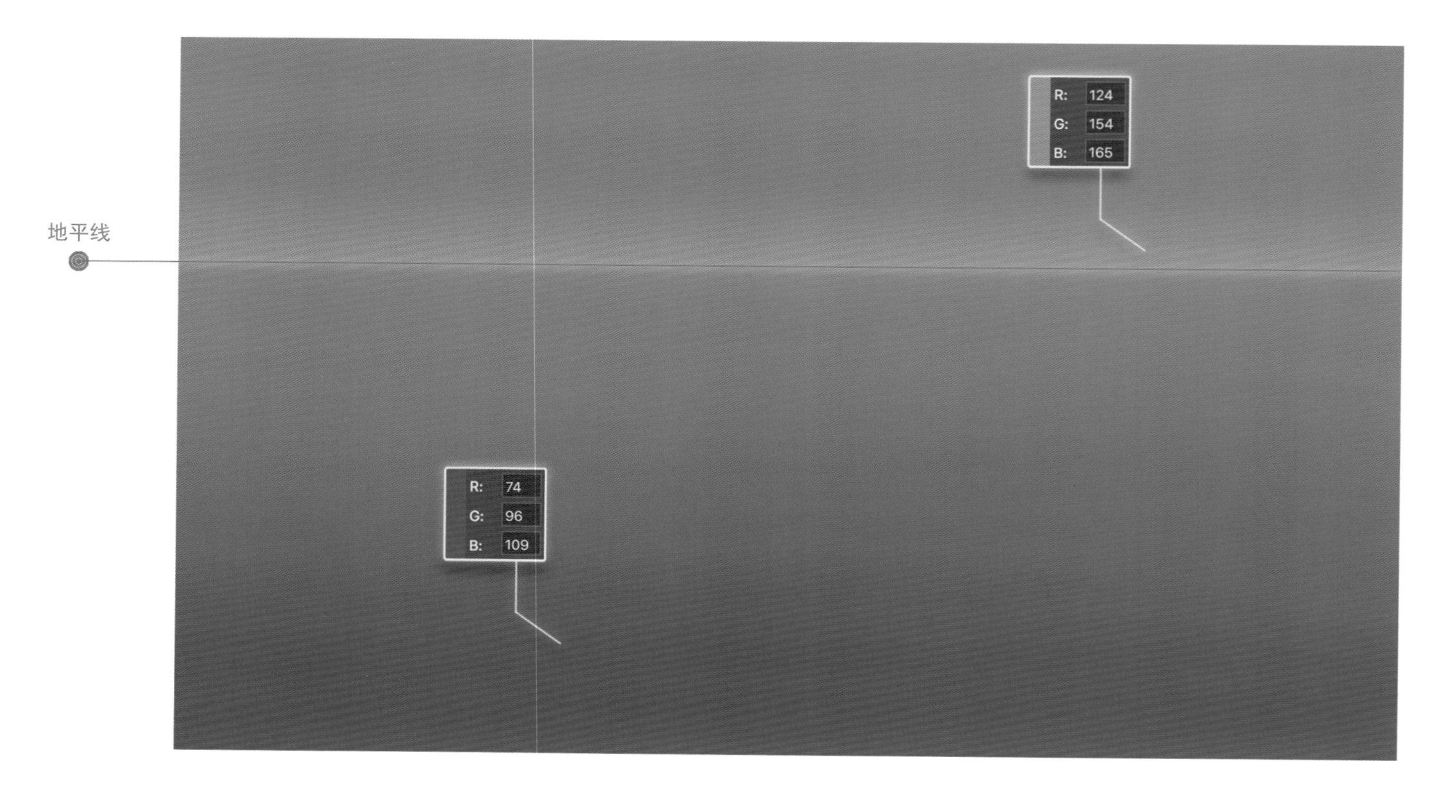

3. 海浪的形态

海浪以卷曲的形状向前推进，选用 Hard 类型笔刷 ，使用深色 （R：73，G：95，B：109）来勾勒出海浪的动态形状。

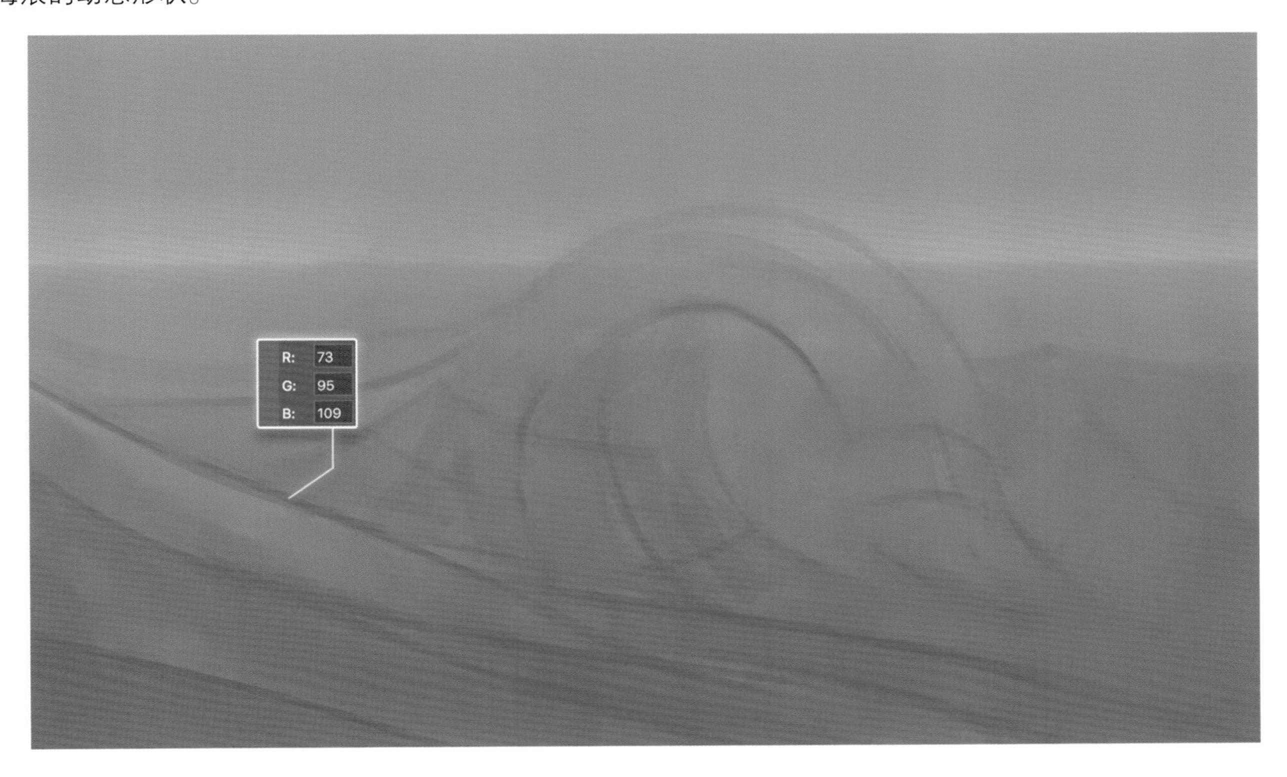

再使用带有斑驳纹理感的笔刷 为海浪增加一些最初的质感。添加纹理会体现出海浪在动态中的颗粒抖动感，来继续推动下一阶段的绘制。

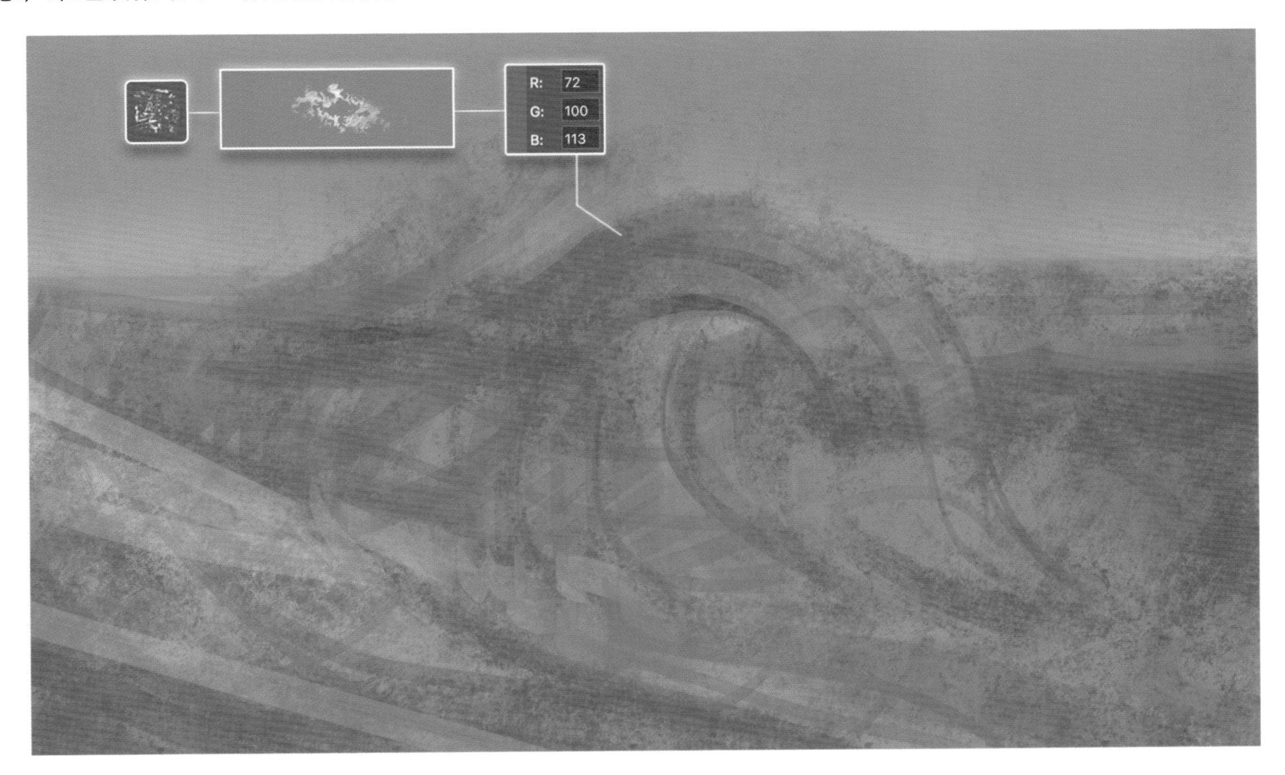

4. 环境下的颜色

在自然光照下，大海以偏冷的蓝色呈现出严肃的气氛。使用 Soft 柔边圆笔刷 ，在拾色器中选择颜色，放大笔刷快速铺垫在草图上，覆盖的同时也衰减一些锐利的纹理，来获取自然中的波澜感，让海水产生一定的厚度。这里我设定远景天空为阴郁的氛围，来突显在近景处的海浪。

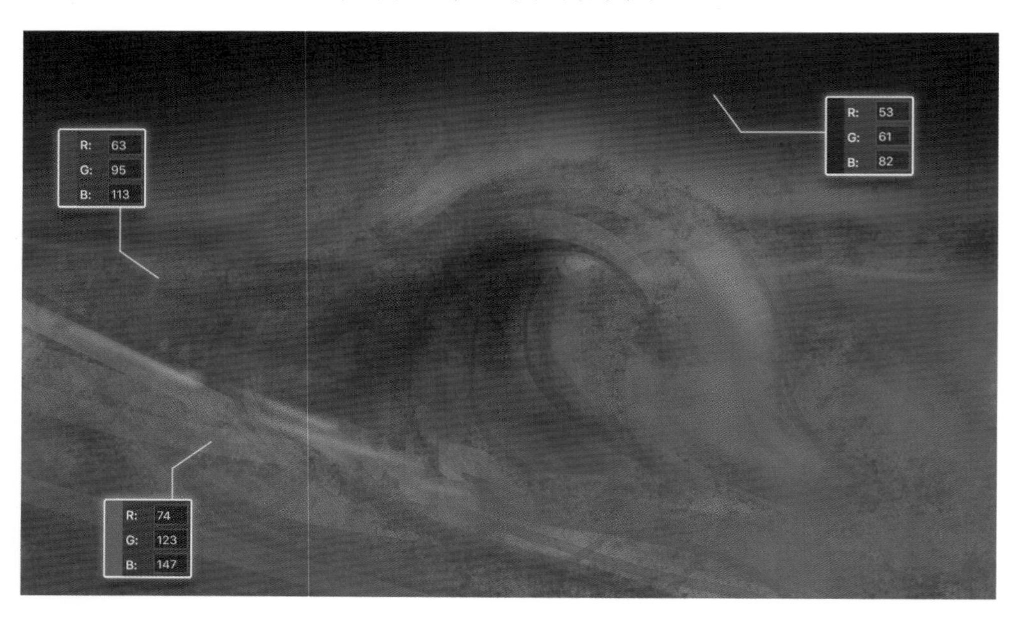

5.6.2 不平静的海面

5. 光照

将光源设定在画面右上方的位置，继续使用柔边圆画笔 ，在画笔模式下选择“线性减淡”，使用吸管工具（Alt），吸取本身的颜色后再提高光亮，得到受光面的部分。明暗对比下带有体积感，看上去厚重了一些。

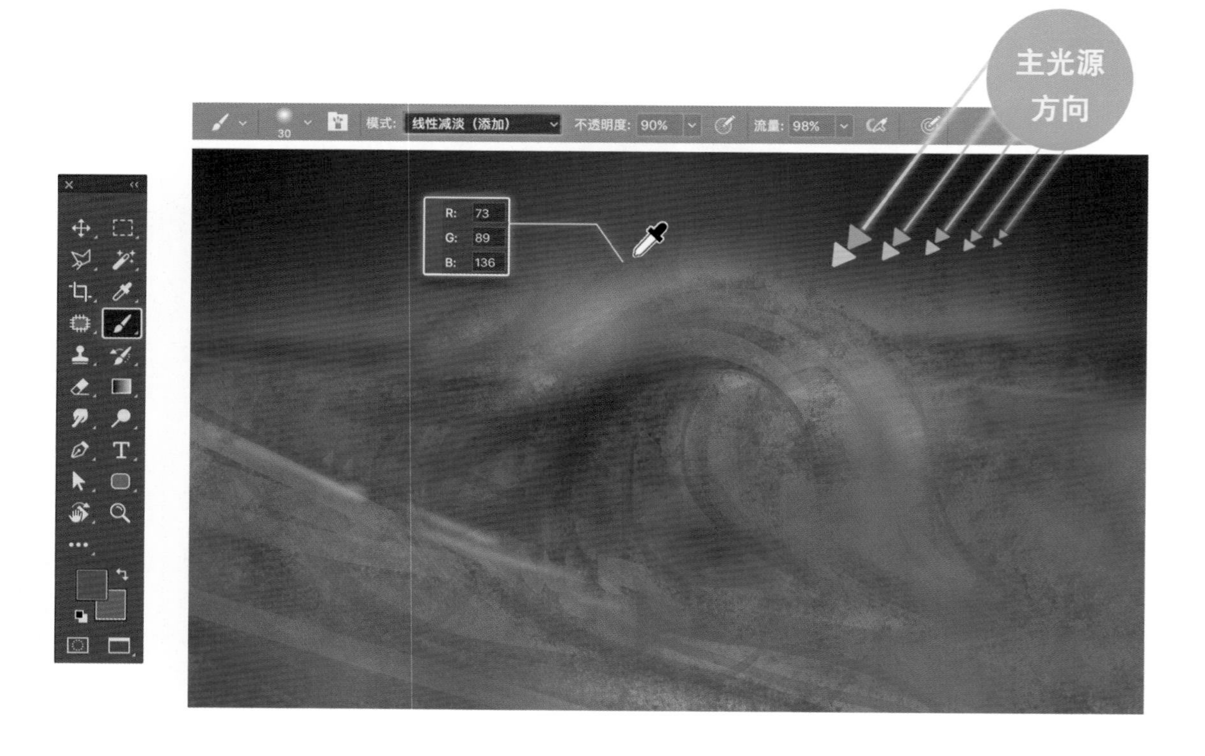

6. 浪花

选择使用带有纹理的大油彩蜡笔笔刷，在青蓝色调里选择偏灰白的颜色，一层层地绘制在海浪的边缘处。海水边缘越薄，浪花表现得越大，波动感就越强。

使用纹理笔刷，利用明暗对比的颜色，在倾斜的海水上绘制出更多的波动形状，来获得不平静中的起伏转折。

选用带有大颗粒笔刷，选取较亮的颜色，在海浪的边缘点缀出更多浪花。

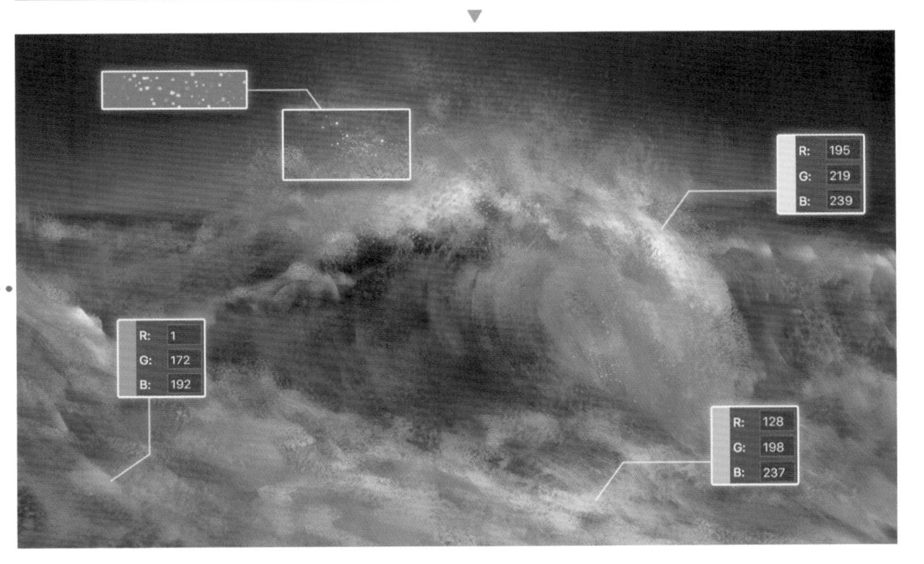

5.6.3 收尾

7. 质感

光线照射在水中，被海水吸收后会反射和折射，在较薄的海浪中会形成子面散射的效果。使用带有颗粒感的喷枪柔边高密度粒状笔刷 ，在形成子面散射的海浪内部区域加入颜色。在色彩对比下饱和度更高，海水感觉也更纯净，从而提升海水的晶莹质感。

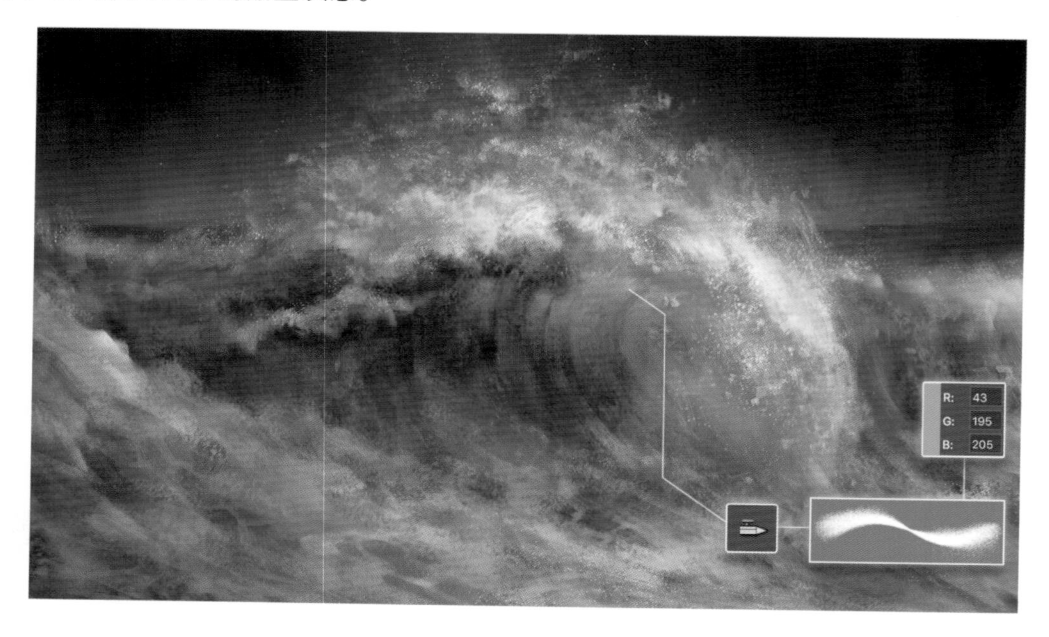

8. 提升水花密度

水在碰撞过程中会形成更多的水花，具有更多的颗粒感，而浪花也有它的规律。以大中小的笔触来区分表现高中低浪花的动态趋势，大的浪花会围绕在集团周围，而小的浪花会被本体抛洒得更高更远，可以使用喷枪柔边高密度粒状笔刷继续来提升浪花的密度，密度增强了，会显得波涛更加汹涌。同时配合使用涂抹工具 （R）来整合过于细碎的海浪，让画面保持统一，突出那组最大的海浪。

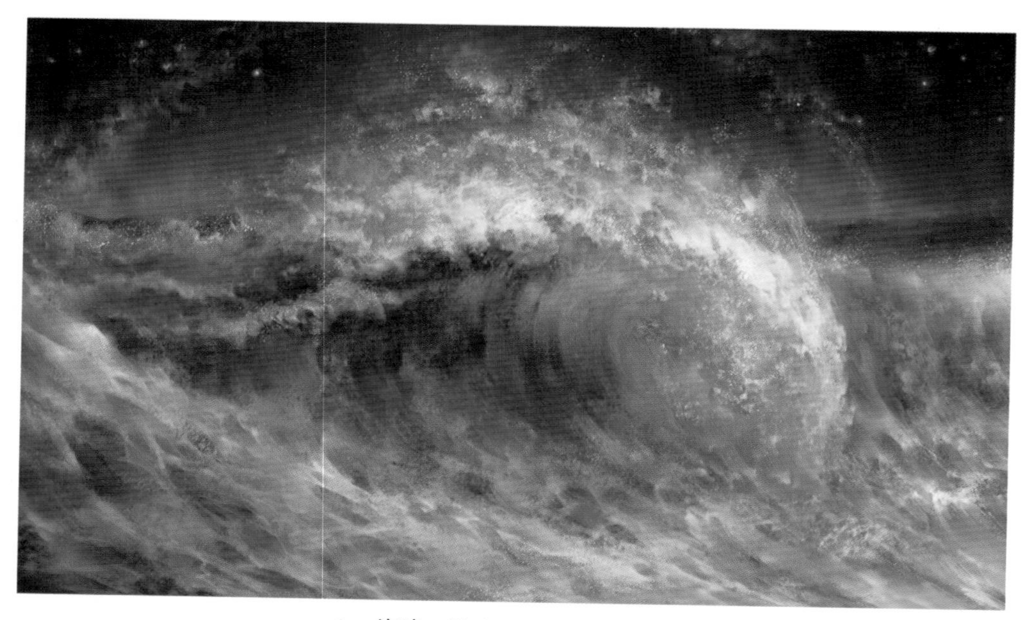

▲ 海浪 · Finish · Photoshop CC

▶ 5.7　水晶画法

天然水晶是在自然条件下形成的稀有矿石，其品类多样，坚硬通透，具有高反射和折射的质感，光彩夺目并且颜色多样，常常用来表现更多的寓意。在画面表现中，水晶元素可以衬托、渲染、装饰在场景中，常被用于表现神秘的环境和梦幻高贵的非凡之地。

5.7.1 水晶的分析和创建

水晶的密度较高，棱角分明，常以晶簇、晶洞形式存在。结晶习性常呈现出多面体棱柱状，柱体为一头尖或者两头尖状，有长柱形、短柱形，还有类似宝剑尖状的，晶体形状各异。水晶内部含有多种矿物体，杂质也千姿百态。水晶在光照下色彩斑斓。在 Photoshop 里可用多种笔刷和多边形套索工具来表现晶莹剔透的水晶。

1. 建立画布

使用快捷键 Ctrl+N 建立一个画布，输入 5024（W）像素 ×3500（H）像素，分辨率为 300 像素 / 英寸，得到一个横向画布。在拾色器中选择颜色 ■（R：57，G：41，B：41），并填充在画布上。水晶多是在地底下和狭窄的岩洞中形成的，所以我们准备从一个较为阴暗的环境中开始表现水晶群形成的场景。

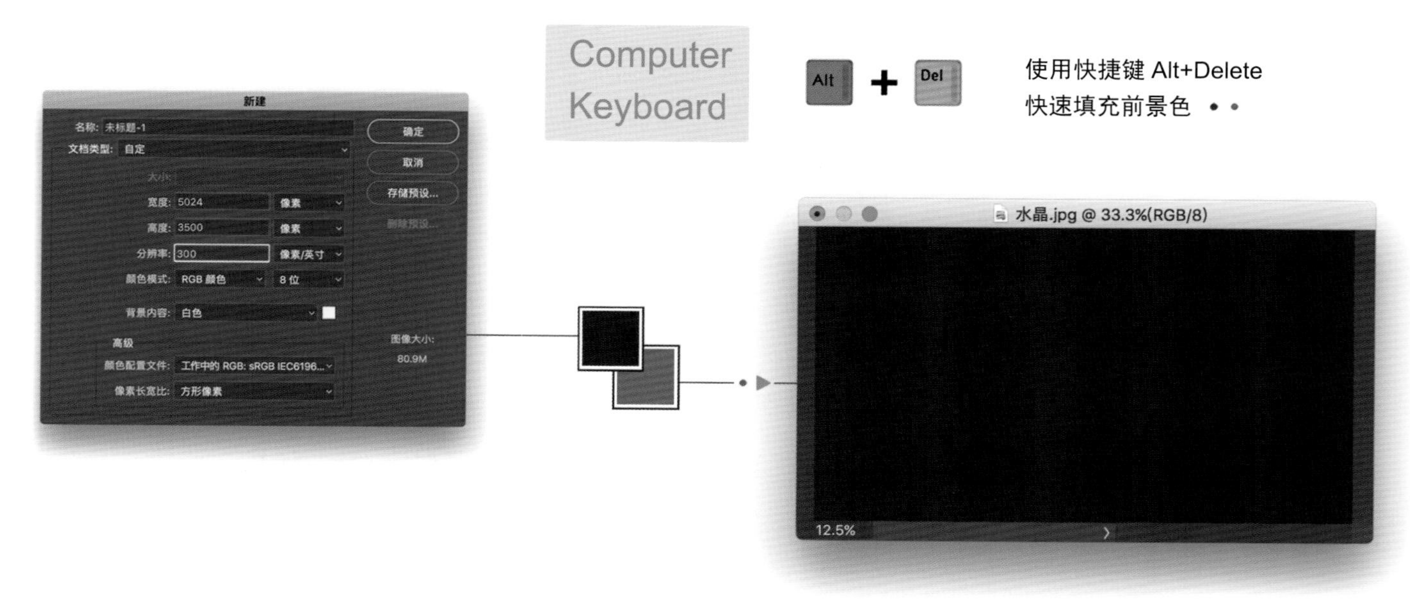

2. 开始构图

先使用 Soft 笔刷 在拾色器中选取颜色，在画布上先确定地平线的位置，获得一个倾斜的视角，将光源设定在中间地平线的位置，快速地铺上颜色。

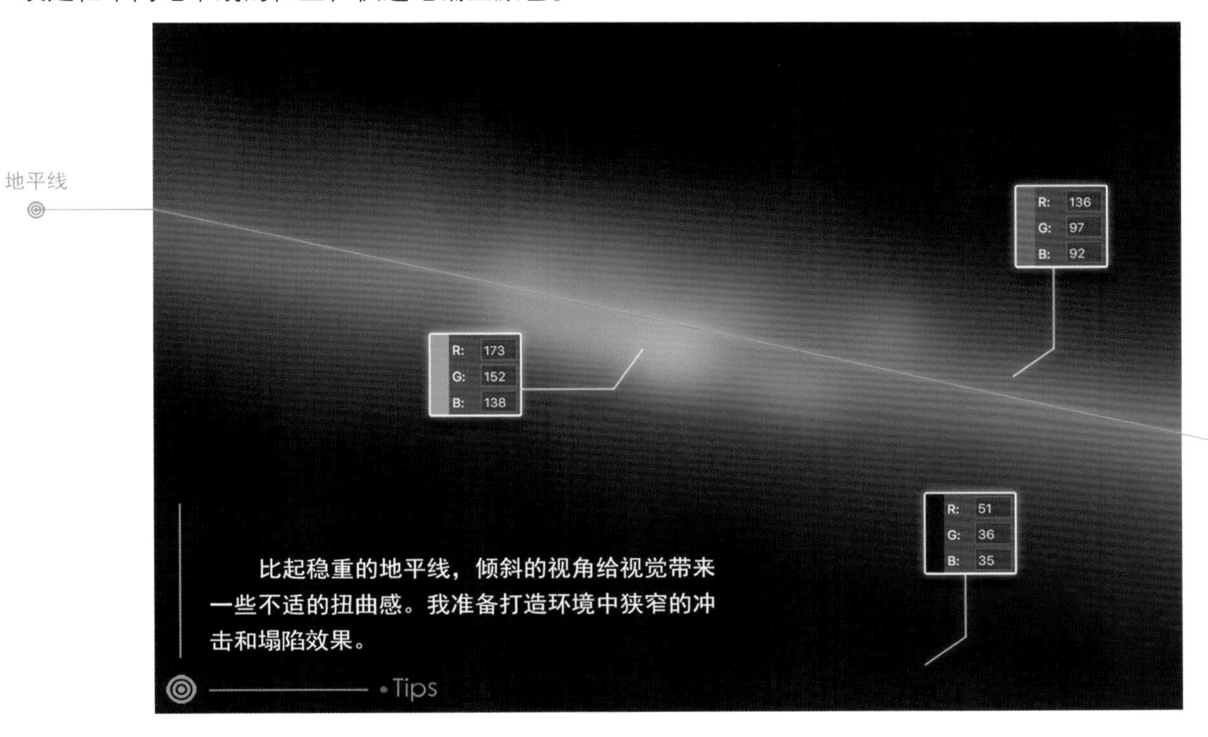

3. 空间环境

继续使用 Soft 笔刷 ，在拾色器中选取颜色，根据光源和景别关系，由近到远，用大小光点缀出一些发光体，来体现距离感。初步建立空间，以推动下一步的绘画。

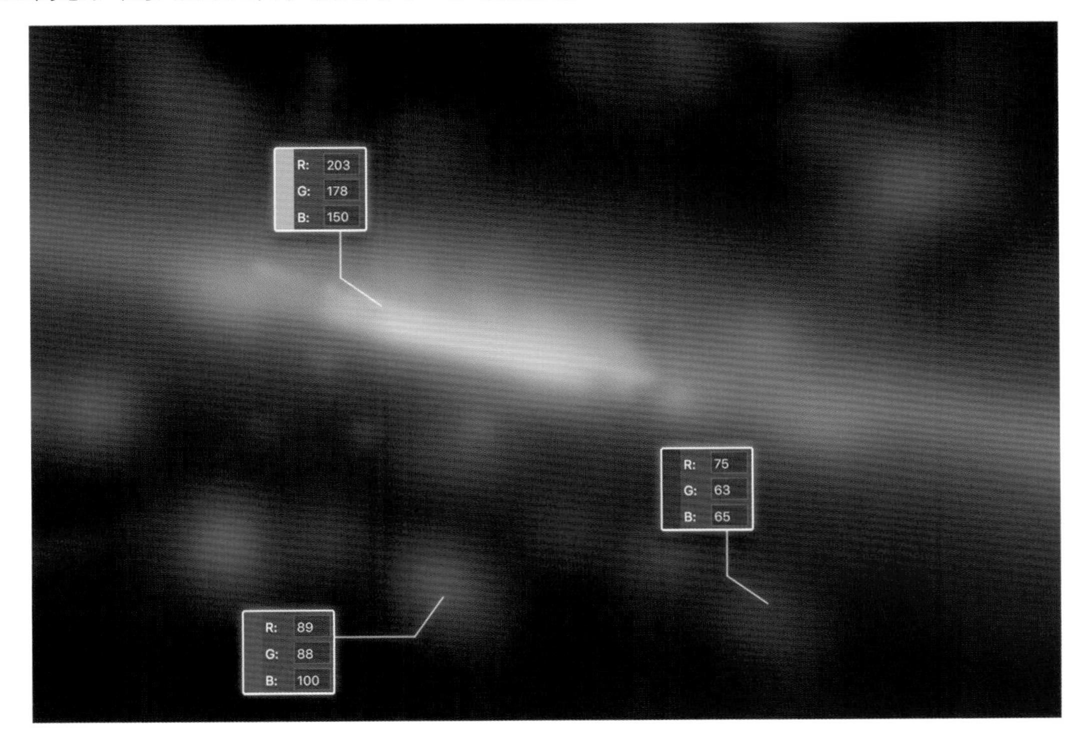

5.7.2 形状和色彩

4. 使用多边形工具

水晶的边缘是坚硬的。我们使用多边形套索工具 （L），勾出水晶形状轮廓，并放大 Soft 笔刷 ，配合使用吸管工具 （Alt）吸取周围的环境色，由浅至深绘制在选区里，用逆光环境来表现，从近至远地以大中小色块、暗灰亮色拉开水晶之间的距离层次。这样从远景裂缝中照射下来的光线就形成了这个水晶交错群体环境。

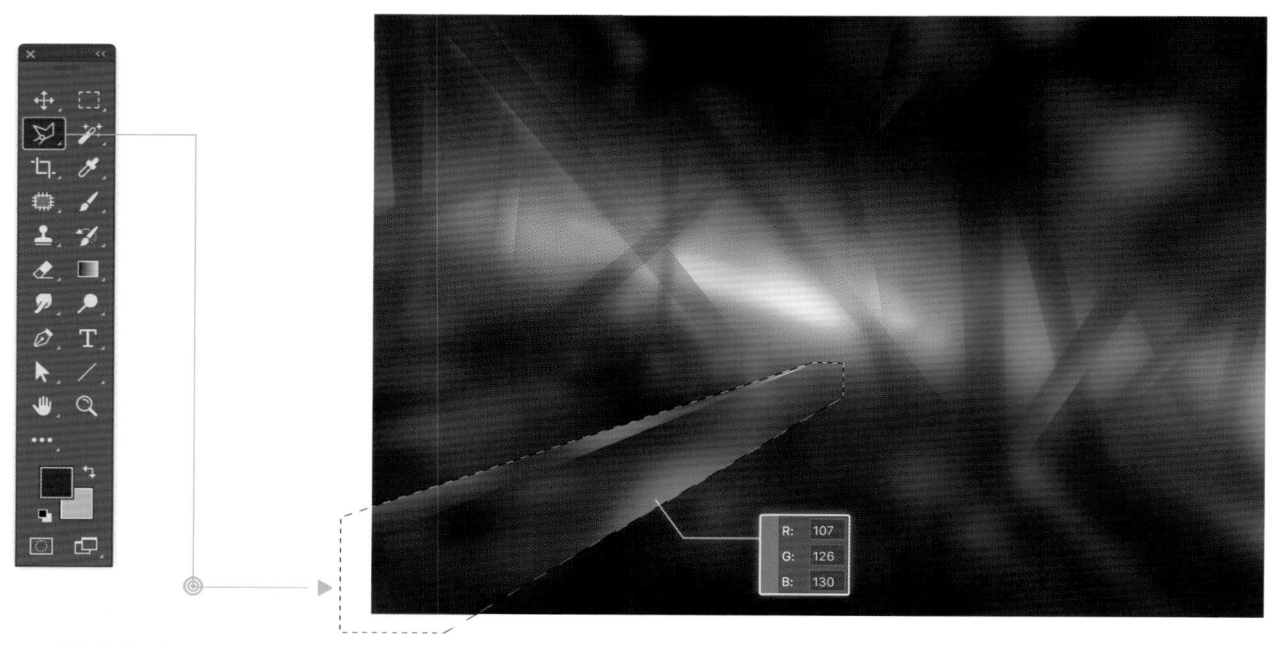

5. 提升饱和度

使用快捷键 Ctrl+U 调出“色相 / 饱和度”对话框，将饱和度增加 33 数值，衰减灰度后，进一步增加整体色彩的绚丽感，提升水晶色泽。继续使用多边形套索工具 （L）和 Hard 类型硬边笔刷 来表现在晶簇群上的水晶的大小尖锐感。

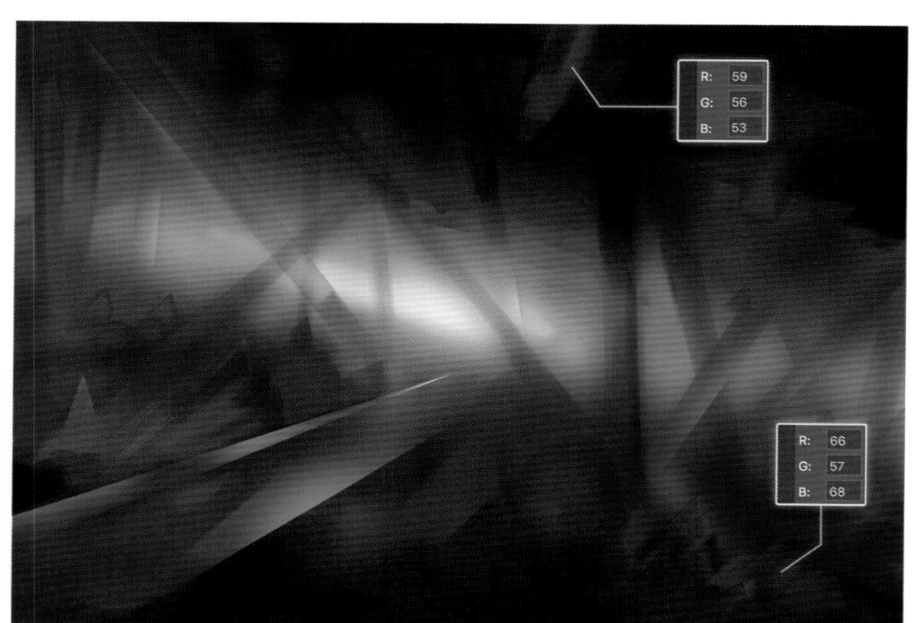

6. 冷暖对比

水晶体由多个大小块面组合而成，在暖色光照下受光面和背光面明暗分割明显，受光面被光线影响更明显，体现出的光泽感更强，色彩更亮更暖。没有被光线直接影响的或被遮挡的水晶则更暗一些，颜色较冷，使用 Hard 类型硬边笔刷，在暗部加入冷色。

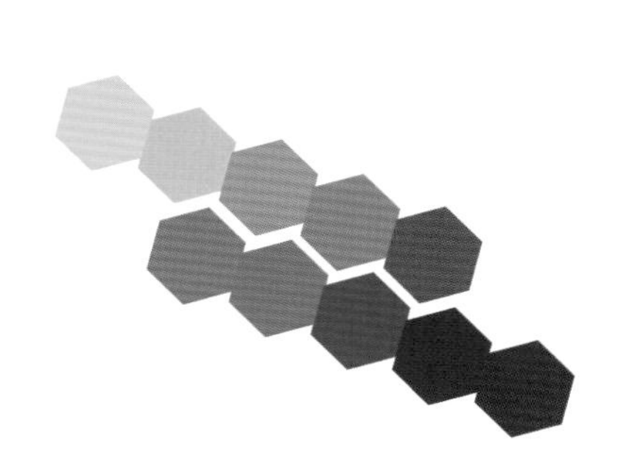

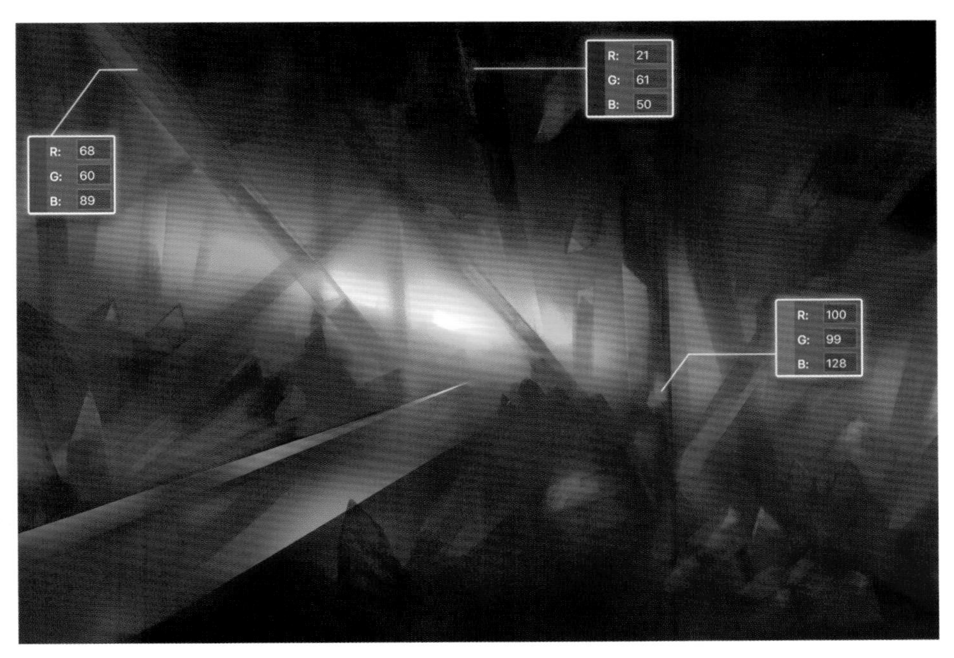

通过明暗过渡冷暖对比，体现光照中形成的空间感，来继续推动下一步质感的表现。

Tips

5.7.3　水晶的质感

7. 光泽度

水晶坚硬光滑，质感光泽透明，具有高反射和折射的特性。当光线照射在水晶上时，一部分被反射，在水晶表面形成柔光，另一部分被水晶体吸收后折射，在水晶内部形成大面积的子面散射。水晶透明度越高，纯度就越高，晶莹通透感就越强。使用 Soft 柔边圆笔刷 在“线性减淡”模式下，选择吸取周围较亮的颜色，在水晶的受光边缘和内部来提高水晶的光泽度。

我们经常用色彩缤纷、明艳动人这些词语来形容水晶的美丽质感，可见水晶的颜色是奇异多样的。我们使用喷枪柔边高密度粒状笔刷 ，选用互补色来冲撞视觉效果，使水晶群的色彩更加五彩斑斓。

8. 斑驳杂质

人工合成的水晶或玻璃体可以通过技术来提高纯度使其没有任何杂质感，而自然形成的水晶，内部有多种矿物体，因而形成了很多不明杂质。我们选用带有纹理的笔刷 吸取周围的环境色，通过添加一些杂质来表现自然条件下形成的水晶质感。

9. 最后的调整

选用 Hard 类型笔刷 ，使用画笔“线性减淡”模式，使用吸管工具 （Alt），吸取本身的颜色后用光点点缀水晶最亮的部分。再使用快捷键 Ctrl+M 调出“曲线”对话框，通过调节曲线来加强一些明暗对比，让整个由水晶组成的空间的绚丽感更加强烈。

Computer Keyboard

曲线

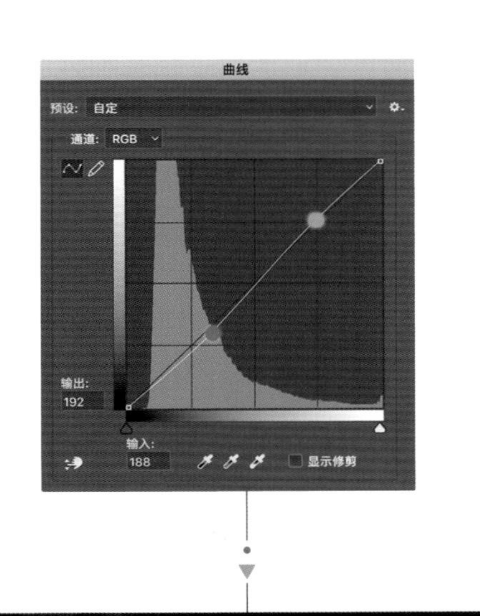

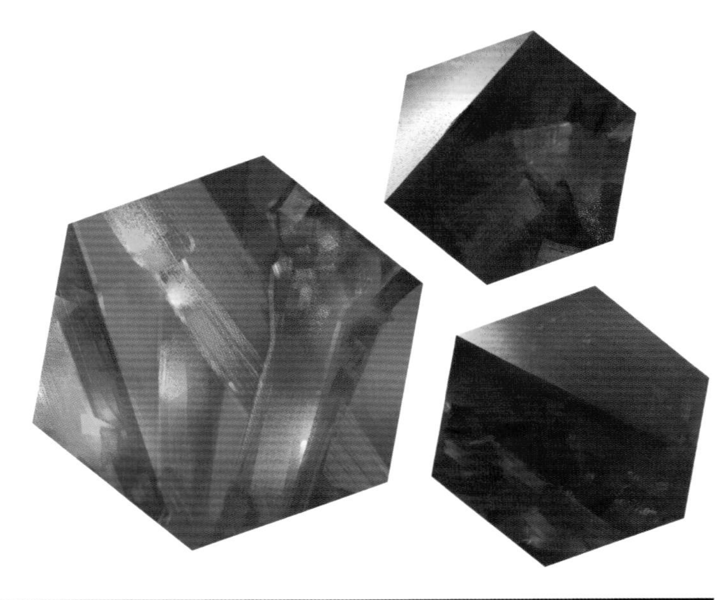

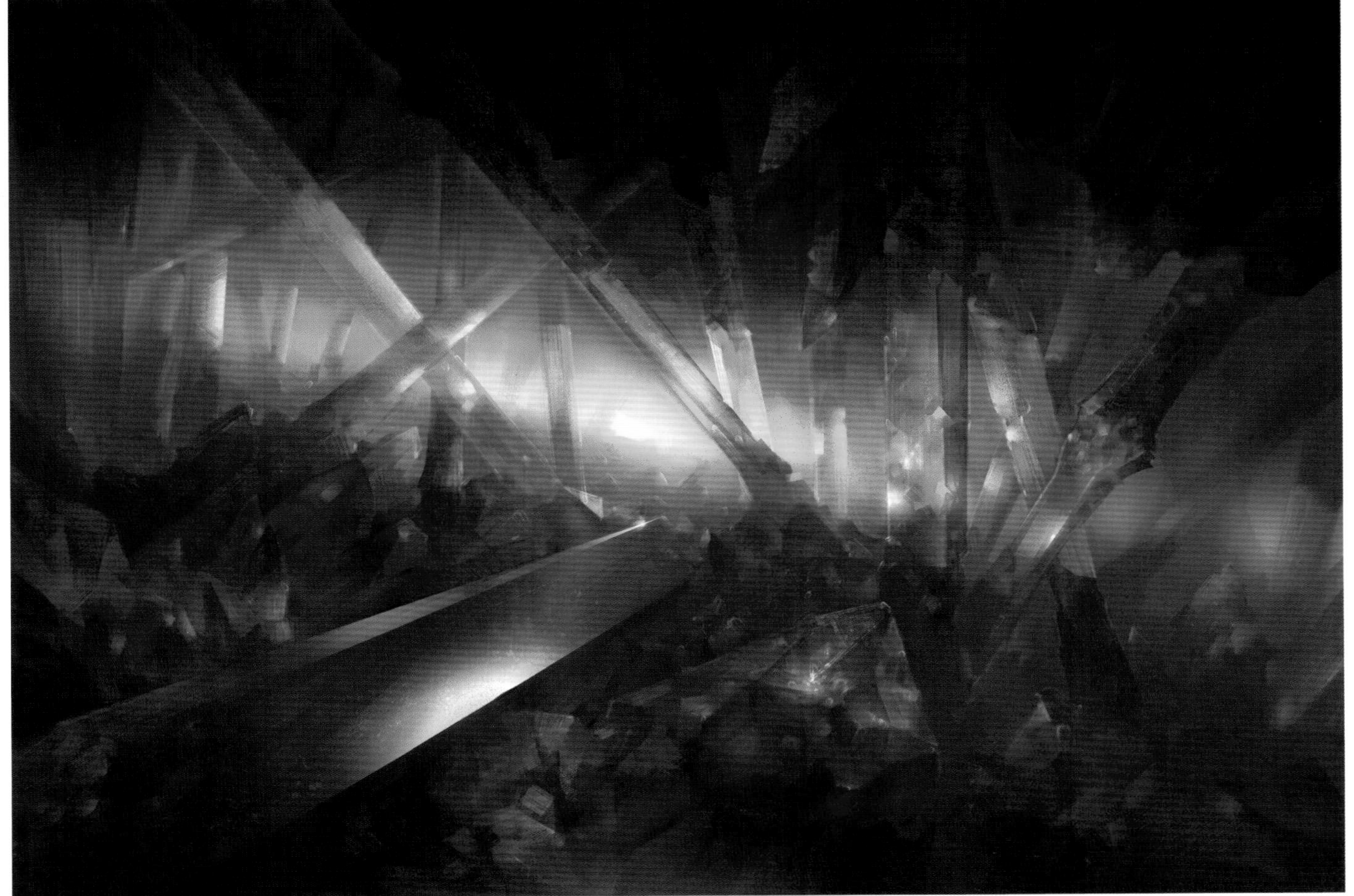

▲ 水晶 • Finish • Photoshop CC

▶ 5.8 岩石画法

岩石是天然形成的矿物集合体，不同的地质环境里，岩石有不同的形状、质量和种类，其随着气候的变化，经风化形成了沟壑，裂缝，颗粒、纹理、光滑、斑驳状。在画作中，岩石和山峰的出镜率都非常高，是必备的场景元素，无论是表现平静美好的画面，还是灾难、毁灭类题材，都需要合理有效地安排这些元素。

5.8.1　岩石的形状和结构概括

1. 选择笔刷建立草图

岩石的纹理感很强，边缘硬朗，可根据所绘制的岩石属性先选择画笔。这款笔刷不仅有强烈的纹理感，缩小笔刷后也可以画出粗旷的线条。选择一个灰冷的颜色，像画速写那样快速勾勒出岩石大致形状的草图，并确定主光源的方向，推理出影子的位置。再将笔刷放大，在背光面区域带入些暗色调和一些斑驳的纹理。

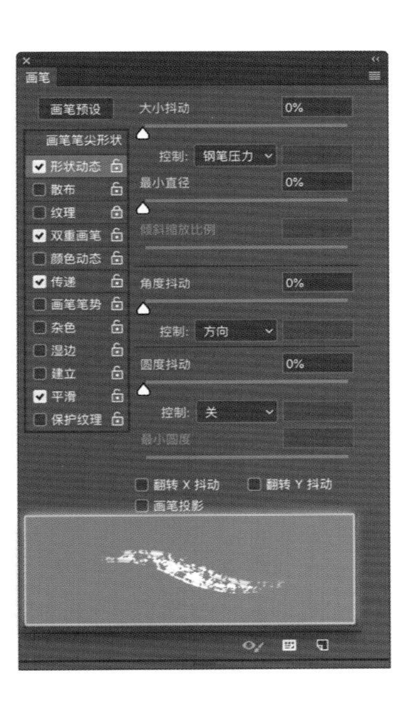

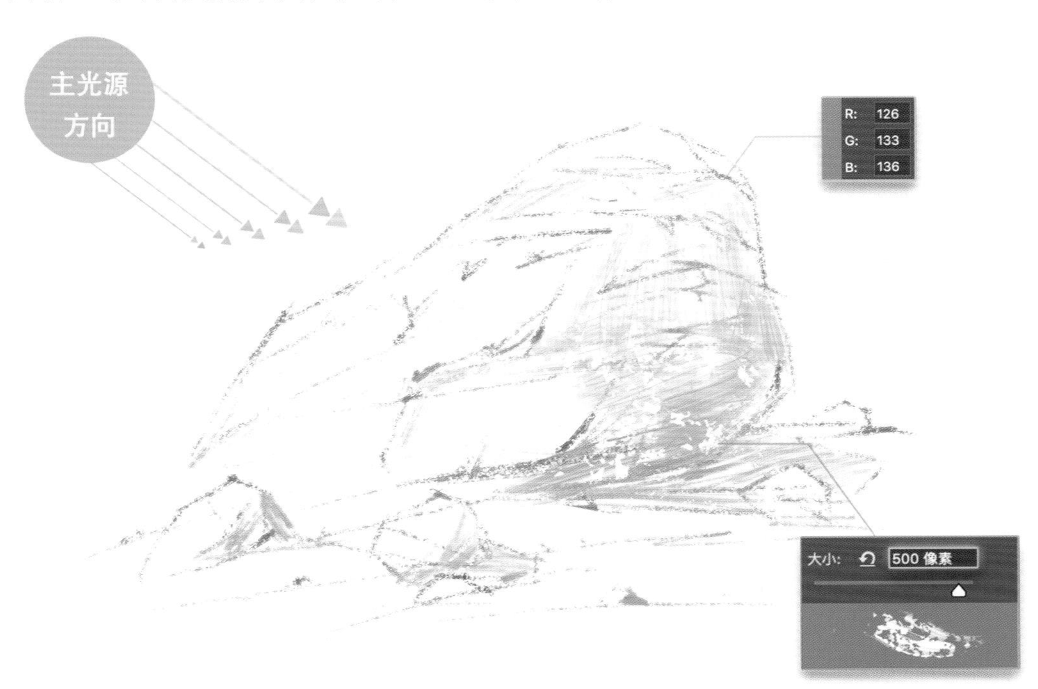

2. 色调与环境

根据环境给岩石一个色调。岩石在沙漠中呈红褐色，在水源附近呈青绿色，并被苔藓包裹覆盖，而在温度适宜的地方根据光照会表现出更多的颜色。我们也可以通过岩石的颜色判断出不同的环境和季节。

干燥环境

潮湿环境

在线稿草图下，使用快捷键Shift+Ctrl+N新建一个图层，使用多边形套索工具 （L）沿着岩石的外形勾勒选区，选择前景色并填充在选区里，我将这里设定为一个中和环境，设定岩石的基本颜色为冷灰色。

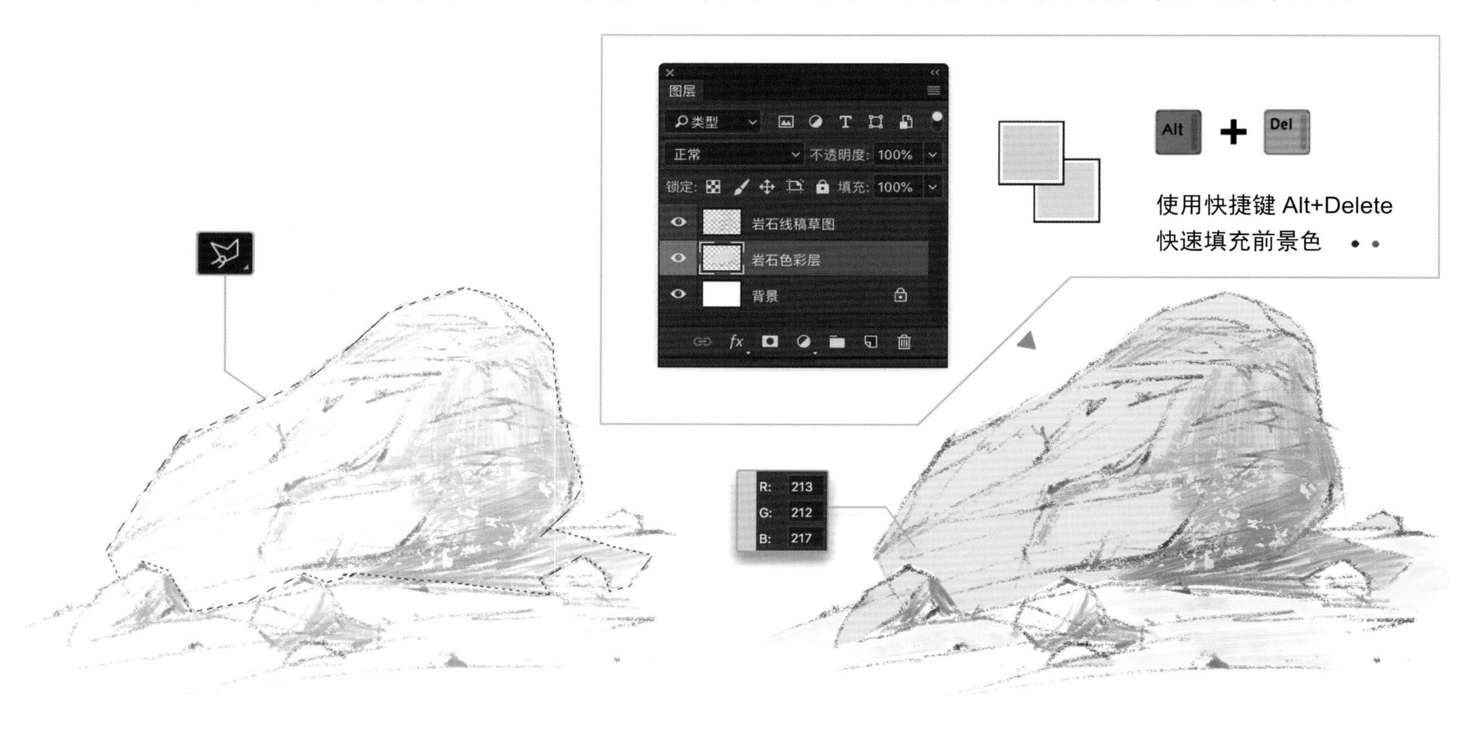

5.8.2 给岩石点颜色

3. 放松笔触粗略上色

在画笔预设中选择带有不规则边缘的笔刷 选择新的颜色，在岩石色彩层上放大笔刷，绘制光照下岩石的裂痕结构。将较重的颜色绘制在背光面，较浅的颜色绘制在受光面，这样就粗略得到一个带有体积感的岩石。继续用这个笔刷在岩石的下面用绿色铺上一层青草的颜色，简单地构建出一个自然环境。

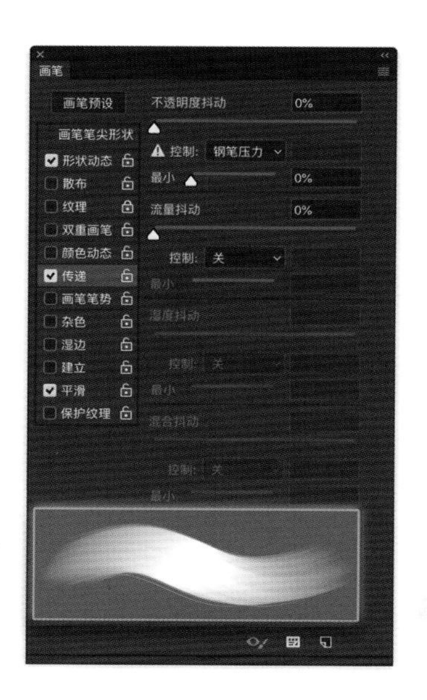

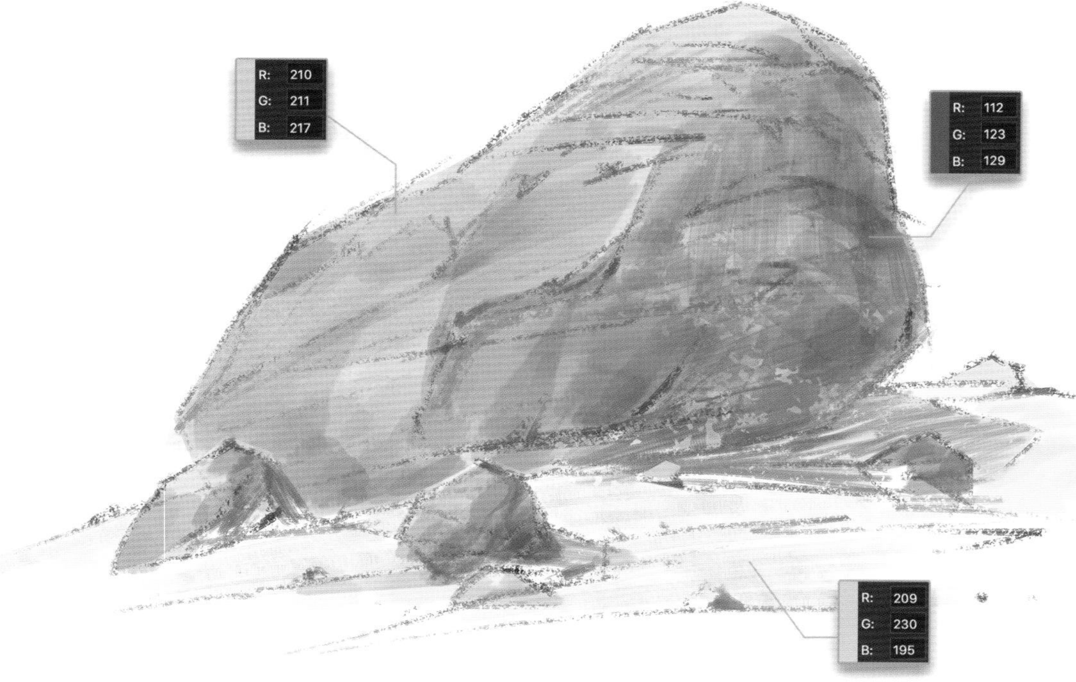

4. 明暗中的颜色

光源方向已经确认，明暗区分后已经有一定的体积感。一般的岩石表面很粗糙，没有很强的反射体现，所呈现出的更多是环境色对它的轻微影响。尤其在草地与岩石的衔接处，更多会被草地的漫反射颜色影响，所以在靠近草地的岩石上带有一些绿颜色信息。这样与暗部的冷色对比之下，将带有红黄信息的颜色表现在较为光滑的受光面上，会显得更立体，贴近真实。

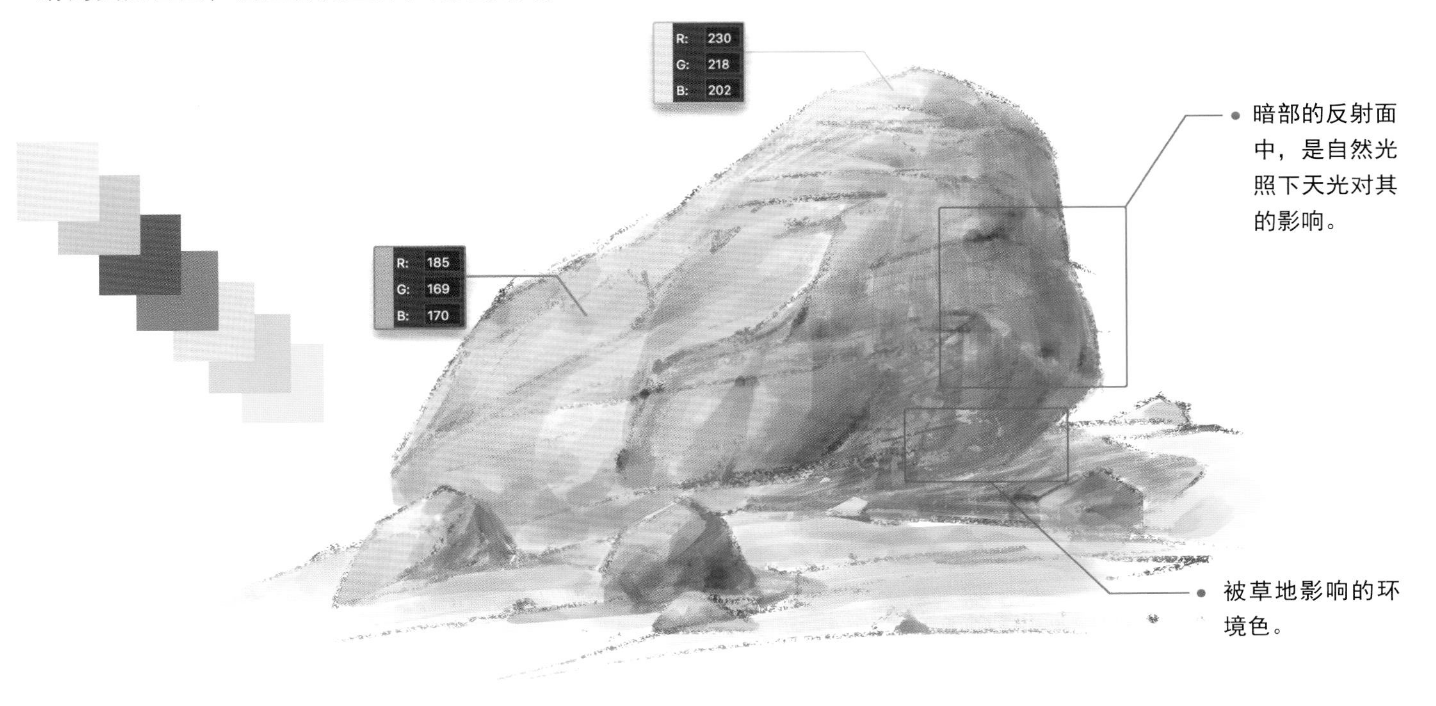

5.8.3　最后调整和总结

5. 曲线对比

使用快捷键 Ctrl+M 调出“曲线”对话框，调节曲线来加强明暗对比，从而让岩石的重量感更强。

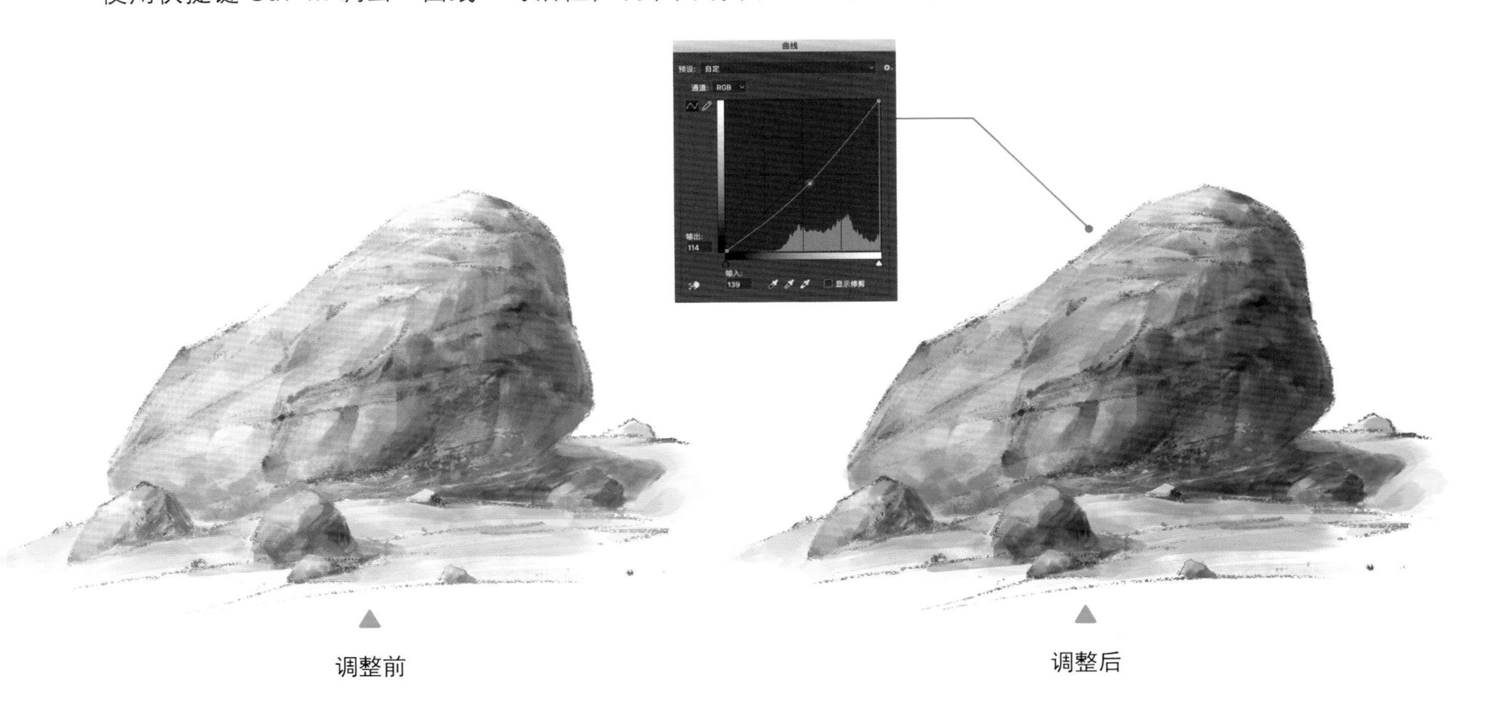

6. 细节润色

使用带有不规则边缘的笔刷 ，使用吸管工具 （Alt），吸取草地上的颜色，在靠近草地的岩石结构部分，加强地面造成的漫反射影响，让草地与岩石衔接得更加紧密。再在缩小笔刷后，吸取周围的颜色，进行岩石裂痕上的细节绘制。在沟壑越深的地方颜色表现越深重，越浅的地方则越弱。当大面积裂痕出现在岩石明暗交界处时，受光面要绘制得光滑一些，否则大量体现裂痕会使整个画面显得很碎且不够整体（虽然感觉细节很多，但会导致体积重量感丢失）。

▲ 岩石 • Finish • Photoshop CC

根据光照对物体的影响，明暗交界处（那里的光线最柔和）最适宜观察和辨认。

• Tips

通过对岩石的理解和分析，用岩石为主要元素来叙述一个故事，也是非常有意思的场景插画练习。

Rock ·
Photoshop CC

▶ 5.9 山峰画法

山峰与岩石关系密切，山峰多由岩石构成，带有一定高度，常以三角形、片状形和刀锋形倾斜耸立。植被茂盛的山峰，寸草不生的山峰，白雪皑皑的山峰，都是不同区域和环境下的山峰形态。在场景表现中，大小不同、形状各异的山峰能组合排列出高地、山谷、盆地等地貌地势，也常以群山组成的庞大山脉烘托画面中的氛围。

5.9.1　创建孤寂的山峰

1. 画布的建立

使用快捷键 Ctrl+N 快速建立一个画布，输入 7261（W）像素 ×4327（H）像素，分辨率为 300 像素 / 英寸，使用横向画布可以表现出更广阔的连绵山脉。

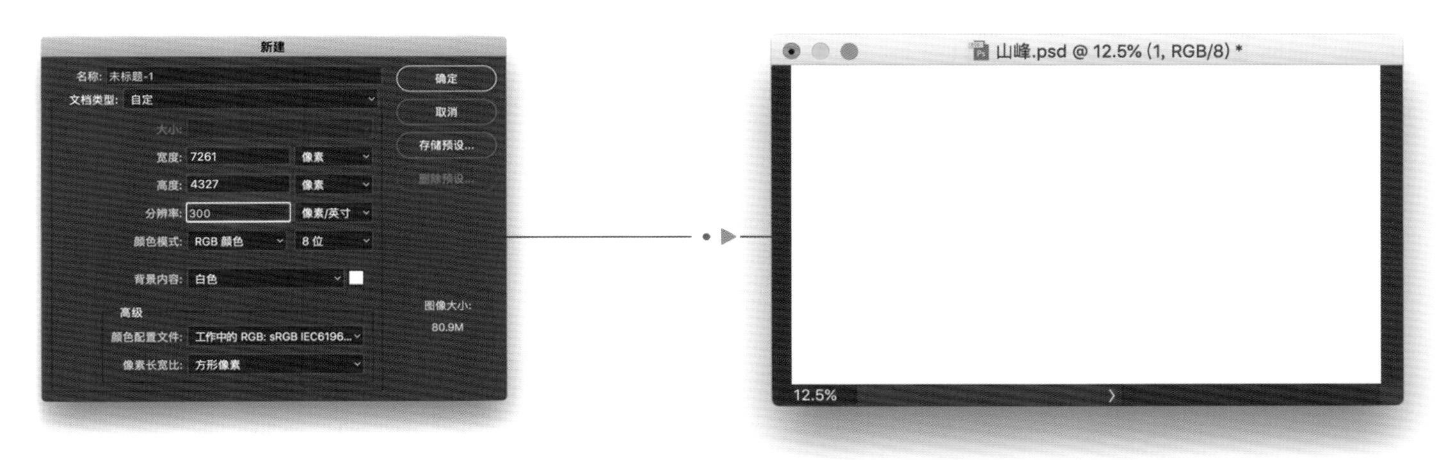

2. 从一个创意开始构图

我小时候认为世界是平面的，天际有尽头，也有海角天涯，总觉得山的另一头就是终点。冒险的旅途像一场梦，翻过一座山后，站在山顶上瞭望，一座座连绵起伏的山后面有更大的山峰。世界很大，有我们从来没有见过的风景。我便是带着这样的心情开始构思这幅画作的。

使用 Hard 类型的笔刷 先在画布上确定地平线的位置，得到视角后，快速地勾勒出我想要的环境元素：天空、云朵、耸立的山峰和广阔的草原。

在草图阶段就要把心中所想全部堆积在画布上。不用太在意形状是否完美，因为草图的目的是确定构图和环境布局，最终颜色会覆盖在草图上然后慢慢地融合在画面里。

Tips

3. 基本着色

在前面的章节，我们分析过自然环境下天空、岩石和草地等元素如何表现。设定好主光源方向后，在线稿图层上，根据元素的软硬属性选择各类笔刷，并放大笔刷，在拾色器中选择颜色后再大面积地铺到相应位置上。

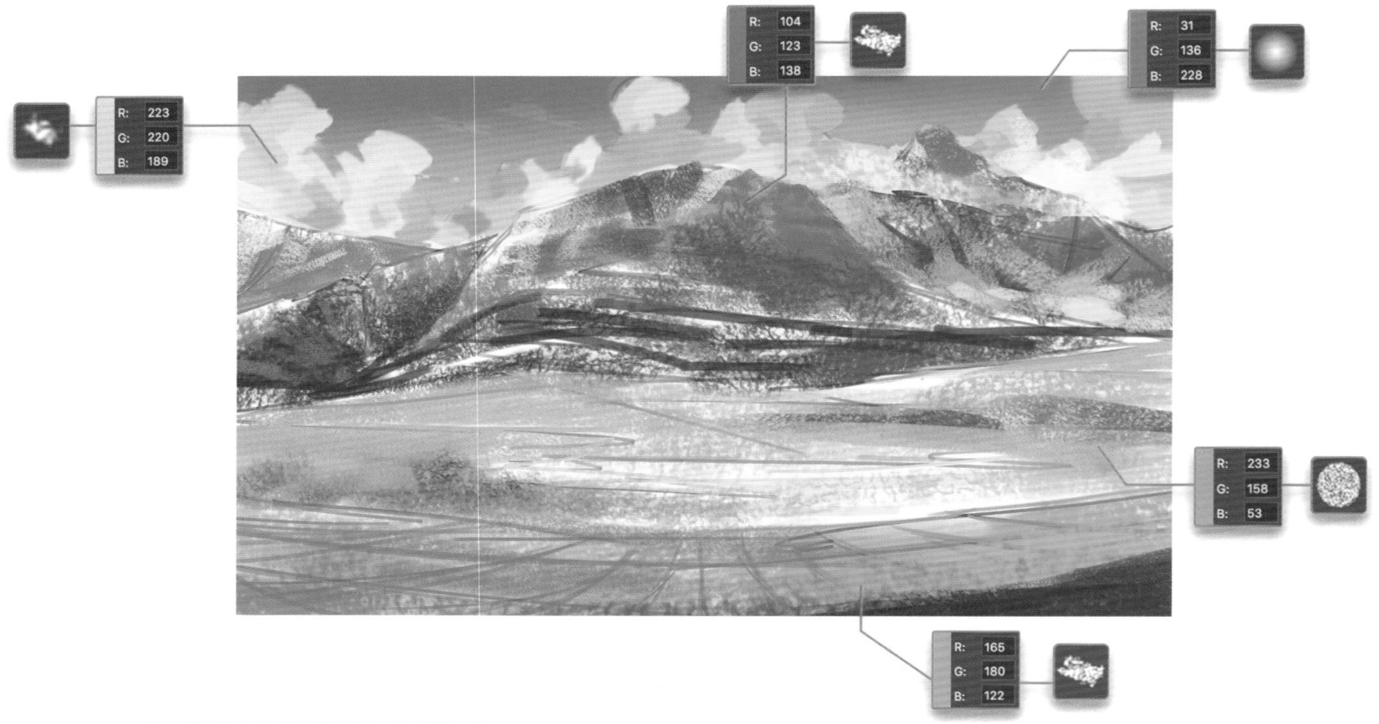

5.9.2 画画过程中的每次推动

4. 不留空白

露出画布的白色会使底色太亮，导致使用的颜色比实际浅，光照感较弱，画面偏灰，对比不强。使用纹理笔刷 将空白的地方铺满颜色，受光面用较亮的颜色，而背光面则用较深的颜色，这样根据大小景别搭建出一个简单的空间，让整个画面更加饱满，体现出光照效果。

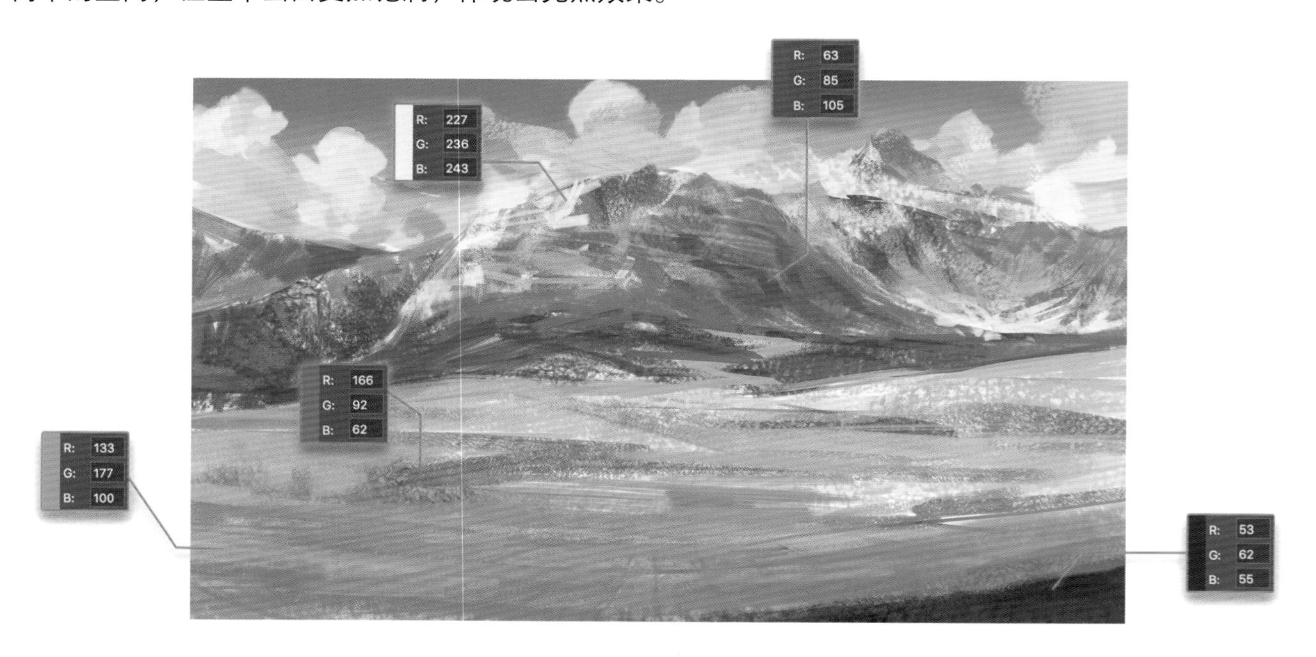

5. 准备整合

山脉起伏，边缘棱角分明，粗糙的纹理层层堆叠，但因为观察者与山峰之间有距离，在透视空间上导致更远山体上的细节模糊不清。暗部因光照不足细节难以辨认，所以将其进行大块融合，形成大面积的明暗色块，这和表现岩石结构相同，先分割出大块，然后在光线最柔和适中的区域细分更多小块，来突出主体山峰，在视觉上产生层次距离感，来延伸空间上的深度。

6. 增加高度

一切想象都建立在现实基础上。在主体山峰上使用 Hard 类型笔刷 使山体形状发生变化，以增加高度，其夸张的造型与周围矮小的山峰做对比，成为画面的主体。

5.9.3 渲染气氛

7. 风化下的纹理

风吹日晒，雨水腐蚀，气候变化使山峰有了岁月的痕迹，在其表面形成了大量的纹理堆积。在分出大中小块面的山体上，使用纹理笔刷 ，缩小，来增强自然环境下山峰的粗糙风化效果。这些细节更多表现在明暗交界处、光线最柔和的地方。

8. 灰白积雪与绿色植被

现在画面表现得更像一个高原环境，远处山峰上有积雪，山下生机盎然。现实中存在这种荒无人烟、浑然天成的地方。使用纹理笔刷 在接近峰顶的区域增加积雪，在地势起伏的山脚下，植被覆盖在山体与地面衔接处，郁郁葱葱。

较高的山体上气温更低，平坦的块面上更容易形成积雪；山体垂直的地方不容易形成积雪堆积。

Tips

9. 注入细节，添加角色

在近景区域细化自然环境下的草地：那些野花野草围绕着大小岩石自由生长；较薄的野草会露出地面的颜色，稀稀落落地向远处蔓延；最后在画面中添加角色，引导联想更多的冒险故事，然后完成山峰画作。

角色绘制步骤 • Step

▲ 山峰 • Finish • Photoshop CC

现在我们来总结一下：目前我们学习了构图、光影、色彩、空间等绘画理论，在实践中对场景中的造型元素和材质也有了更多的理解。其实万物都有它的规律，根据属性和环境，将各种元素组合排列就可以绘制出一幅完整的画面。比如我们掌握了岩石绘制，就可以理解山峰山脉的结构、形态，有时从另一个角度观察山体表面的纹理又很像地表或者其他。类似的属性是共通的，举一反三，反复练习能更好地掌握每一种元素的绘制方法，从而提高画面品质，让画面更加精美。从多角度看问题，会更好地理解问题并找到答案。

软硬路面表现 · ▶

▶ 5.10 建筑画法

在人类文明的历史中，建筑对于文明的发展和社会形态的形成，有着直接的反应和影响。从古至今，从东方到西方，每个阶段、每个地方都会产生独特的建筑风格，体现着政治、文化、宗教、生活习惯等的变迁。

建筑在场景设计中占有十分重要的位置，通过对建筑的了解，有助于我们在场景设计及建筑设计方面开拓思路，以更好地叙述故事，传达环境和人文历史背景，也可以天马行空地描绘出关于未来建筑的遐想。

5.10.1 创建印象中的布拉格

1. 画布建立

使用快捷键 Ctrl+N 快速建立一个画布，输入 5000（W）像素 ×3000（H）像素，分辨率为 300 像素 / 英寸，在拾色器中选择颜色 （R：127，G：117，B：108），并填充在画布上。

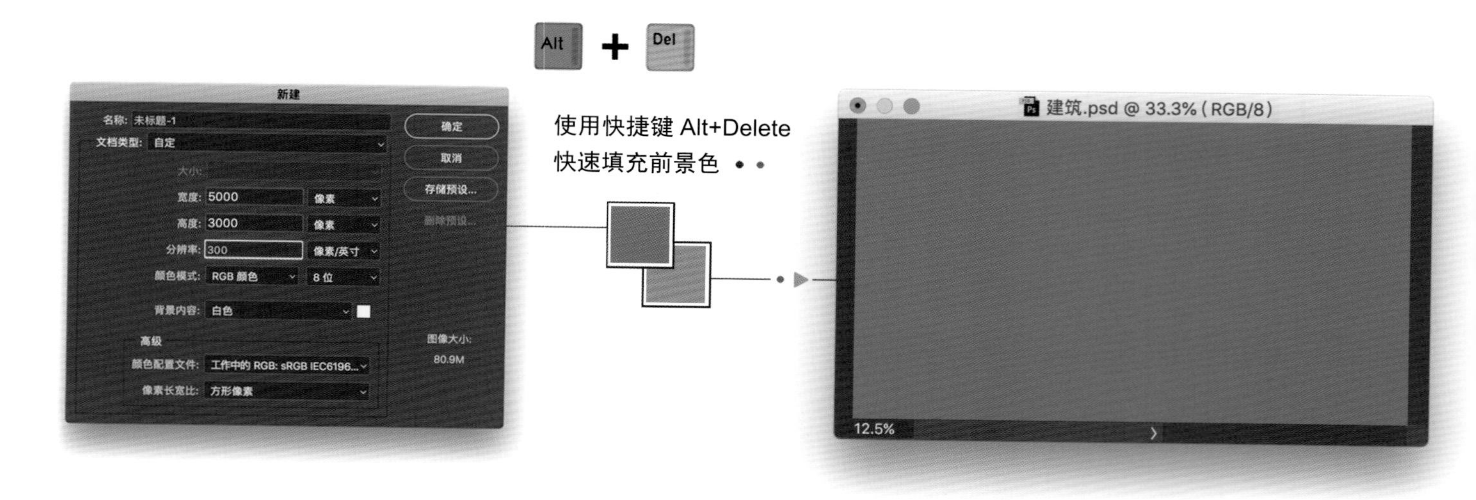

2. 准备从一个夕阳环境开始

选择纹理笔刷 ，在拾色器中选择颜色 （R：88，G：92，B：102），先明确一个视角，然后根据建筑形状快速勾勒出布局草图。

3. 来点阳光

将主光源设定在画面的左边。夕阳西下，阳光斜射下建筑群的大小轮廓开始清晰起来。选用较亮的颜色来表现光照下的建筑，受光面和背光面对比下表现出微微的体积感。

4. 用天空渲染气氛

先用 Soft 笔刷 绘制一个暖色的天空，在云朵稀薄的地方用冷色透出一些天空的颜色，然后使用纹理笔刷 表现出云层间的层次，使其看上去有一些起伏变化。

将一些绿色植物点缀在建筑物之间，来增加生动感。

Tips

5. 房顶上的阳光

夕阳照射下，光线从倾斜的角度进行散射，使用多边形套索工具 （L）推理出建筑投影的方向，勾勒出房顶在阳光照射下的形状区域。使用纹理画笔 选择较亮的暖色，在选区内光照下的橙红屋顶是暖色的，阴影可用大面积的冷色作为主色调，在建筑间形成阴影下的漫反射，明暗冷暖对比，构建出景别层次，进一步体现出空间感。

5.10.2 细化完成

6. 建筑上的窗户

继续使用纹理笔刷 ，根据透视排列，吸取较深的颜色，在建筑上添加更多的窗户结构，以此来增加建筑的细节。

7. 形状提炼

建筑物的边缘硬朗，块面分明，能充分体现光照下的体积效果。纹理笔刷 配合吸管工具 （Alt）吸取周围颜色，开始进行形状提炼，将更多的细节结构体现在中近景区域。

8. 行走在屋顶上的猫

当我站在这个角度欣赏这个城市的美景时，心是安静的，时间过得很慢。一只猫悠闲地在傍晚散步，此景似曾相识，我用画笔将它描绘下来。这就是我印象中的布拉格。

▲ 布拉格 • Finish • Photoshop CC

▶ 5.11 星辰画法

宇宙广阔无垠，在晴朗的夜空下，无数颗星星闪闪烁烁。银河缥缈，仰望浩瀚星空，人们总会产生一种孤独的微小感。这些常用于渲染有梦幻气氛的环境。

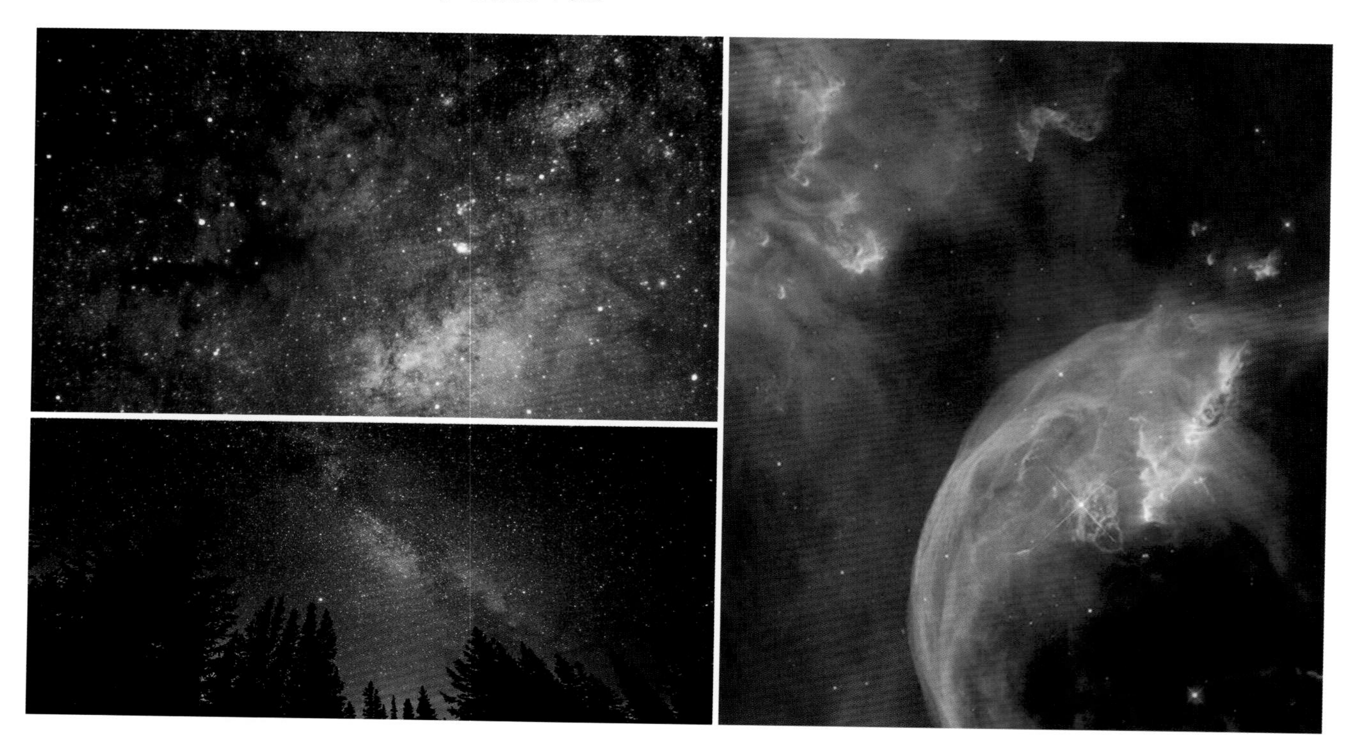

5.11.1 创建幽蓝的星空

1. 画布建立

根据场景设计中展示对象的不同，使用快捷键 Ctrl+N 建立一个画布，输入 5000（W）像素 ×3000（H）像素，分辨率为 300 像素 / 英寸，在拾色器中选择颜色并填充 ■（R：33，G：62，B：83），得到一个横向的夜晚环境。

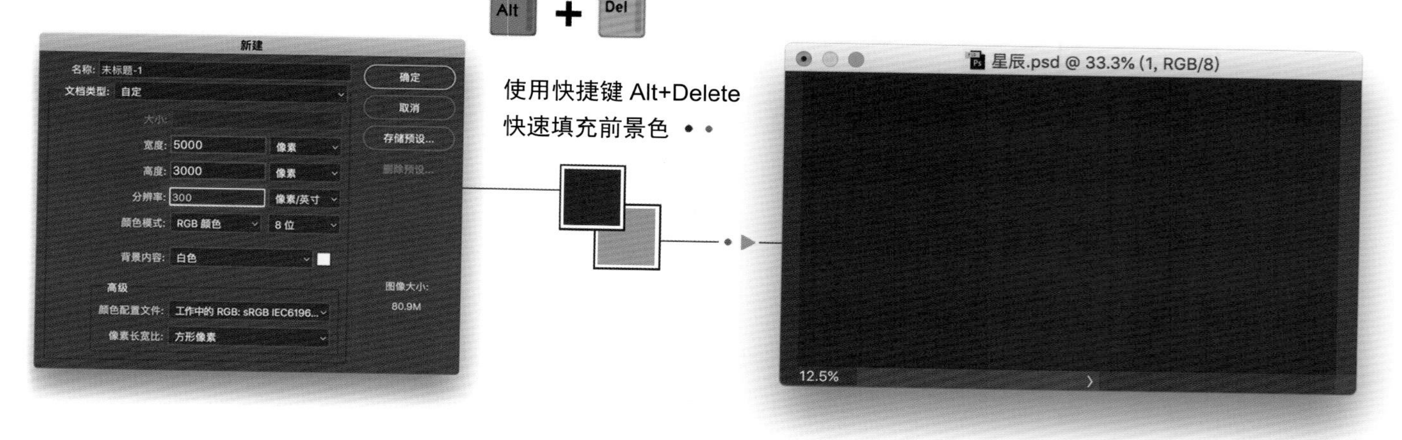

2. 视角

使用带有纹理的笔刷，选择较深的颜色，依然先确定地平线在画布上的位置，得到一个微仰的视角，这样会留出更多空间来表现广阔的夜空。

3. 夜晚的天空

使用 Soft 画笔，选择较深的颜色，加深头顶上方的夜空区域。对比远处靠近地平线的微弱的光，此刻夜晚的天空有一些深度。

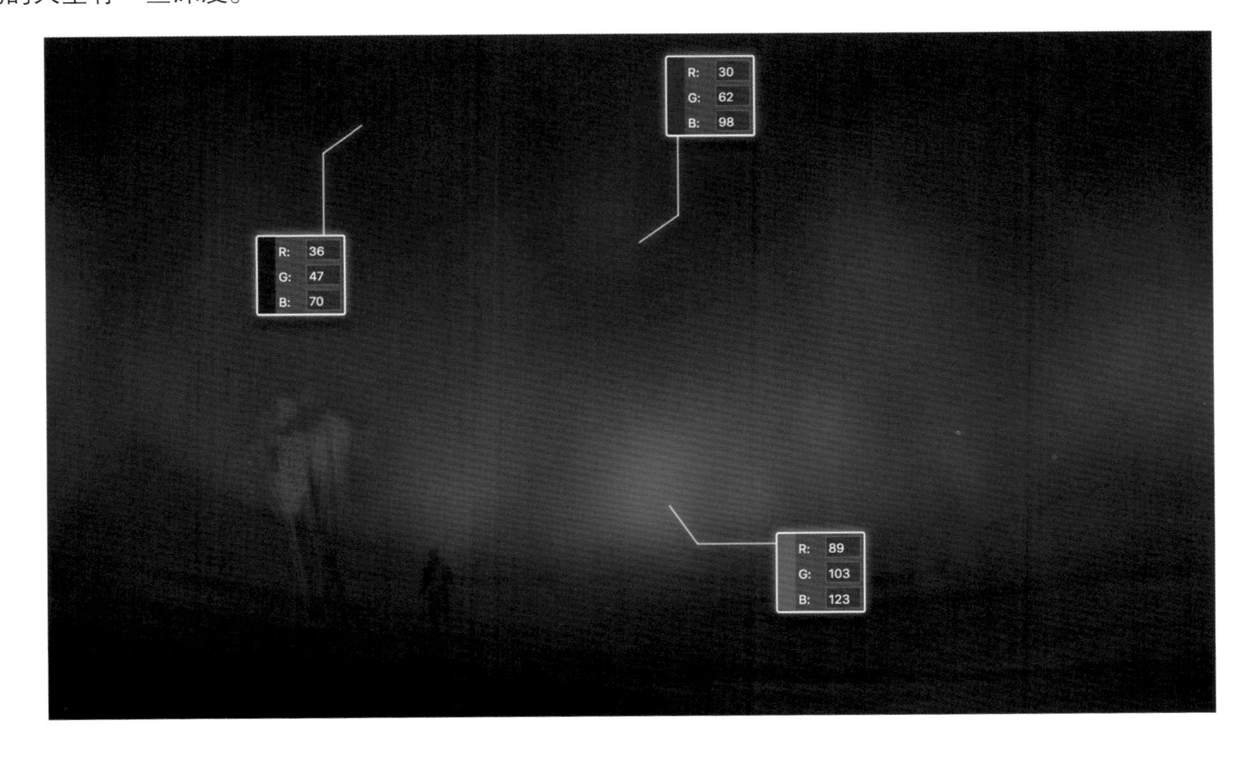

4. 银河

在夜空上绘制一道银河，会给画面带来更好的冲击力。星际尘埃好似一道闪光的纱巾，从下至上，倾斜着划过整个夜空。使用 Soft 画笔 将亮色绘制在前面，深色绘制在后面，如同云层的表现，以得到更多的层次效果。

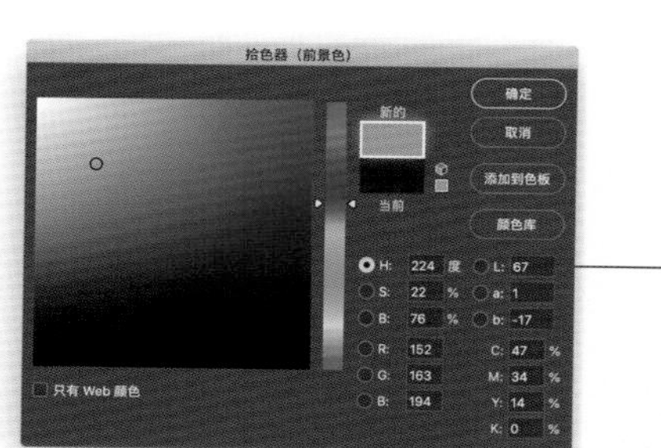

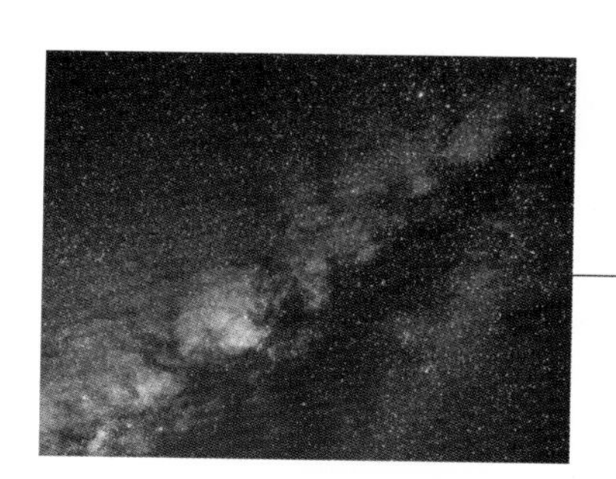

参考星空素材，使用纹理笔刷 描绘银河基本的形状。

在夜空下的地面，描绘出灯火阑珊的气氛，让画面更有意境。

5.11.2　提升星空意境

5. 添加星星

使用柔边圆画笔 在画笔模式下选择“线性减淡”，在拾色器中选择颜色 （R：173，G：187，B：231），将银河中心地带提高亮度，来提升绚丽的效果。参考真实的星空，距离更远的星星显得更小，光芒更微弱，使用点状扩散分布的星辰笔刷 围绕着银河，按大、中、小，添加至少三种明暗层级的星星。

6. 星辰空间

再次观察夜晚的星空，星星密集，数量如此之多，没有明显的透视环境来体现空间和景深，这也是最大的难点。使用柔边圆笔刷 在画笔“线性减淡”模式下吸取颜色 （R：138，G：237，B：255），分别点缀大中小的星星来解决这个层次的问题，大星星亮，小的则弱，明暗强弱对比之下，星辰看上去会更具有空间深度。

7. 星云

最后使用带有纹理的笔刷 ，选用较深的颜色 （R：19，G：26，B：55），在倾斜的银河两端，描绘一些有雾状感的星云，体现更多层次。梦幻般的氛围正是我们想要的。

▲ 星辰 • Finish • Photoshop CC

▶ 5.12 雾气画法

雾气属于一种自然现象，在不同环境里体现出不同的状态。在山谷、森林、高山、河流周围都可以见到带有神秘感的雾气。它很柔软，湿气很重，没有固定的形状、体积，能自由散布在空气中。雾气会使画面更有意境，与光影配合，随着风的动势可呈现出多种造型。雾气弥漫可传达出更多气氛情节。

5.12.1 创建云雾缭绕的场景

1. 建立画布

根据场景布局设计，使用快捷键 Ctrl+N 快速建立一个画布，输入 5000（W）像素 ×3000（H）像素，分辨率为 300 像素 / 英寸，在拾色器中选择颜色（R：118，G：115，B：108），填充后得到一个横向带有环境色的画布。

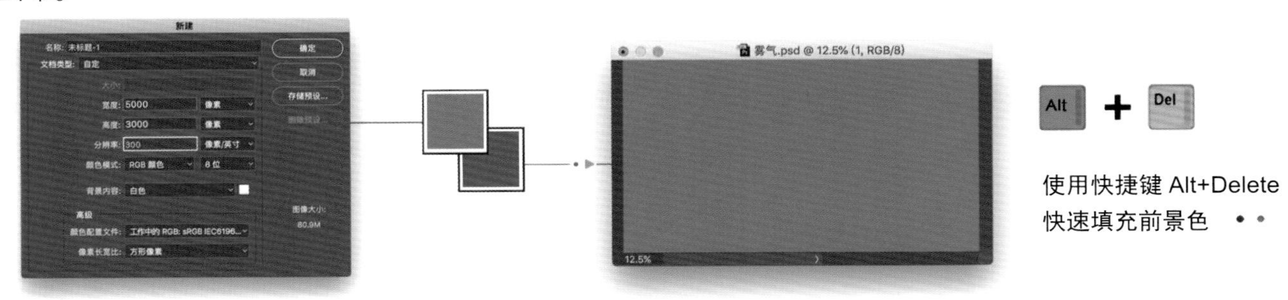

2. 勾勒草图

使用带有纹理的笔刷 ，选择较深的颜色，在自然环境下以俯视的视角开始勾勒地形草图和雾气形状。

3. 时间段

使用 Soft 柔边画笔 ，在“线性减淡”画笔模式下选择颜色 （R：197，G：190，B：172）。我把时间段定在清晨，在潮湿的环境下，水面上有柔光。

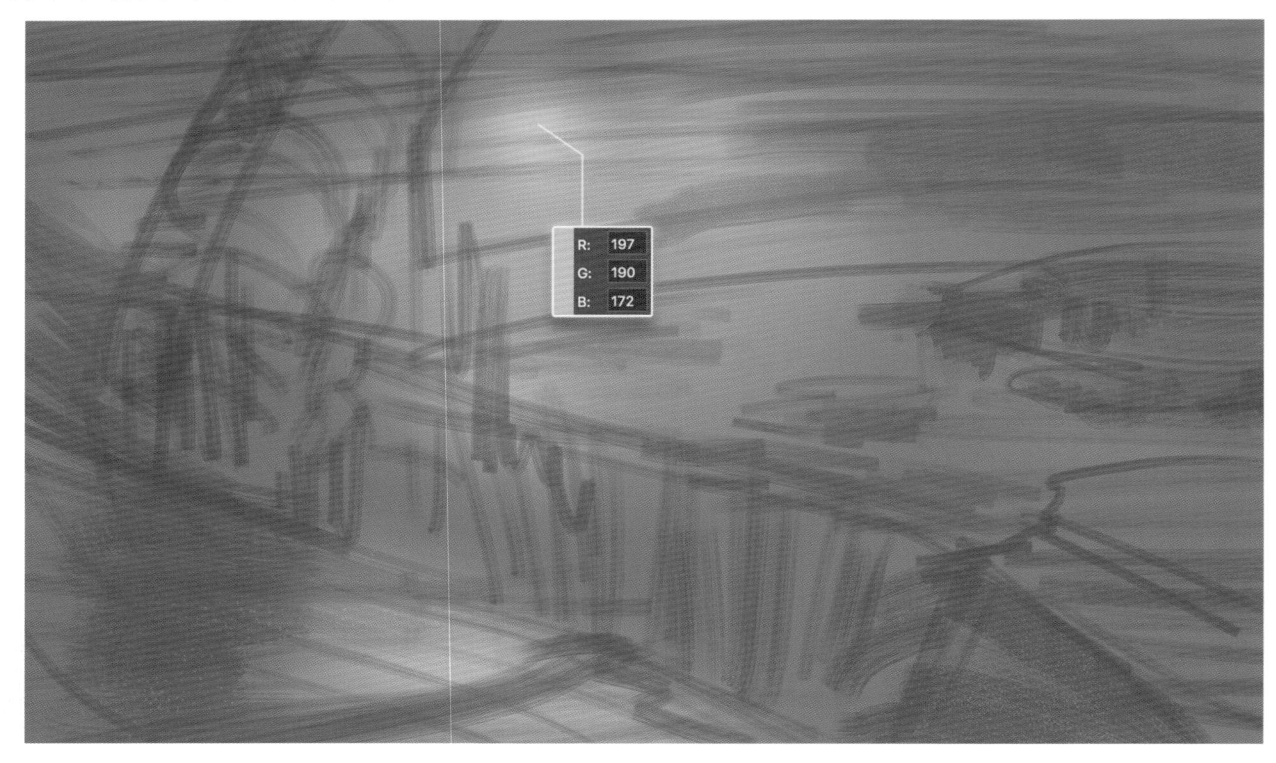

4. 根据环境铺色

水面的阳光反射成为画面最亮的部分，根据清晨的环境，使用“正常”模式下带有纹理的笔刷 开始进一步的大面积铺色。

场景中元素明暗面上，用大色块体现光影气氛，并将草图覆盖。

使用 Soft 柔边画笔。水面上反射的阳光为亮暖色。

在主光源的影响下，浓厚弯曲的雾气形成大块圆柱体形态，具有明显的体积感。在受光面中使用纹理笔刷 描绘光照表现。在中景区域，水流遇到地势断面时，形成垂直向下的瀑布形态。

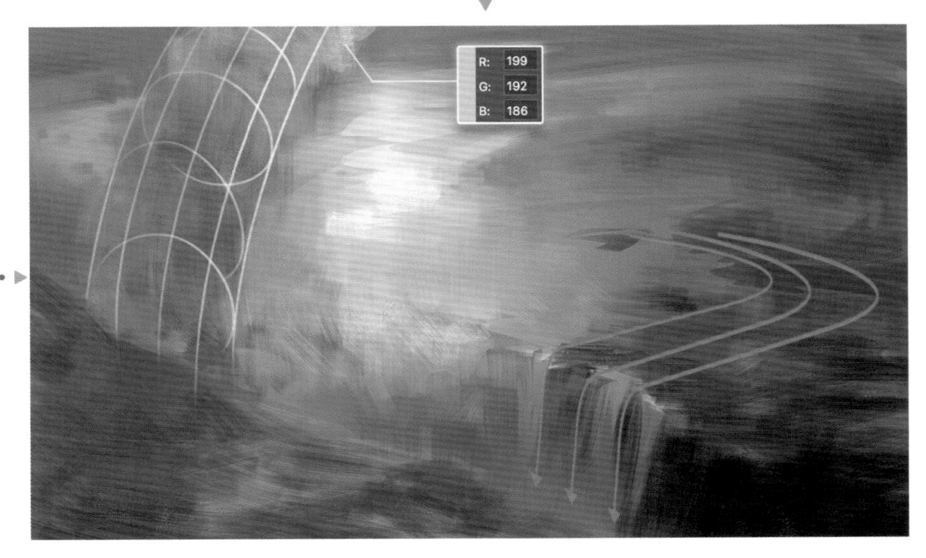

5.12.2 意境表现

5. 地表植物

地势起伏，水面上裸露出一些高低不平的地面，其上生长了许多植物。使用纹理笔刷 增加环境中的植物表现。近景区域植物旺盛，地势坡度向下。感觉上，是观察者站在高处俯看的视角。

在雾气堆积形成弯曲的圆柱形态上，将较亮的环境色添加在反射面，来弱化它的重量感，增加轻柔的飘渺感。

硬化近景山坡边缘，对比中景断面的地形，拉开层次距离。在瀑布背光面处体现更多的冷色。

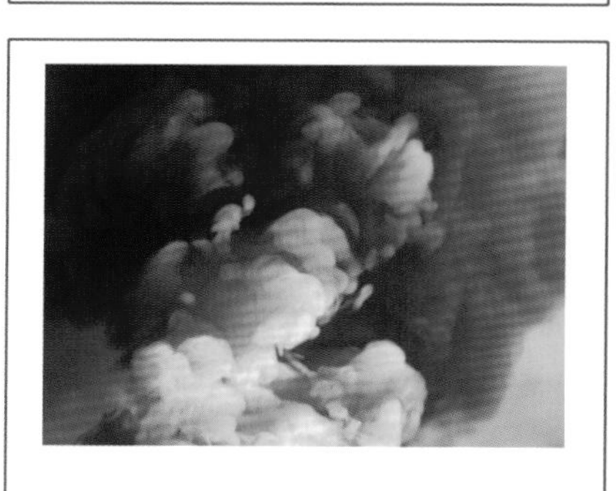

参考烟雾素材，加强光影明暗和色彩冷暖对比，来增加雾气厚度。用柔和的笔刷描绘雾气稀薄的部分，带有纹理的硬笔刷描绘雾气的底部，处理成云状，而雾气处理成团状，彼此造成漫反射效果，体现层次和体积感。

6. 添加飞鸟

清晨，温暖适宜，这是站在高处俯看这个自然环境的状态。在画面中添加展开翅膀轻盈掠过的飞鸟，使画面充满生命气息。最后我们使用涂抹工具 （R）将雾气生硬的边缘进行柔化处理。与众不同的特殊表现，是我对雾气的理解。

▲ 雾气 • Finish • Photoshop CC

在表现飘渺形态元素时，可以直接使用或设置调整烟雾类型的效果笔刷，能自然画出柔软的边缘，提高作画效率，类似这样的笔刷非常实用。不过没有一款笔刷是全能的，还是要根据表现的元素属性来挑选笔刷，分析并考虑清楚再开始下笔，毕竟控制画笔的是我们自己。

• Tips

第6章 气氛主题设计构成

▶ 6.1 环境气氛主题色练习

火红的夕阳，阴郁冰冷的森林，我们经常用语言形容这样的场景气氛，视觉上会产生对冷暖颜色的联想，这是环境中色彩带来的感受。色调是主导气氛的重要因素，能传达出平静、美好、梦幻、恐怖、毁灭、压抑等多种气氛环境。描绘一幅完整的画面，由气氛先来“诉说”，可以依据故事，提炼气氛，再确定主体色调，主色调会占据画作中大部分。加上独特的造型、锦上添花的细节，可以联想并描绘出更多的画面。

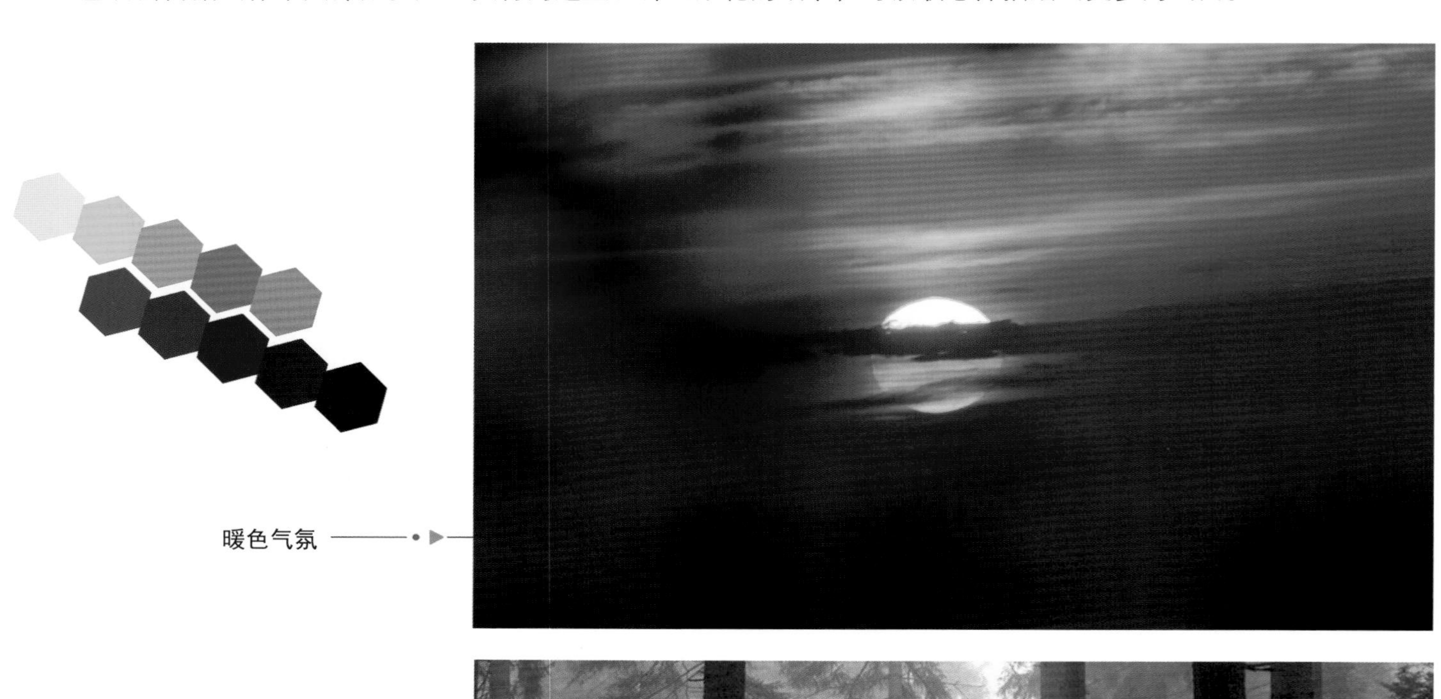

暖色气氛

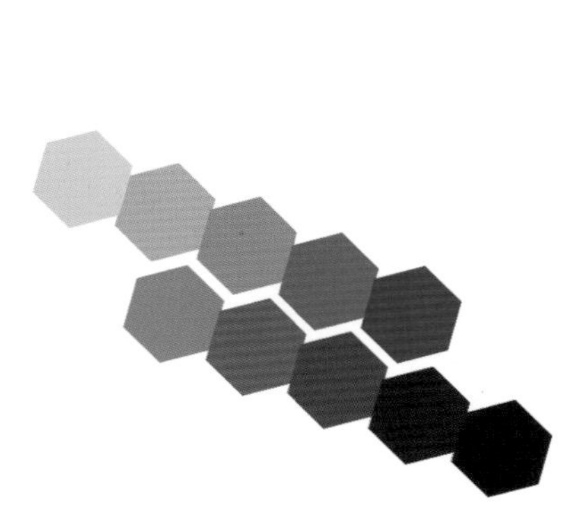

冷色气氛

6.1.1　以暖色主题速涂气氛场景

1. 开始建立日落环境

使用快捷键 Ctrl+N 建立一个画布，输入 5686（W）像素 ×3353（H）像素，分辨率为 300 像素 / 英寸，得到一个横向画布。在拾色器中选择颜色 ■（R：112，G：25，B：16），快速填充在画布上。

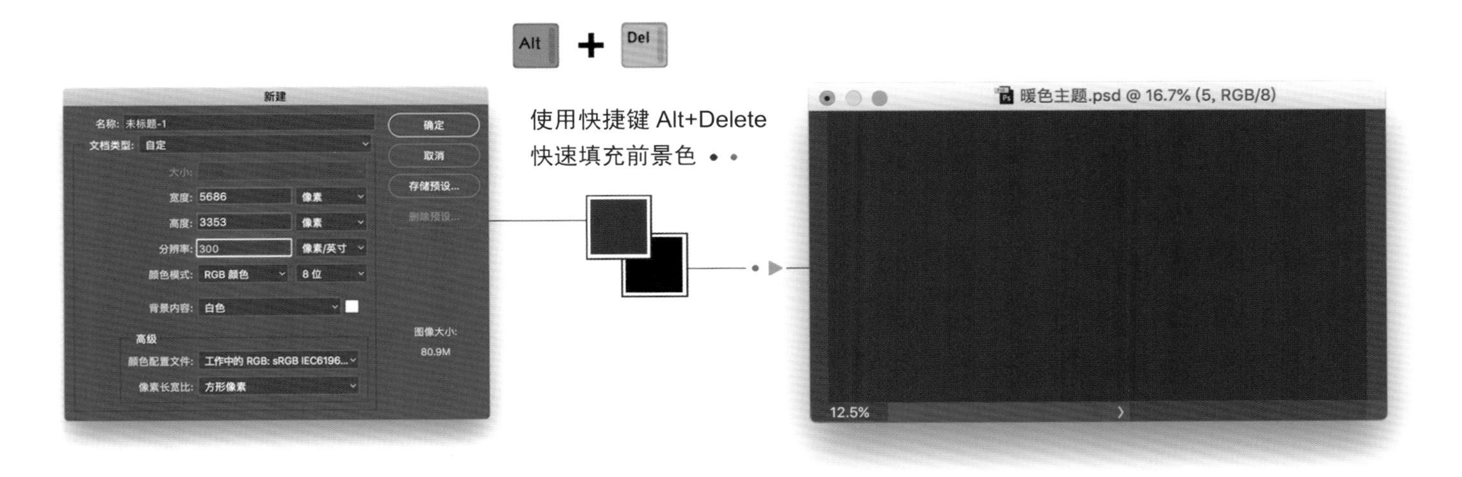

2. 搭建空间

日落环境下会形成近景暗、远景亮的逆光效果，选用 Soft 笔刷，在拾色器中选取颜色 ■（R：28，G：5，B：11），调暗近景和天空部分，初步搭建空间。

3. 建筑剪影

远处为亮背景衬托，逆光角度环境下的建筑呈现大面积的背光暗色，形成多层次的剪影形态。选用 Soft 笔刷 ，在中景区域勾勒建筑轮廓。

4. 昏暗的太阳

将要消失在地平线上的太阳失去了耀眼的光芒，在黑夜来临之前，落日余晖铺满了整个画面。使用椭圆形选框工具 （M），绘制一个处在地平线上的太阳，使用较亮的红色，来渲染它的黯然光辉，在空中从密集到稀疏点缀些飞鸟的行踪。进一步推动环境氛围。

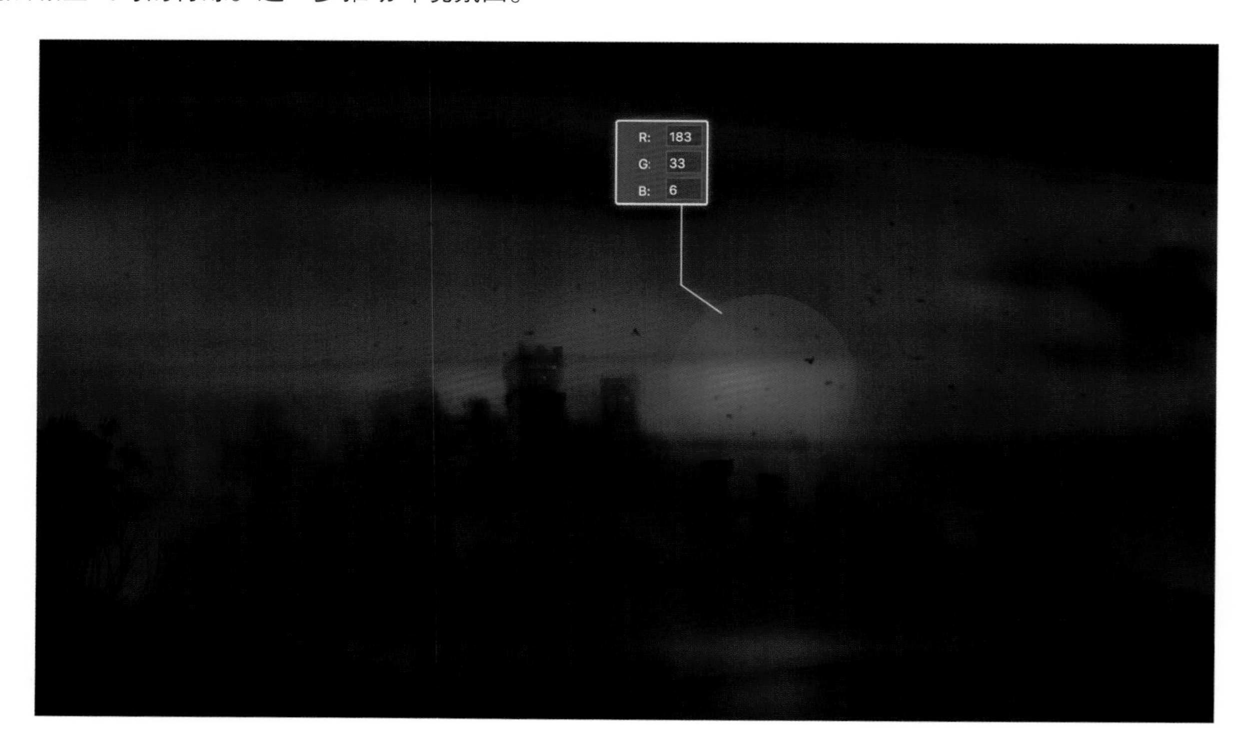

5. 建筑造型

使用带有纹理类型的笔刷 ，配合多边形套索工具 （L），来描绘欧式建筑风格。以欧式建筑为元素，更符合这样的哥特气氛。

6. 光亮点缀

画面中高建筑是权力的象征。使用 Soft 笔刷 ，选择亮暖色，以最高的建筑为中心，向四周以大小光点点缀火把光亮，渲染黑夜来临的气氛。每个人看问题的角度不一样，得到的结果也不同。这样大面积暗红色的环境，使气氛略有些诡异，这些都是设计的开始。根据故事分析环境，把握好主体颜色，就可以更明确快速地打造出完整的气氛场景。

6.1.2 以冷色主题速涂气氛场景

1. 创建黑暗森林

阴霾笼罩下茂密的森林深处显得更加阴暗冰冷。这里植物生长怪异，树下的墓碑述说着故事。我们通过简单的文字叙述，联想一些画面，准备开始构建这幅场景。使用快捷键 Ctrl+N 建立一个画布，输入 6331（W）像素 ×3000（H）像素，分辨率为 300 像素 / 英寸，在拾色器中选择颜色 ■（R：41，G：54，B：71），快速填充在画布上。

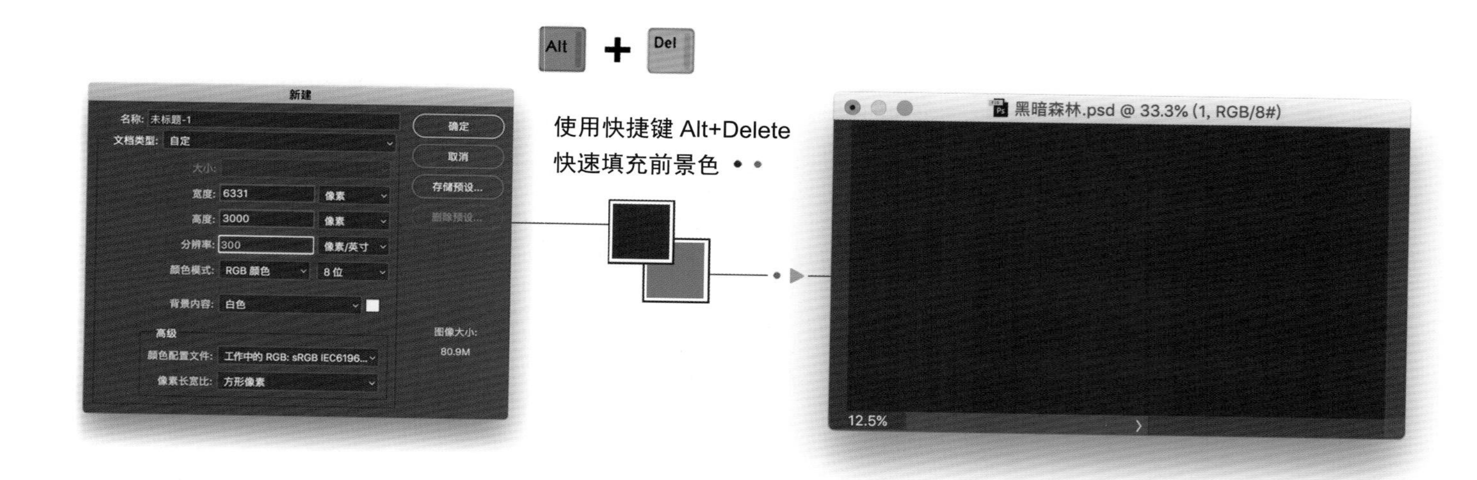

2. 景别上的形状

选用 Soft 笔刷 ，选择颜色，由近至远、由深色至浅色绘制出景别层次，获得空间感。

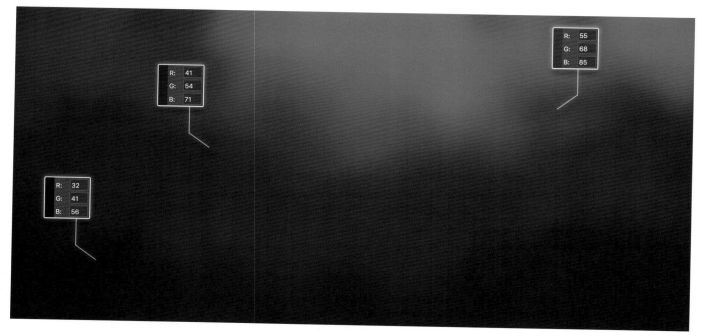

使用吸管工具 (Alt) 吸取中景颜色，勾勒出几个树干形状。在画面右边，用同样的方式绘制近景里轮廓弯曲的树干。

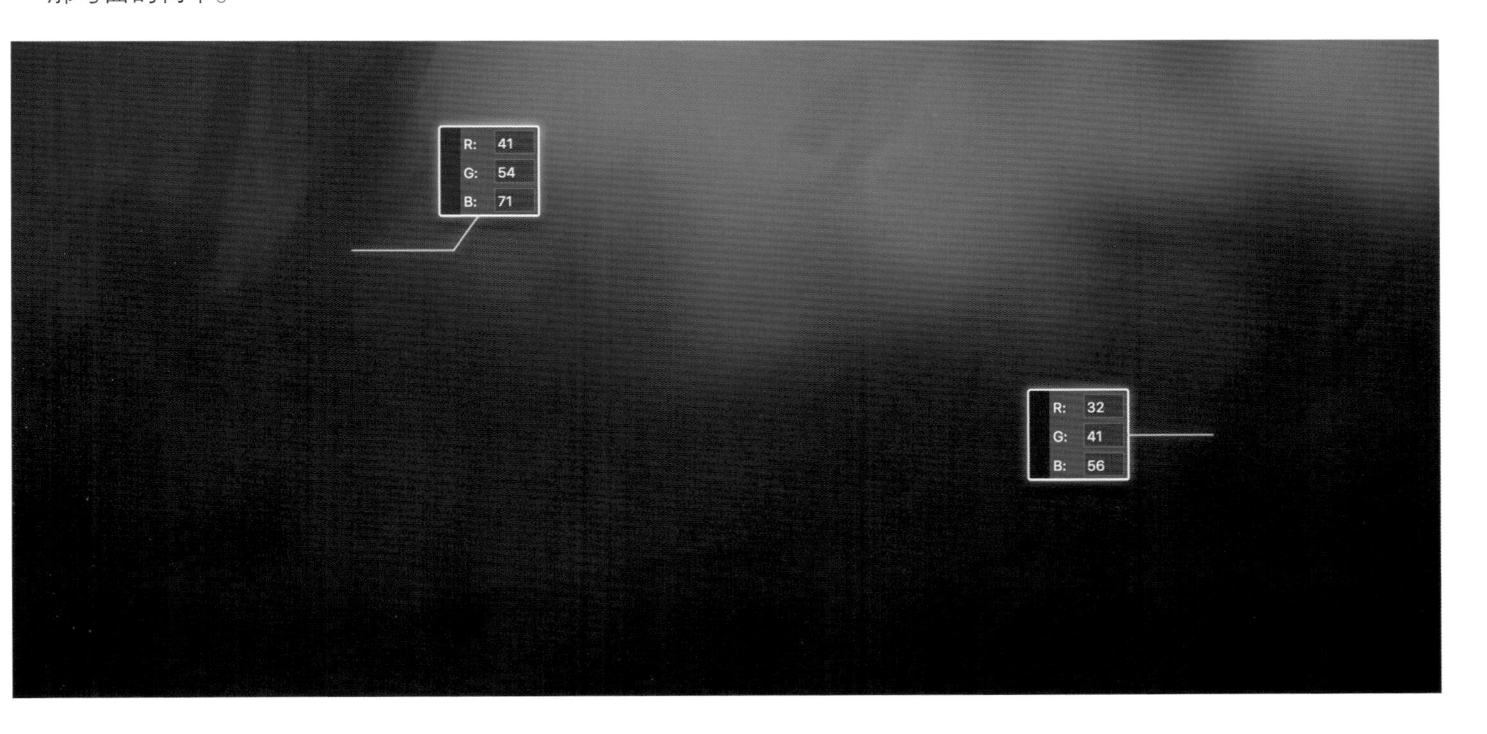

3. 元素造型

使用边缘较硬的笔刷 ，吸取近景区域的深色，绘制一个斜倒在地面上的挺直树干。这里比较宽阔，感觉上有呼吸感，也会让空间更深远一些。枝杈交错纠缠在暴露出的树根上，勾勒出几个墓碑的形状来渲染这个阴森的环境，地面塌陷使墓碑歪斜重叠。

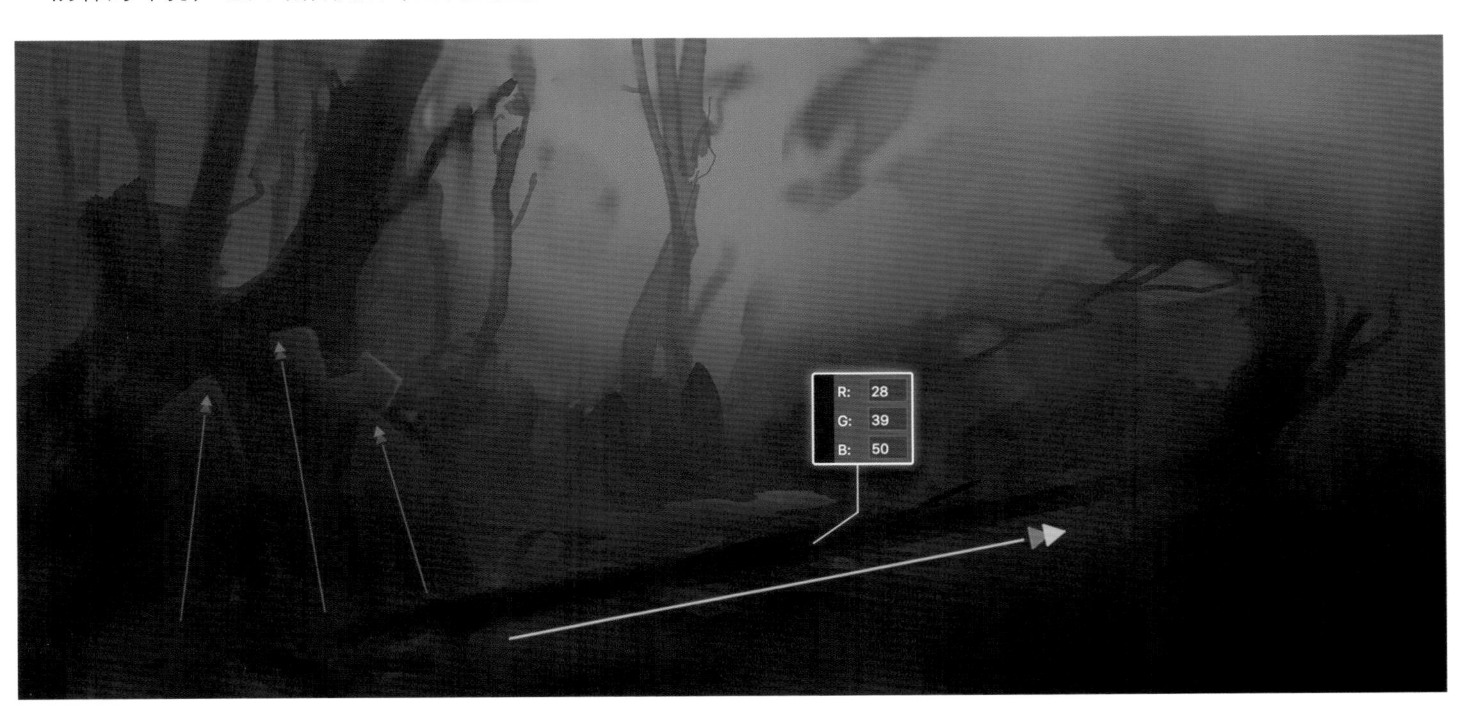

4. 光照对比

将光源设定在画面的右上方，阴霾遮挡了强烈的阳光，森林中的雾气厚重，虽然有光但阴冷昏暗。根据光源方向，加深每层景别上造型元素的颜色，体现出光照范围下的明暗过渡。

▲ 调整前

使用快捷键Ctrl+M快速调出“曲线”对话框，调节控制点，使画面对比更强烈，气氛更阴冷。

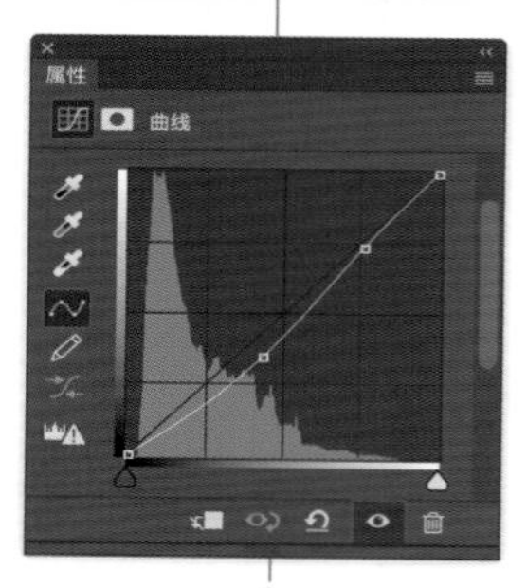

Computer Keyboard

+

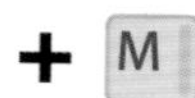

曲线

▲ 调整后

5. 意境下的形状提炼

目前环境已经达到了阴暗的气氛，但昏暗空间里每个元素形状还是模糊不清，看上去有些凌乱。选择使用笔刷，调整造型，在景别上对较为模糊的元素的形状进行修整，将迎着光源方向零碎的元素进行整合。

6. 开始注入细节

继续使用边缘较硬的笔刷，在基础形状上修改边缘硬朗的墓碑，进一步提高精度和体积感。树木间，树枝彼此密集交错。可在地面上斜倒的树干上绘制些青绿色的苔藓植被，再绘制些被腐蚀的树根和其缝隙间流动的溪水，通过这些来丰富幽暗的自然环境。

7. 增加质感、光亮

先使用边缘较硬的笔刷 吸取环境中的颜色，增加每个元素的质感表现。再选用 Soft 笔刷 ，选择画笔“线性减淡”模式，选择颜色 （R：102，G：133，B：197），在画面中心靠近地平线的区域描绘出潺潺流水和倒映的树影，水面反射着亮光。反复检查调整光影、空间、色彩和质感后，完成以冷色为主体颜色的速涂气氛场景。

▲ 黑暗森林 • Finish • Photoshop CS5

▶ 6.2　黑白光影构图练习

在黑白的调子里只有黑与白之间的灰度明暗变化。色调上的对比呈现出深浅不同的灰度。对比复杂的色彩，黑白画作里没有色差，造型清晰明确，对比强烈，简洁直接。通过练习一些黑白气氛图，能更好地把握造型、光影、体积、纹理、空间感，然后去理解色彩。

1. 从一个灰色画布开始

使用快捷键 Ctrl+N 建立一个画布，输入 7908（W）像素 ×4105（H）像素，分辨率为 300 像素 / 英寸，在拾色器中选择颜色 （R：210，G：210，B：210），快速填充在画布上。灰色的画布给人很柔和的感觉，更像纸上的速写。

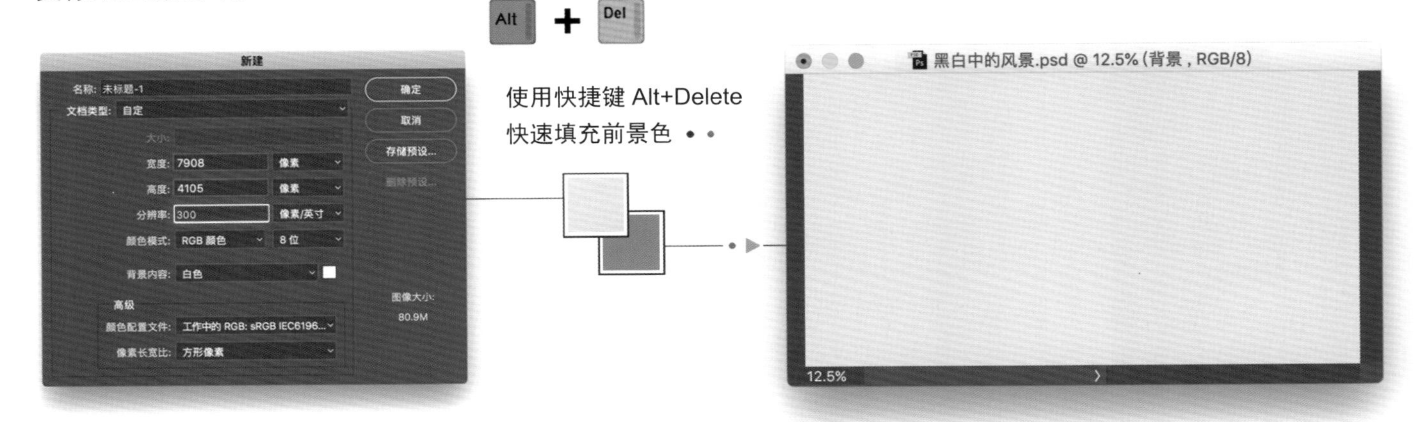

2. 快速勾勒出所想画面

每一个地方，每一个国家，从天气到环境，从地貌到建筑风格，都有属于自己文化和地域的特征。旅行中可以多留意美丽的风景，这样可以加深我们对场景的理解。我们可以通过参考收集的资料图片，加入一些自己的想象，来描绘出心中的美好。

选用 Hard 类型的笔刷 ，在画笔设置面板中将“形状动态”和“传递”全部勾选，同时开启“钢笔压力”，这样画出的线条会有粗细和强弱的变化。使用快捷键 Shift+Ctrl+N 新建一个图层，在画布上定位视角，然后勾勒出场景中的元素形状。这是由山体、岩石、植物、海水、建筑和天空中的大型体积云组成的自然环境，由于草图最终会被覆盖，所以在草图阶段以布局为主快速构图。

3. 黑白灰调

在背景层上，使用 Soft 笔刷 ，将笔刷放大，关闭“形状动态”，只勾选“传递”，用地平线先将天空与海面按灰色过渡进行分割，近景暗，远景亮，获得深度感。

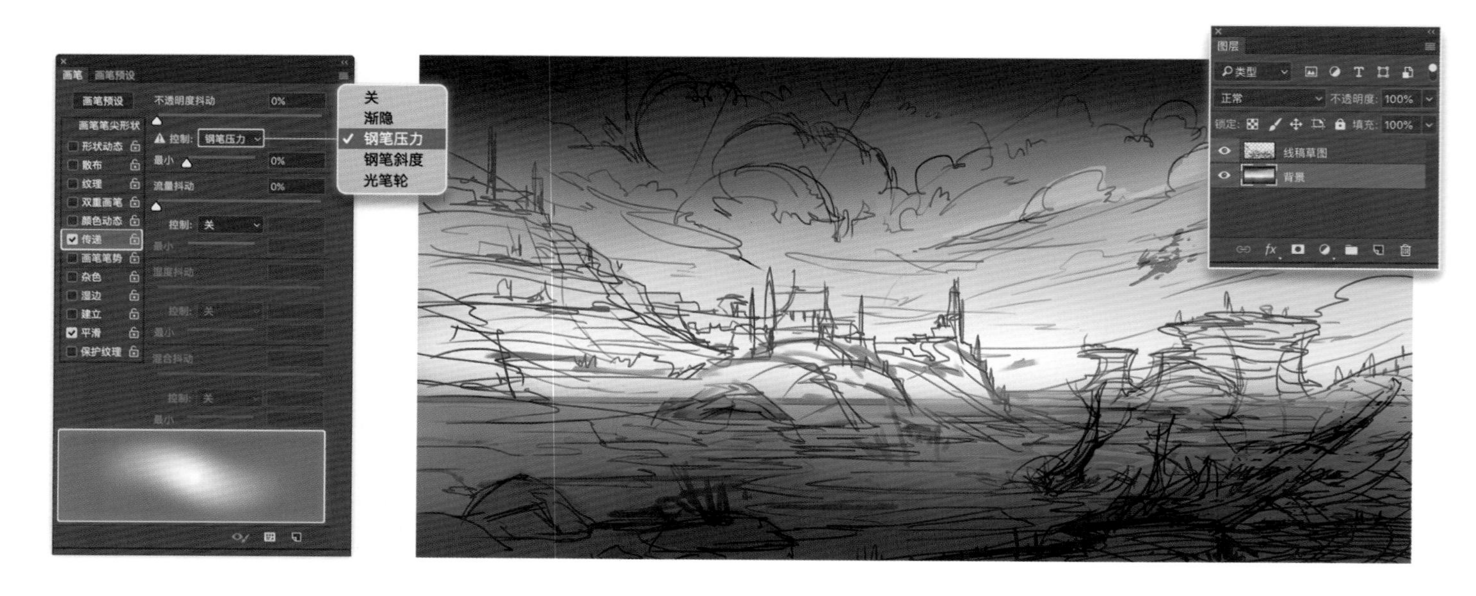

继续在背景层上，使用多边形套索工具 （L），在景别划分区域内，按草图大致勾勒出元素形状。选用 Soft 笔刷 ，选取深灰色，从近至远，由深至浅，将元素形状以黑白灰调呈现，建立层次，形成空间。

4. 架设光影

将主光源设定在画面的左上方，在线稿草图上使用快捷键 Shift+Ctrl+N 新建一个图层，使用可以快速铺出块面效果的扁平类型笔刷 根据光源方向，绘制出主要造型元素的受光面和背光面，并描绘出影子的投射方向，开始覆盖草图。

5. 修改调整形状造型

根据前面章节所了解到的元素绘制材质的表现，通过分析自然环境下元素的软硬属性来选择笔刷，将云、岩石、山体、植物、建筑、水面等元素依次进行造型整理，调整透视。光照下明暗分割后有了进一步的体积感。此时覆盖线稿草图 90%。

6. 完全覆盖

反复检查没有构图问题后，选择全部图层，按 Ctrl+E 快捷键将图层全部合并。合并后使用笔刷 ，100% 放大画面并缩小笔刷，在景别划分上，将每个元素进行轮廓提炼，用来提高画面清晰度。配合使用涂抹工具 （R），将带有光滑质感的物体依次进行柔和过渡，最后将草图完全覆盖。明暗对比体现出强烈的光照，这样以黑白色调建立的场景就暂时完成了。下面就可以准备以图层模式和笔刷模式配合上色了。

▶ 6.3 从黑白到彩色

色彩不仅能给视觉上带来美感，更能烘托气氛并与情感建立密切联系。通过色彩可以看到人们的内心世界。这感觉很像倾听一首自己喜欢的旋律时所产生的情绪波动。在数码绘画设计中，Photoshop 的图层混合模式会给我们带来很多惊喜。在黑白气氛图的基础上，不同的颜色、不同的模式都会混合出千变万化的效果。最终我们找到一个满意的色调感觉，然后将其继续拓展直到表达出满意的画面。

色彩中的风景

1. 图层叠加模式

在 Photoshop 中调取这张黑白气氛场景后，利用快捷键 Shift+Ctrl+N 新建一个图层（可以取名为“色彩叠加图层”）。在图层模式下选择“叠加”模式，使用 Soft 笔刷 分别将“不透明度”和“流量”调节到 85% 和 80%，在拾色器中选择蓝色给天空铺色，绿色为山体，以这样的方式将场景中每个元素以固有色 + 环境色的方式进行大面积铺色。这样在“叠加”模式下快速营造出带有基本色调的自然环境，可以打造一个明亮的晴朗天气。

2. 第一次渲染意境

利用快捷键 Shift+Ctrl+N 再新建一个图层，这个图层是“正常”模式下的图层。继续使用 Soft 笔刷 用新的颜色来覆盖叠加图层上较暗的区域，进一步渲染晴天环境中明快的颜色气氛。再以大量的环境色调整水面颜色，提升和渲染蓝色天空下的颜色。

3. 提炼建筑造型结构，体现光照

根据元素的软硬属性选择使用笔刷，用亮色来提高每个元素上的受光面部分，与暗部对比体现出强烈的光照，冷暖区分下获得更多色彩上的立体感。

在山体上添加一些植物植被，丰富自然景观。提炼建筑结构，精确边缘，拉开彼此间的层次，使其产生更强的空间深度。

4. 画笔模式加强光亮

继续使用 Soft 笔刷 ，在画笔模式下选择“线性减淡”模式，提高近景区域内水面上的光感表现，让水面更柔亮。在画面右边的大面积阴影下，倾斜的树木因周围潮湿的环境，更多体现为冷色；苔藓植被包裹着蜿蜒的树干，在强光直射下的部分郁郁葱葱。

5. 第二次提升意境

画笔选择“正常”模式，来进行第二次意境渲染。调整远景区域天空的色彩，隐约露出的浅蓝色会让空间延伸得更远一些。缩小山体上的树木，来突出建筑群。在云端添加一些暗色的乌云，以渲染环境中变化无常的天气。这样以黑白气氛图为基础，图层叠加模式为最初的色彩基调，经正常图层在中后期进行整合覆盖后，从黑白到彩色的风景图就完成了。

▶ 6.4　风的动势

风是由空气流动引起的一种自然现象。在北方的春天，野花随风舞动，树枝摇曳，风掠过的地方总会带起一些轻盈的东西，飘飘散散，伴着风声。飘动的旗子、晾衣绳上的衣服、凌乱的头发都是描绘风时会出现的元素。

在绘画设计表现中，在静止的画面通过飘荡在空中的碎小物品，就可以表达出风的动势。半空中的物品越是飞舞、模糊、破碎，越说明风力强劲。通过飘散物的飘荡方向，就能感知到风来自哪里。飘动的感觉会给场景带来更多的氛围。

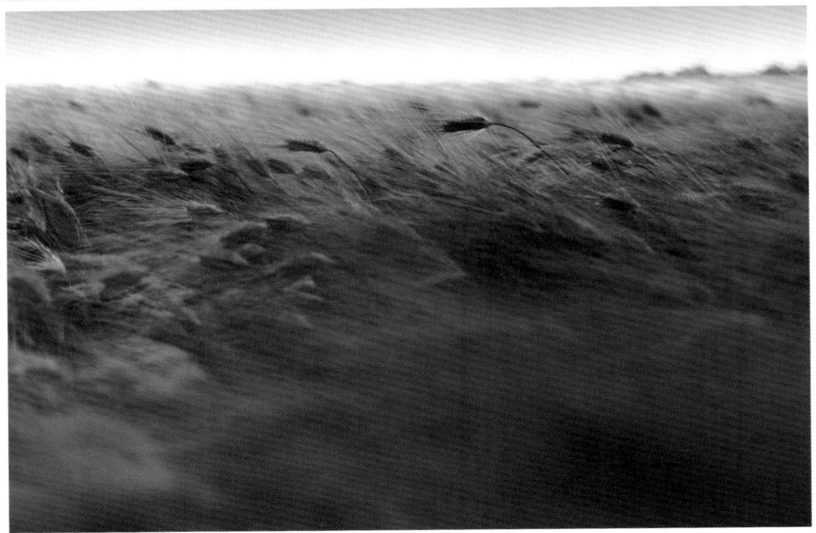

创建风

1. 建立画布

使用快捷键 Ctrl+N 建立一个画布，输入 6781（W）像素 ×4500（H）像素，分辨率为 300 像素 / 英寸，在拾色器中选择颜色 （R：151，G：164，B：180），快速填充在画布上。

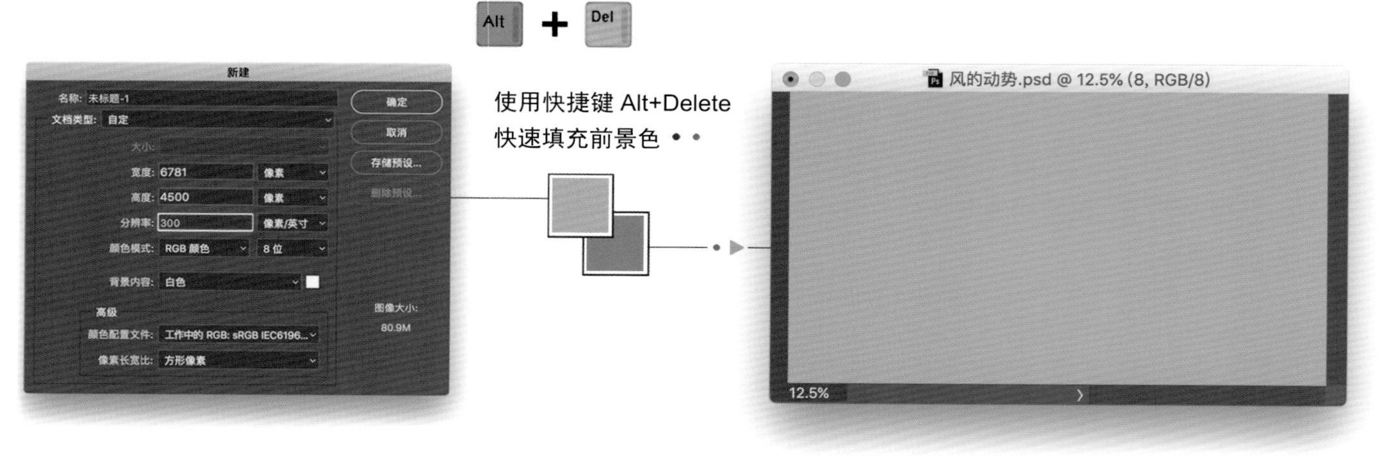

2. 开始勾勒草图

使用纹理笔刷 开始构图。选择颜色 （R：103，G：106，B：83），快速在画布上勾勒出处在地平线上的小镇轮廓。

3. 基本着色

这天晴朗多云，橘红色的屋顶是这个异国小镇的主要特色。继续使用纹理笔刷 描绘出建筑的大概结构。

五月植物生长茂盛。近景区域是一个斜坡，在拾色器中选择草绿色，在倾斜的草地上绘制出层次，再点缀些黄色的花瓣，来推进下一步的构思。

在画面右下方，使用深绿色加强近景区域，形成与中远景的明暗对比，体现距离感，形成空间深度。将光源设定在画面左上方，迎着光源的方向，分割出场景元素中的受光面和背光面，获得一些体积感。在天空上使用纹理笔刷开始绘制云朵的形状。

4. 造型提炼

建筑的边缘明确硬朗，窗户规则排列，这都是建筑上的基本特征。使用纹理笔刷，配合使用吸管工具（Alt），先吸取每个物体的基本颜色，再将颜色加深，画在建筑的背光面，体现出光照下的转折结构，并在暗部反射区域中添加蓝色天空影响下的环境色。

使用三角硬边类型笔刷，在已经铺好明暗光影和冷暖色彩的基础上，进一步修整提炼建筑结构，添加排列有序的拱形门窗以增加建筑上的细节。

5. 油菜花

参考真实的油菜花地，使用带有纹理的笔刷，由近至远利用大小笔触，进一步在倾斜的地势上表现出密集的花草植物。根据透视关系，远处的油菜花更加密集。

6. 起风了

物体在眼前迅速掠过的一瞬间，人们在视觉上是无法捕捉到它的具体形态的，只觉得是一道残影稍纵即逝。回到场景中，目视前方画面中心建筑，着重刻画和提炼结构，使其成为场景中的视觉中心点。焦点聚集这里时，处在近区域内的植物元素在风中形成了动态模糊效果。

使用涂抹工具 （R），将右下角的植物部分做出一些动态下的模糊效果，感觉是在风的影响下摇摆不定的植物状态。缩小笔刷，在中景处点缀一些被风吹起的黄色花瓣。中景是很好的观察区域，也能较为清晰地看到空中飘着的物品的飘动轨迹。在画面中因视觉焦距，会产生多个层次上的运动模糊，这会更加拉开空间上的深度，贴近自然。舞动的旗子，空中飘散的花瓣，这些都是风的动势。

▲ CK 小镇 • Finish • Photoshop CC

第 7 章 插画场景概念设计与艺术风格

7.1 梦幻风格

7.1.1 建立故事场景

故事的表达非常重要，故事叙述得好，进行概念设计时就能非常准确地查找到所需要的资料来构思画面。环境、时间和角度是人们对事物进行判断的影响因素。建立故事场景有利于更好地表现场景气氛，来进行合理的光照设计，在艺术风格上也会有更好的把握。

“充满神秘魔力的欧洲中世纪，耸立在瀑布上的高大彩色建筑指向天空，黎明时刻，黑暗还在挣扎，不想退去，发光的植物精灵们伴随着洒向大地的阳光，开始慢慢苏醒。水中的鱼儿因我的突然到来而四处游去，我迷失在这宫廷角落，水面上一只发着光的神鹿好奇地看着我，仿佛我不属于这里。”

最开始我们有可能联想不到具体的图像，但可以尝试按故事讲述的脉络提取关键词，制作思维引导图。充满魔法的梦幻景象、高大的彩色建筑、瀑布、发光的植物和精灵，能站立在水面上的鹿等，夸张想象会产生更多的联想。将脑海里浮现出的东西绘制出思维引导图，以充满魔法的中世纪为大环境，联想出各种词语，我计划绘制幽暗气氛中的宫廷一角。想象那些发光的物体出现在阳光没有照到的地方，并反射在水面上。将脑海中联想到的任何东西用词语概括，渐渐地思路延展得越来越广并变得清晰。

7.1.2　收集资料

提取关键词后，就需要根据关键词查找关于梦幻的资料了。我们可以通过看过的一些相关的电影来截图收集和整理这些资料，以风格分类来整理，也方便以后在创作更多有关的概念设计时进行风格查阅。

虽然我们亲身接触到的自然真实的景象是有限的，但旅行中如果遇到那些美妙的景象也要随手拍照，采集风景，翻阅书籍，了解当地文化。这不仅是在收集资料，也可以让自己获得提高和进行学习。做些标注和提示，在真正着手进行概念设计前，虽需要花一些时间做前期准备，但准备得越充分，脑海中的图像就越清晰。

构图参考

云参考

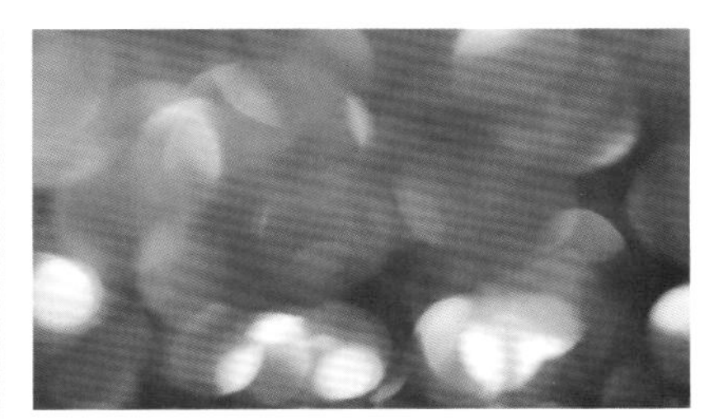

梦幻感参考

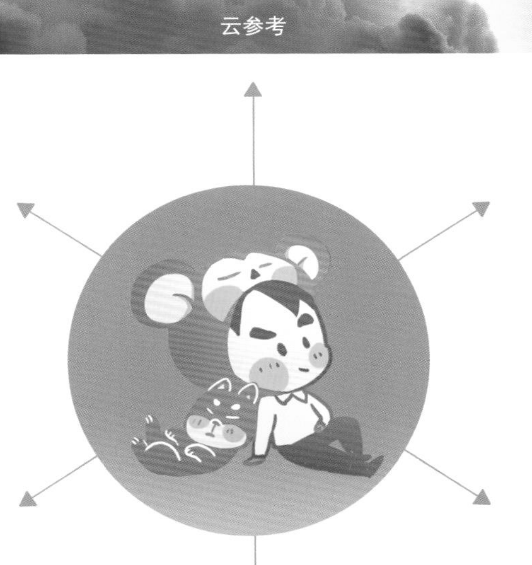

气氛 . 建筑参考

色彩参考

岩石 . 瀑布参考

7.1.3 创建梦幻的场景

1. 画布

使用快捷键 Ctrl+N 快速建立一个画布，在设置界面中以像素为单位将宽度（W）设置为 5149，高度（H）设置为 8000。考虑到输出的清晰度，将分辨率设置为 300 像素 / 英寸，以备将来更多途径使用。我采用竖构图，准备用微仰的视角来表达这幅关于梦幻主题的场景。

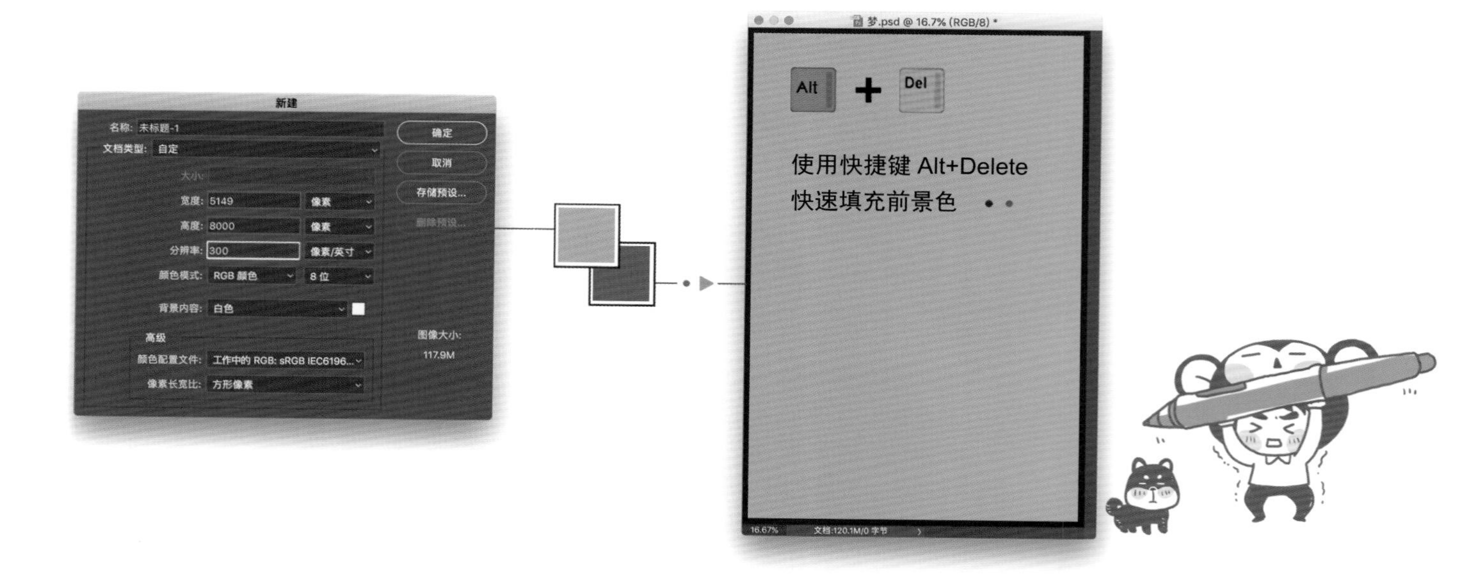

2. 笔刷选择压感设置

我们再来回忆一下笔刷的设置。用快捷键 F5 打开画笔设置界面，快捷键 B 来激活界面。勾选“传递”，打开传递设置界面，设置“控制”为“钢笔压力”，在预览图中可以看到画笔效果。这种压感可以通过手感的力度来表现出轻重，有着强弱浓淡的自然过渡，多用于以块面带气氛的方式起稿。

勾选“形状动态”→“控制”→选择“钢笔压力”，在预览图中可以看到画笔有粗细的变化。这是画线条非常好的选择之一，也特别适用于画面后期细节上的刻画。不同的手感力度会有不同的粗细变化，还有强弱的体现。

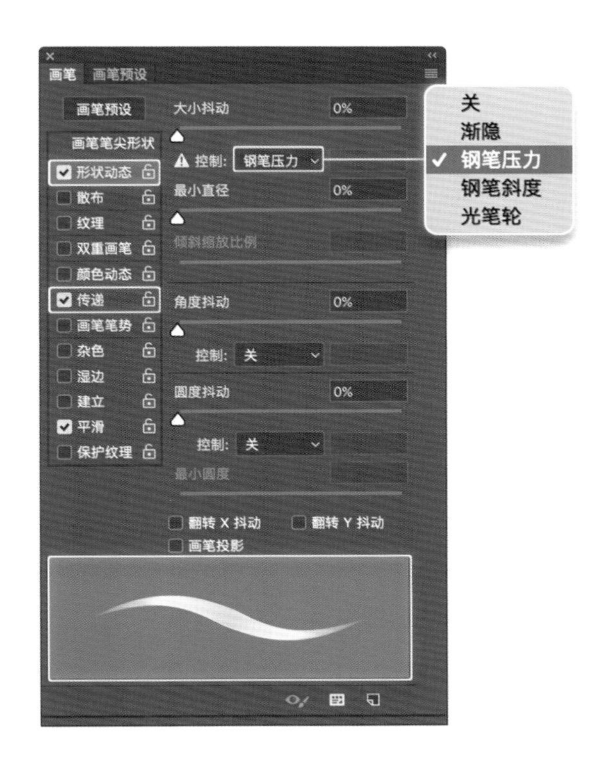

湿边有一种模拟水彩的半透明效果，边缘硬朗，有水润色叠加感，我个人非常喜欢。选择“颜色动态”→钢笔压力，配合前后色的不同会有非常美妙的变化，可适量地使用在场景中，增加华丽感。

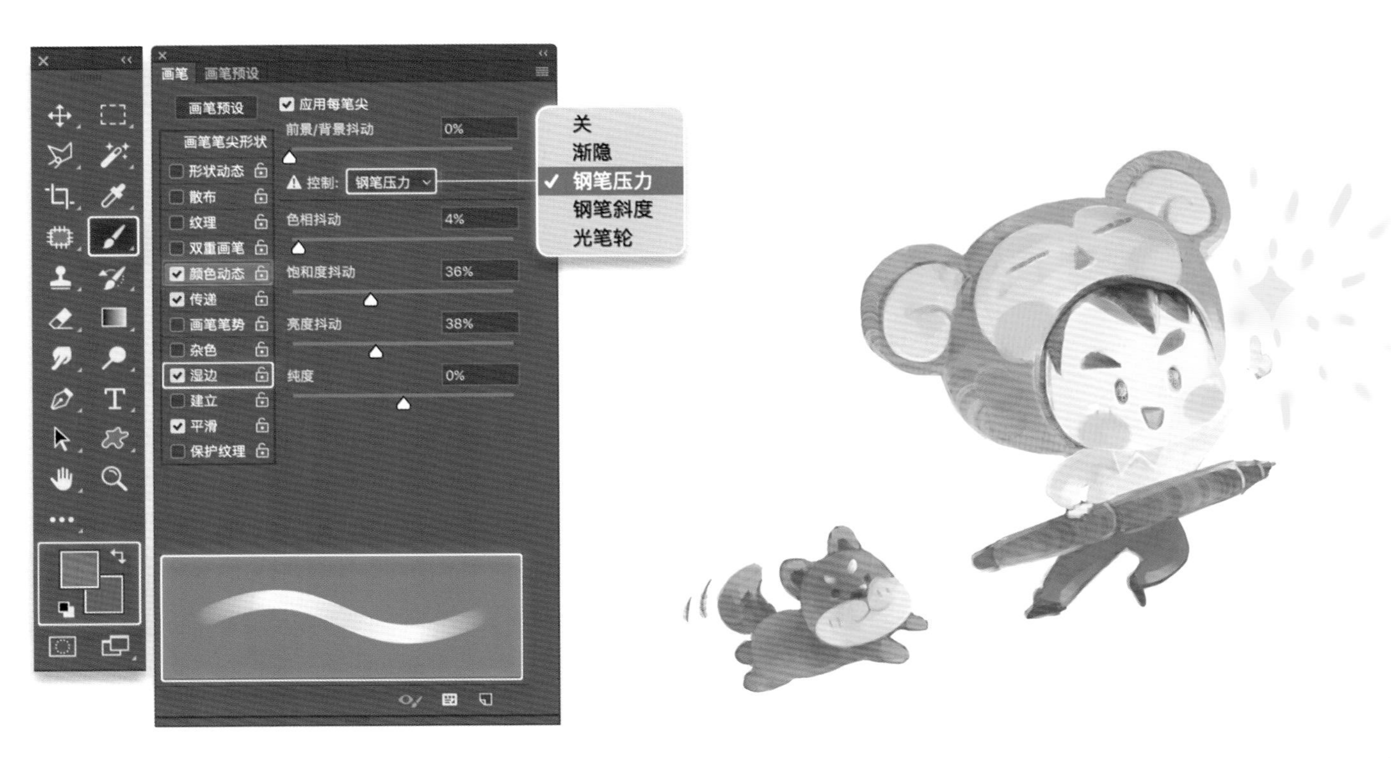

起稿前大概选择三类笔刷。笔锋硬朗的 Hard 类型笔刷用于画建筑类或边缘较为整体的物体。笔锋 Soft 类型笔刷，用于表现云朵烟雾，在气氛上会有非常好的飘渺效果。第三类是带有纹理和颗粒感的笔刷。多种笔刷配合使用，会在构图阶段就具有拉开层次空间感的效果。

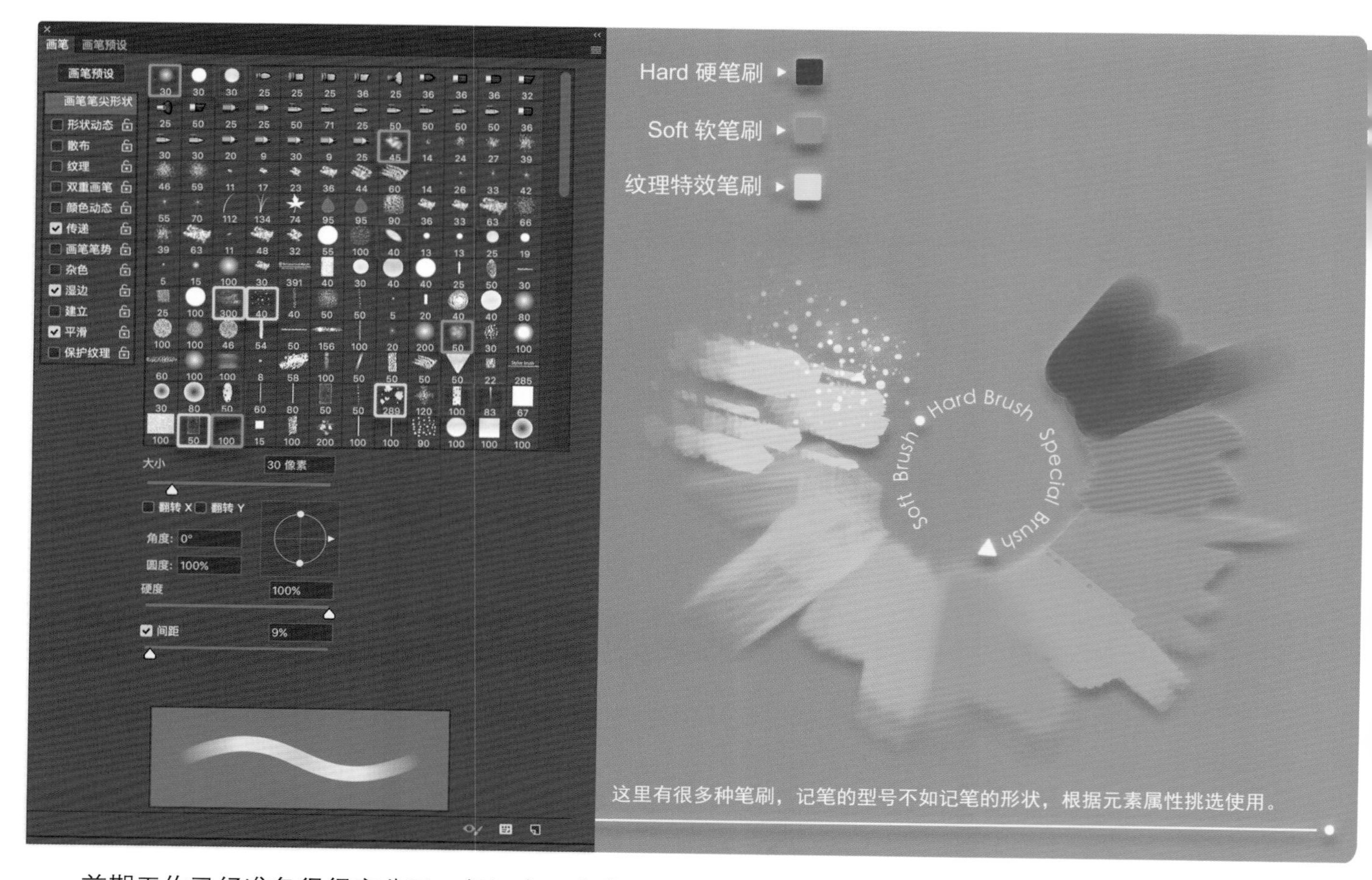

这里有很多种笔刷，记笔的型号不如记笔的形状，根据元素属性挑选使用。

前期工作已经准备得很充分了，但还有一个常用的涂抹工具。它就像一支调色笔，可将两个相近的颜色进行过渡，巧妙地使用会让颜色更加鲜活，这是在绘画过程中常用的重要工具。

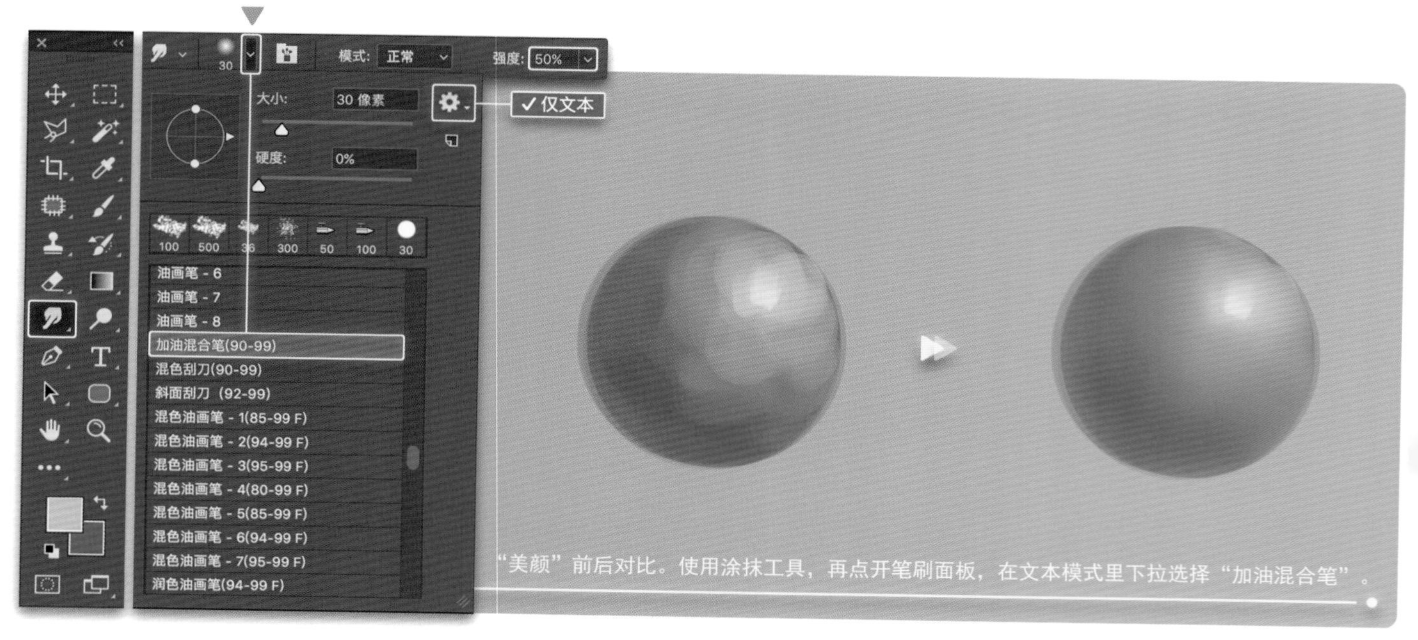

"美颜"前后对比。使用涂抹工具，再点开笔刷面板，在文本模式里下拉选择"加油混合笔"。

7.1.4 构思草图和基础光影颜色

使用 Hard 类型的笔刷，在拾色器中选择一个偏冷的颜色，将笔刷尽量放大。以块面加剪影的方式，将近、中、远景多层次快速构图，确定主光源方向，用光照表现黎明氛围，结合柔软笔刷带出一些空气感，来制造层次空间关系。

中近景及建筑使用 Hard 类型的笔刷，远景及云朵使用 Soft 类型笔刷，根据光源位置及远亮、近暗、中景灰的思路，使用一些带有纹理和颗粒感的笔刷，画在颜色更深一些的近景上，拉开与中远景的距离深度。

空间透视并非只是近大远小、近实远虚，更是由亮、灰、暗，冷暖色及色彩饱和度共同建立的层次构成的。

7.1.5 贴图实验

任何一种灵感的闪现都可能创造出奇妙的作品。为丰富画面里“幻”的气氛，我在收集的资料中挑选了这张星辰图片。在多种图层混合模式下，底色会根据贴图的明暗、颜色、纹理、形状出现很多有趣的效果。这里我选择了“强光”模式，用自由变换→变形（Ctrl+T）工具调整贴图透视，使用橡皮擦工具（E），选择 Soft 类型加有压感的笔刷，清理生硬的贴图边缘和不需要的部分，让底色有柔和过渡的融合感，尝试来营造一种水下星空的意境。以贴图的方式丰富近景地带，加速打造梦幻氛围，在绘制过程中可能产生更多创作思路。

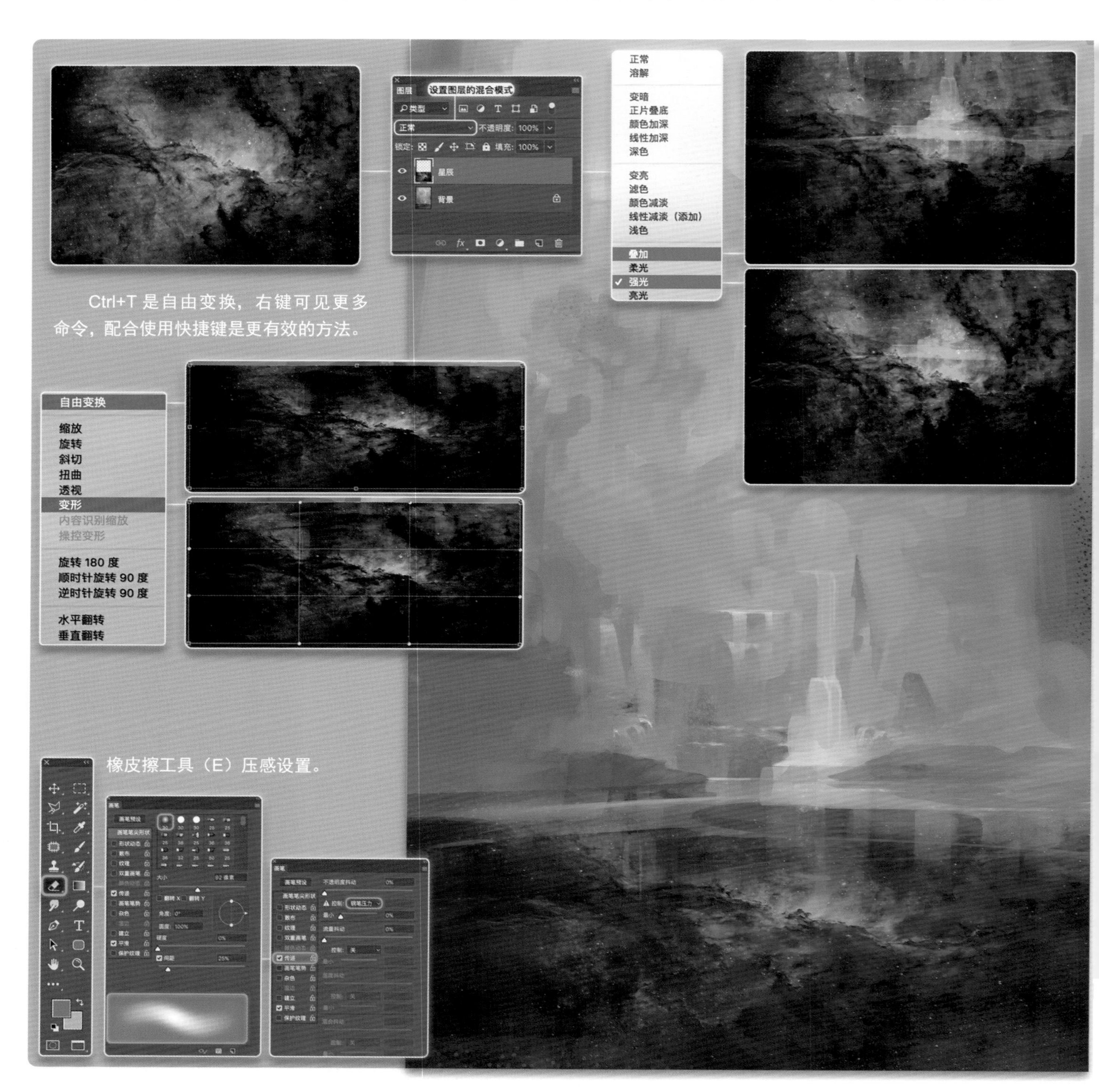

7.1.6　造型和纹理

参考哥特式和拜占庭建筑风格并融合想象来绘制建筑，使其看起来更像个宫庭。进行环境设计时，可夸张地貌、天气和植物的错落变化，同时也需要兼具合理性。用画笔（B）配合吸管工具（Alt），根据光影加强每个物体的亮、灰、暗面，反射面和整体的色彩冷暖关系，让它们具有立体感。不细化某个物体元素，保持整体画面空间大关系及绘制进度。较真实的贴图具有很强的纹理性，除留下可取的精彩部分外，利用快捷键 Shift+Ctrl+N 新建一个图层来添加更多的笔触感，还可以设置笔刷角度和圆度，找到一个顺手的笔锋，来统一手绘风格。

多尝试一些笔刷，会碰撞出更多可能性。

7.1.7 光照界限

调整明暗对比度，就像用一个相机的光圈来控制通光量，把我们眨眼的行为比作相机快门的速度，快门的长短是由光线的强弱来决定的。根据设定的时间段，合并全部图层，使用曲线（Ctrl+M）调整明暗对比度，拉开明暗差距，使整个画面看上去更加有深度，光照感更强。而这个界限值就是不能让所有的受光面的亮部出现曝光过载，也不能让背光面的暗部出现没有颜色的黑。主光源可比作灯泡瓦数，瓦数越大光照的范围就越广。一个时间段是根据光照的能量范围来判断亮度变化、颜色变化、饱和度变化的。光对场景环境具有影响，不同的时间段具有不同的光照体现，它的强弱体现在每个细节上。

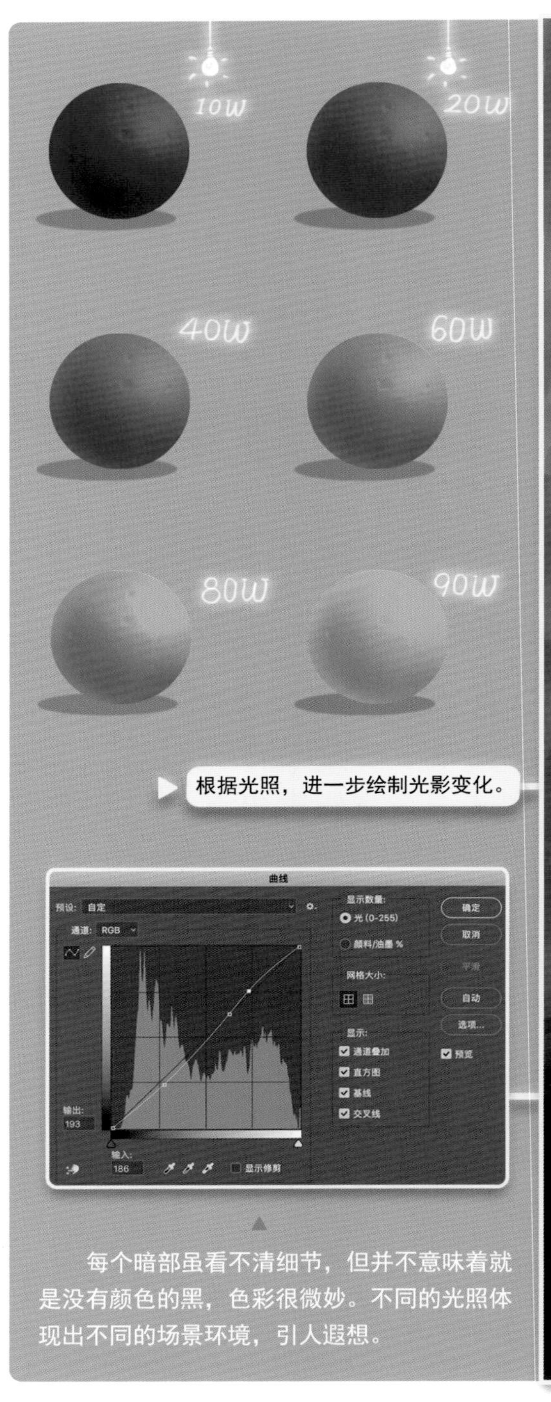

根据光照，进一步绘制光影变化。

每个暗部虽看不清细节，但并不意味着就是没有颜色的黑，色彩很微妙。不同的光照体现出不同的场景环境，引人遐想。

7.1.8　意境润色

增加颜色和细节，让光照与建筑、植物和各个元素产生色彩变化，使受光面的颜色更亮更暖，背光面颜色则暗冷。温暖的光照在以蓝色为主色调的物体上，产生了不同的颜色变化，蓝色部分过渡的颜色是紫色，这样的润色更具有神秘的意境，以此来提升梦幻的氛围。

光照下的色彩变化
树
草地
建筑
云
添加暗部反射面会使体积感更强，但反射面再亮，也不能亮过受光面。
水面上设定为柔和偏暖色的光影区域。我们假想在画布外光影被更高大的物体遮挡，缝隙间投射下来的温暖光线，不仅增加了梦幻意境，也在感观上使得取景在画面外仿佛有了更多的延展。

7.1.9 增加生命元素

新建一个图层（Shift+Ctrl+N），用画笔（B）结合吸管工具（Alt）吸取周围较深的环境色绘制鹿的大概形态。我们可以多参考一些资料，尝试一些不同的造型，为鹿挑选更符合意境的姿态。使用构图三分法则，鹿的位置尽量不要在画面中央。身后的光亮区域能更好地衬托出鹿的颜色较深的形状，营造出与中景的空间距离。留出一些光亮，也会让场景更有呼吸感。

为睡莲新建一个图层，使花瓣、叶子的形状带有投影，会产生悬浮在水面上的效果。以大、中、小，近、中、远多种形态错落有致地排列，来拉开距离间的层次，合理地将其安排在这个场景空间里。

尝试不同的造型
角色在场景中的运用非常美妙，让场景更具有生命力，会搅动不同观者的内心世界。添加有灵性的鹿，使环境中有了生命。
睡莲以 Z 字形排列
3
2
1

我们再复习回忆一下：“黄金分割”是存在于自然界的客观规律。简单地说，就是将画面的主体放在位于画面大约三分之一处，让人觉得画面舒适，充满美感。根据“黄金分割”定律而来的“三分法则”就是用两条直线将整个画面从横、竖方向分割成三个部分，我们将主体放置在任意一条直线或者直线的焦点上。这符合人类的视觉习惯，会使主体与场景更协调。在空间法则里，适当的“留白”也可以让画面有节奏，让画面更有延伸感。

“留白”得当，会让空间更广阔，也使画面产生更多可能性。空处不空，与实体互相映衬，可以使我们产生更多联想的空间并使意境升华。
出现在画面中间位置的鹿会显得很呆板

7.1.10 细节嵌入

将新增的元素与场景融合，使用 Hard 和 Soft 类型加压感的笔刷及涂抹工具，结合光影色彩，根据空间关系，将出现在近、中、远三个景别中的每个物体明确造型和质感，并修整它们的形状边缘，统一画面的质感。

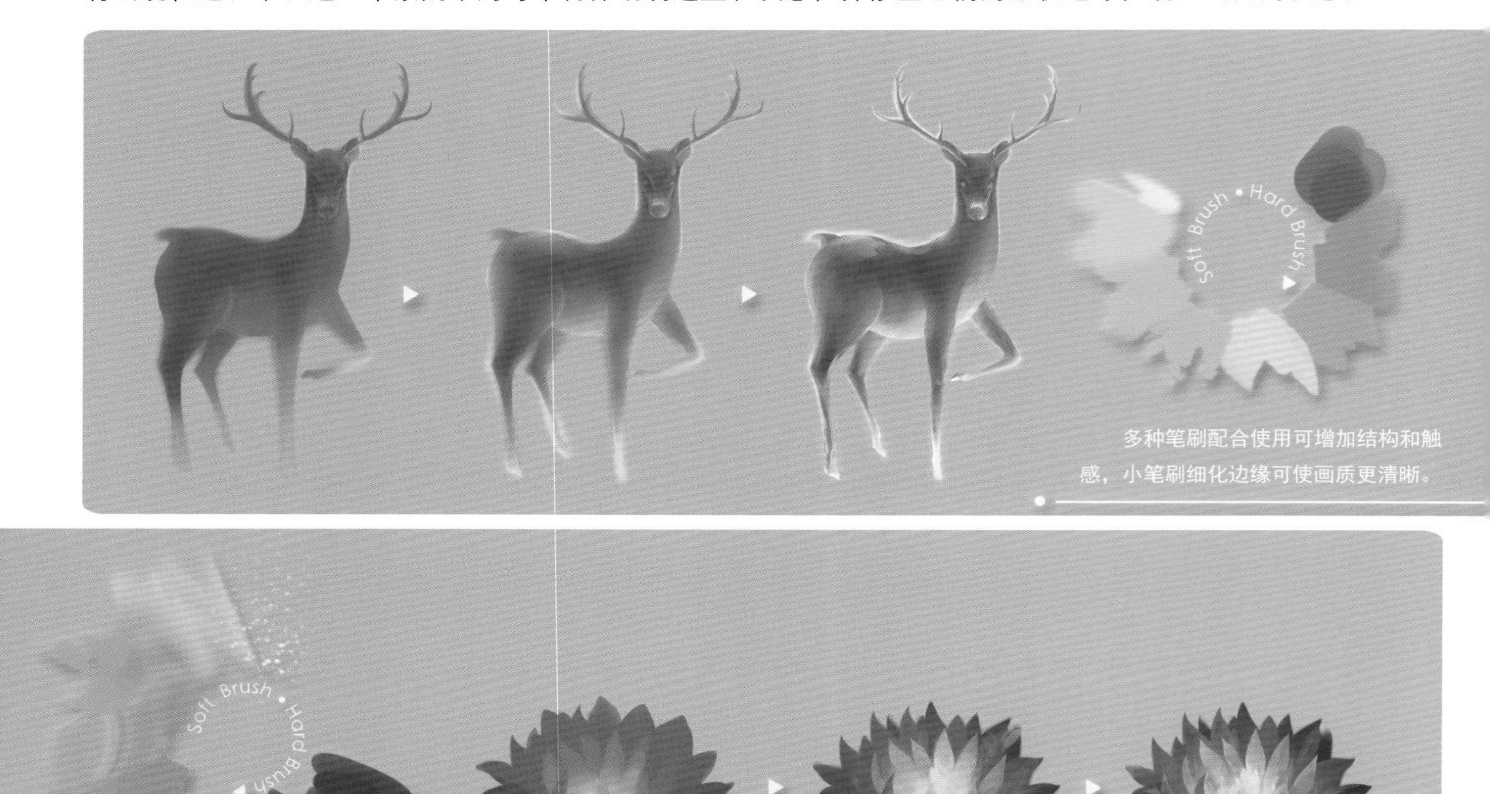

多种笔刷配合使用可增加结构和触感，小笔刷细化边缘可使画质更清晰。

画笔虽上千种，但总有你偏爱的几种，它们会如化学反应般产生奇妙的效果。

再新建一个图层（Shift+Ctrl+N），画笔（B）选择偏红的暖色，绘制几只游动中的鱼，让近景的部分也增加更多的细节，同时也营造一种水透明效果。

参考资料，观察鱼在水中游动的姿态，可以更好地理解动态模糊。

长时间作画会产生视觉疲劳，容易对画面比例、平衡等产生错误的判断，所以我在绘画时养成了大约每两小时就水平翻转一次画布的习惯，这可以改善作品的呈现效果。

翻转画布后会以全新的视角观察画面构图是否平衡

在细节表现上，并非要在全部的元素上单独刻画，表现得过于细腻反而衰减了整体空间关系，未必是最好的效果。要根据我们给予的画面视觉焦点，结合光影关系，融入更多的创意并合理地设计它们，来达到整体画面意境表达上的最大化。提升细节的方式是多样的，就目前的绘画风格，无论何种画笔和颜色，都要保证观看者能分辨出其形态。形状、光影、颜色等都是组成细节的元素。最终还要考虑物体是什么样的材质，并通过一次次整体渲染，来得到最好的阶段性画面质量。

水平翻转画布后，这种感觉就像看另一幅作品一样。

7.1.11 光亮和灵魂渲染

我很喜欢用发光的元素来营造意境。新建一个图层（Shift+Ctrl+N），先用圆形 Hard 类型笔刷在拾色器中选择蓝色的互补色——黄色，画出一个球体。再选用柔软的画笔，在画笔模式下选择“线性减淡”，用吸管工具 （Alt）吸取该物体的本身颜色，在靠近最亮点的边缘地方轻轻地反复绘制。

互补色会引起强烈的色彩视觉对比，结合荧光效果，用颗粒画笔增加质感。

因距离和体积不同，自发光体的照射范围也会不同程度地影响到周边物体，大的光亮强，小的则弱，并且有明暗过渡变化。

使用特效笔刷在鹿的边缘绘制一些“仙气”，让“仙气”向上飘散。视觉会自动聚焦在它的身上，并与环境彼此呼应，最大化地提升意境。

我以黑白渐变加图层蒙版这样的方式，制作镜面反射来达到水中倒影的效果。根据画中地平线判断水面位置，将本体复制一层（Ctrl+J），在自由变化（Ctrl+T）中选择垂直翻转，移动，拉开与本体的距离，模拟漂浮状态，营造水面反射效果。在图层上选择添加蒙版，选择渐变工具（G）从上至下拉出渐变，并降低图层透明度至 68%，这样会有更好的通透感。

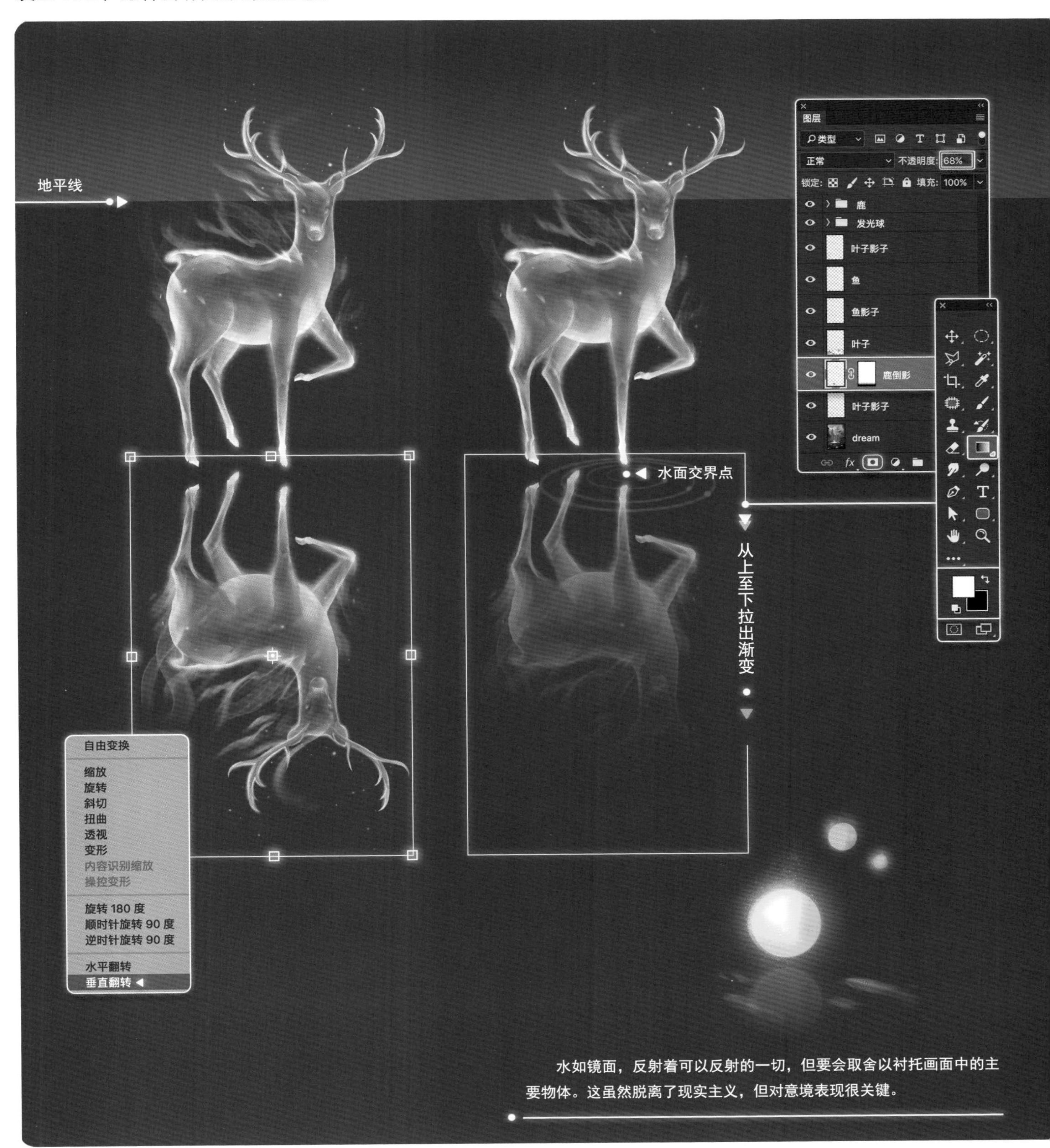

使用笔刷“线性减淡”模式增强光亮的渲染。根据每个元素的设定和不同材质，整体加强场景中各个元素的受光面，使它们更具有体积感和重量感。添加一定的自发光效果，使画面变得晶莹剔透。

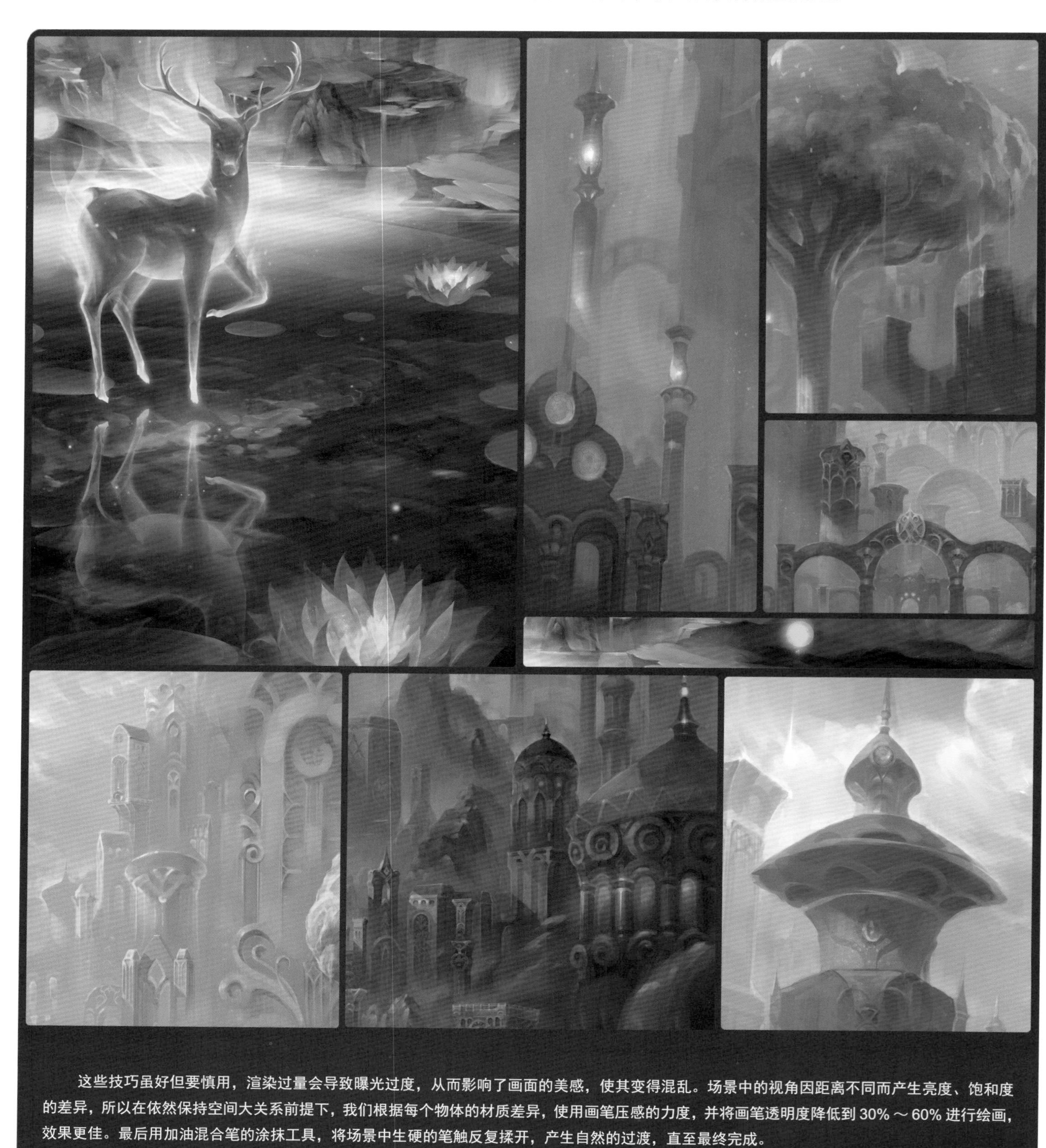

这些技巧虽好但要慎用，渲染过量会导致曝光过度，从而影响了画面的美感，使其变得混乱。场景中的视角因距离不同而产生亮度、饱和度的差异，所以在依然保持空间大关系前提下，我们根据每个物体的材质差异，使用画笔压感的力度，并将画笔透明度降低到 30% ～ 60% 进行绘画，效果更佳。最后用加油混合笔的涂抹工具，将场景中生硬的笔触反复揉开，产生自然的过渡，直至最终完成。

有一个最初的想法，闭上眼睛用心去感受，去冥想。编织一个故事，设定一个主题，取一个名字。脑海中的碎片重新组合，将故事画面化表达，这就是概念艺术的传达。

▲

三月梦 • Finish • Photoshop CC

▶ 7.2 清新风格

清新的绘画风格构图简单且很生活化，透着温馨淡然的色彩气氛；在色调和亮度上体现略微过曝的效果，感觉带有一丝青春期的小情绪，温情、柔和而又执拗。清新的唯美故事、恬静的生活仿佛就发生在我们身边。

7.2.1 故事

离高考还有 53 天了，同学们都在教室里憧憬着未来，模拟高考志愿还在纠结着，迟迟没有填写。我收起缺失结尾的漫画书，眯着眼睛望着天空，然后又把头埋在臂弯里，等待那个时间的到来。她，每天在同一时间，同一地点，都会站在这里，在樱花树下安静地望着不远处的繁华城市。飘散的樱花轻盈地掠过我与她之间。在小路的尽头，我希望再次看见她熟悉的背影。谈一场恋爱吧，也许这次我不会再拨动头发，假装看向天空，因为这是我们最后的夏天。

7.2.2 收集资料及草图气氛创意

Tips

接下来根据故事提炼一些关键词，通过思维引导来寻找一些参考资料。

1. 建立画布

使用快捷键 Ctrl+N 建立一个画布，选择渐变工具（G）在拾色器中设定前景色 （R：33，G：132，B：225），再设定背景色 （R：219，G：238，B：251）。选用“线性渐变”模式后，在画布上由上至下拉出渐变色，这样就得到了一个带有深度感的晴朗天空。

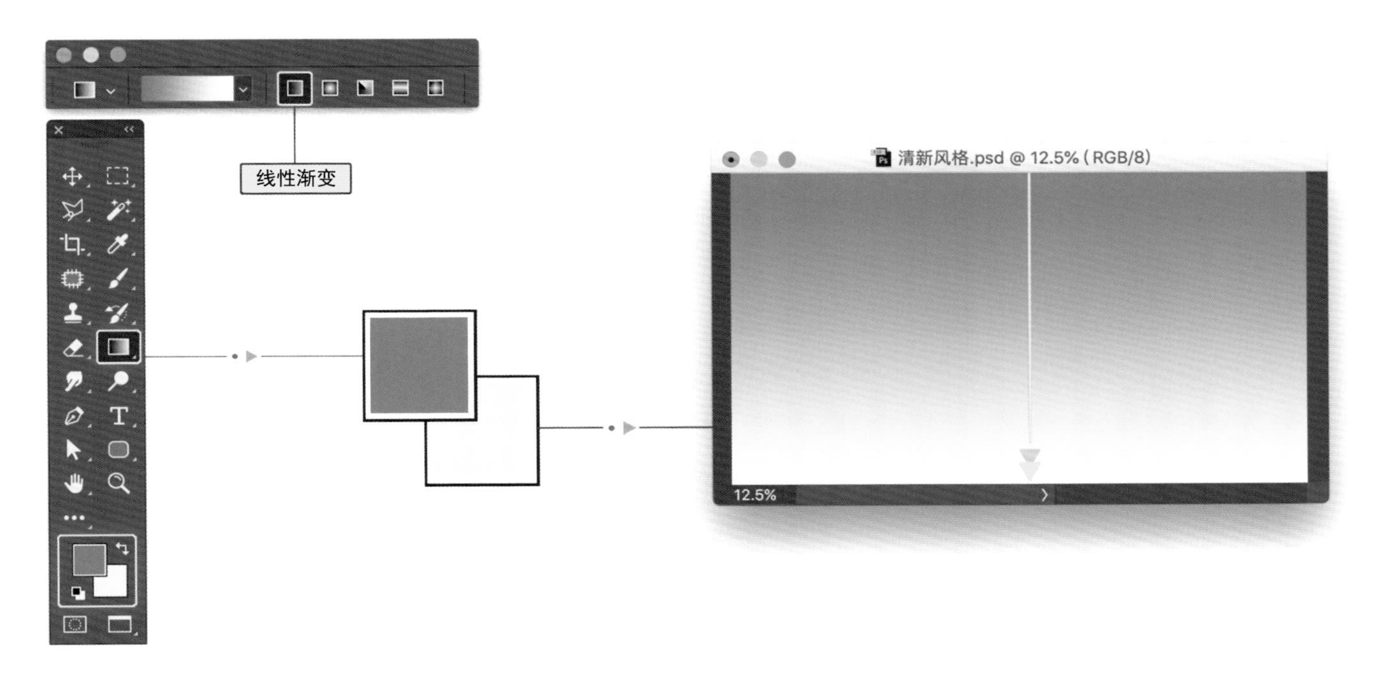

2. 铺设环境气氛

根据文字叙述、参考素材来联想一些画面。为了方便修改和调整画面，建立四个图层，从近景到远景依次是樱花树图层、建筑图层、云图层和天空图层。选用 Hard 类型笔刷 在所属的图层上开始勾勒草图，在草图阶段将笔刷放大，不拘小节，将脑海浮现出的画面快速地表现在画布上。

3. 缝隙间的光影

将主光源设定在画面左上方，选择边缘较硬的笔刷 ，使用较深的颜色 （R：30，G：27，B：36），勾勒出樱花树大体结构姿态。近处的樱花树更粗壮一些，多棵粗细不均的树对比会形成群体感。天气晴朗，强光照射在樱花树群中，投射出大面积阴影。在树枝缝隙间，有些没有被遮挡的阳光直接照射在树干上和地面上，形成形状不规则的光团。这是一条由近至远向里延伸的林荫小路，快速注入光影效果，来推动更多设计思路。

7.2.3 扩展画布，调整形态

在初稿上使用裁剪工具 （C）扩展画布高度，并在天空图层上铺满蓝色，准备进一步展现樱花树更多更高的部分。

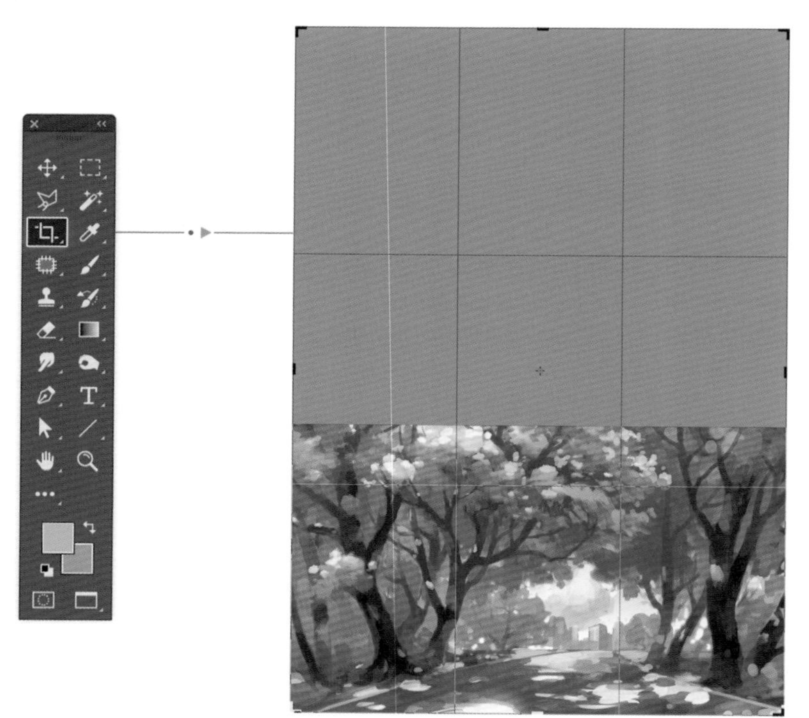

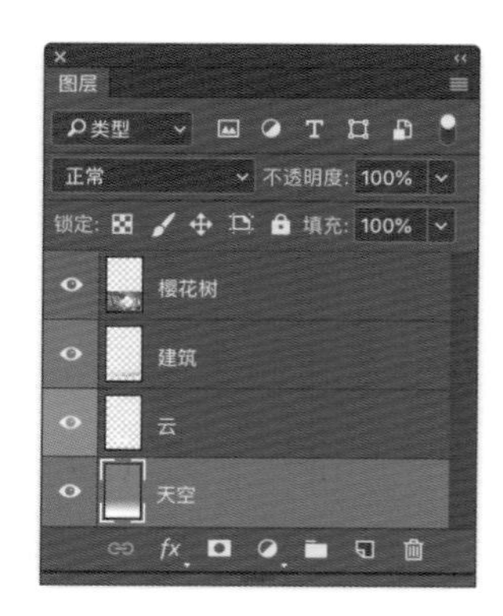

在图层中，将樱花树图层、建筑图层、云图层全部选中，使用快捷键 Ctrl+T 自由变换工具，向上拉高一些来调整地平线的位置，抬高地面后使得地面面积更大一些，让视角靠近地面，产生向远上方望去的感觉。

再使用 Hard 类型笔刷 和纹理笔刷 填补樱花新增的结构部分。近景处的路面铺上影子的颜色，在远景上方绘制出蓝白色云朵形状，让画面更加丰满完整。

略带弯曲的小路向里延伸，构建出带有深度的空间感。

Tips

7.2.4 增加花簇数量

按 F5 键，在笔刷设置面板中勾选“湿边”，使用纹理笔刷 来增加花簇数量，笔触重叠中带有半透明润泽感。

画笔 F5

7.2.5 远景城市

方方正正的大小楼宇是城市的主要特征。使用边缘硬朗的方形笔刷 ，根据光源方向，在远景区域绘制一些高低不同、错落有致的建筑。处在蓝色天空环境下，整片区域体现为青蓝色，对比冷调的城市，近景的植物颜色更加绚丽。

在地面上，暗色的阴影中充斥着大量周围环境颜色带来的影响，将这个影响进行“放大”，使用蓝紫色大面积铺垫影子中的环境颜色，继续推进下一步的绘制。

7.2.6　林荫路

小路上光影斑驳，影子下用大量的蓝紫色来体现出色彩间的对比，夸张地面上的环境色体现，使画面更加清新，仿佛这里刚下过一场雨。

使用边缘较硬的笔刷，选用亮色，在地面上提炼出斑驳的树影形状。再使用大颗粒笔刷，吸取颜色（R：235，G：196，B：231），根据透视关系，绘制一些飘落在地面上的花瓣。

影子颜色参考

影子形状参考

路面地貌参考

7.2.7 风中飘散

利用快捷键 Shift+Ctrl+N 为花瓣新建一个图层，添加一些随风飘散的花瓣来渲染气氛。使用 Soft 笔刷 ，吸取樱花的颜色 （R：238，G：183，B：205）来点缀一些花瓣的形状。大小不一的花瓣形态能体现出空间感和风的动势，加一点动态模糊效果会体现出坠落中的速度感，最后完成。

▲ 最后的夏天 • Finish • Photoshop CS5

▶ 7.3 科幻风格

科幻是一种对未来的幻想的方式，基于现在的科学技术认知，我们可以尝试以一些真实的前沿课题为素材来创作科幻文化的绘画风格。不同于现实，在科幻的世界里没有什么局限，未知的现象或事物，天文、生物、机械、电子都可以作为设计的参考。如：穿越在星际间的飞船准备在另一个星球创建殖民地，那里有外星生物；宇宙也许是恐怖的、绚丽的或是黑暗冰冷的。这些天马行空的幻想，都是科幻绘画中可能出现的故事元素。

7.3.1 故事讲述

2132 年，地球上的能源因过度开采即将耗尽，帝国公司以科研的理由暗度陈仓，在星际坐标 303 异星体上大量开采新型能源，很多人离奇失踪，这使得这个冰冷的行星变得诡异离奇。远处的机械哨兵严密地守卫要塞的各个入口，目前不确定堡垒内部是否有外星生物寄生占领。我是星际调查员 RK12，现在开始潜入……

7.3.2 收集资料，设计构成元素

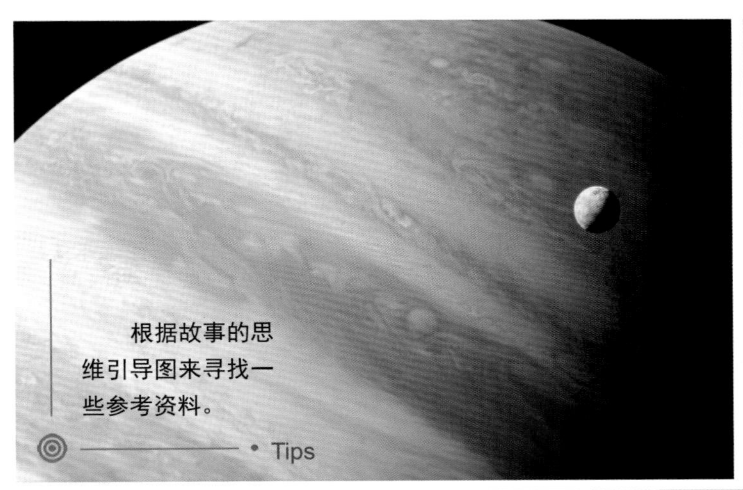

根据故事的思维引导图来寻找一些参考资料。
Tips

飞行器参考

地势地貌参考

工程参考

机械参考

1. 建立画布

使用快捷键 Ctrl+N 建立一个画布，输入 6179（W）像素 ×3883（H）像素，分辨率为 300 像素 / 英寸，得到一个横向画布。在拾色器中选择颜色 （R：58，G：75，B：108）作为深邃的外太空颜色，将其快速填充在画布上。

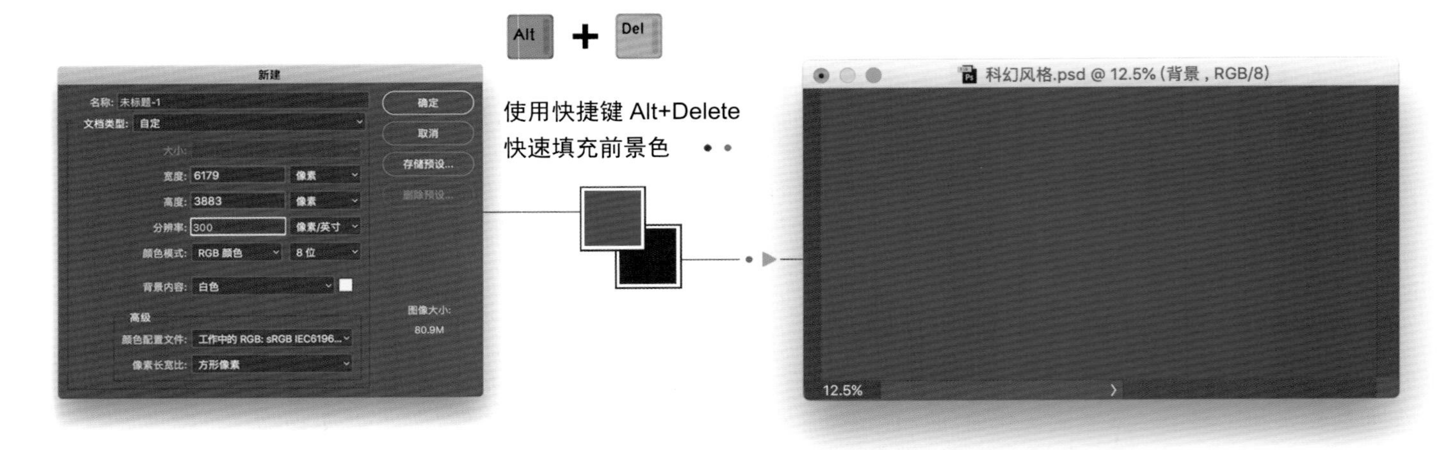

2. 勾勒草图

使用快捷键 Shift+Ctrl+N 在背景图层上新建一个图层，取名为线稿图层。选用 Hard 类型笔刷 ，在画笔设置面板中勾选“形状动态”和“传递”，并开启“钢笔压力”，选取深色 （R：37，G：38，B：41），以粗细不同的线条勾勒出草图，得到初步的构图和科幻元素。

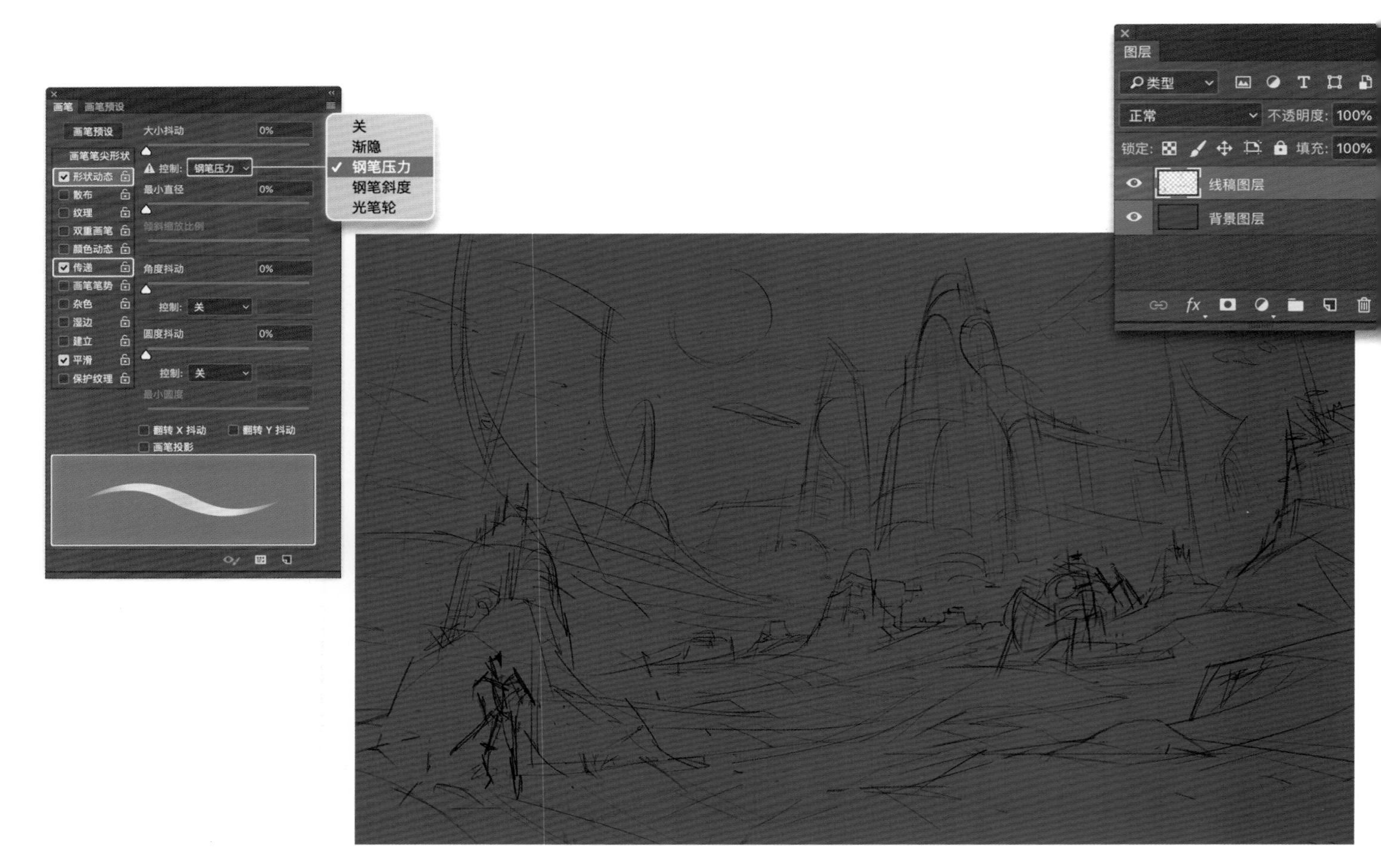

3. 铺设基础光影色彩

将主光源设定在左上方向，在背景图层上，使用 Soft 柔边笔刷，吸取较亮的颜色（R：109，G：139，B：199）。光源靠后，斜射照在建筑形状上受光面的区域部分。再使用较暗的颜色（R：38，G：52，B：81），压暗近景区域。以单色色阶从亮到暗，从远至近，景别层次下会形成一定的空间感。

继续在背景图层上使用 Soft 柔边笔刷 吸取颜色（R：128，G：133，B：163），扫过建筑结构的受光面，体现色彩冷暖对比下的光照效果，进一步来提升空间深度。

R: 128
G: 133
B: 163
高低起伏的地表
从近至远向画面深处
延伸，构建距离深度。
Tips

7.3.3 形状和体积

使用快捷键 Shift+Ctrl+N，在背景和线稿图层上新建一个图层，取名为覆盖图层。选用边缘较为硬朗的笔刷 ，配合使用吸管工具 （Alt），根据草图上的形状和光影，吸取处在每个景别上的颜色，放大笔刷，归纳景别层次上的造型元素设计，并开始覆盖线稿。

使用三角硬边类型笔刷 来绘制提炼边缘硬朗的建筑形状，吸取周围环境色，在各个元素背光面里添加反射颜色，来增加体积感，使其看上去更立体一些。选择颜色 （R：216，G：211，B：205），在建筑结构上点缀些自发光的能量光，来推动下一步的构思设计。

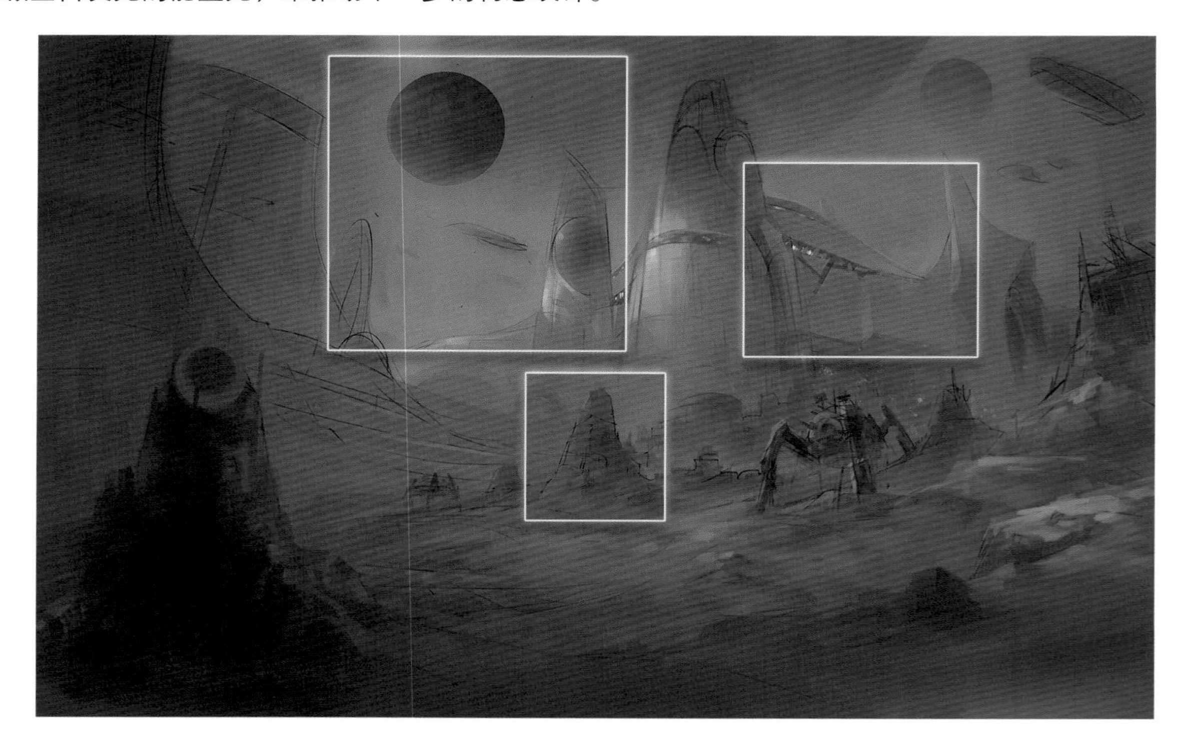

7.3.4　能量光

在昏暗的环境中，自发光会给人一种能量充沛、被吸引的感觉，这在科幻风格的场景中也是常用的表现方式。使用三角硬边类型笔刷，选择亮色，继续加大发光的能量面积来渲染气氛。参考坦克装甲机械，来绘制处在中景区域的重装哨兵造型。

7.3.5　提炼结构形状

继续使用三角硬边类型笔刷，提炼主要元素上的结构变化，增加细节上的表现，脱离现实幻想更多的造型元素。在画面左边近景处，被异星体矿物质包裹、从地下向上穿出的倾斜耸立的建筑体，是很好的隐蔽点。

7.3.6 加入细节最后调整

根据空间透视关系，使用环境色调整外太空漂浮着的大小飞船造型。在远处的行星上，添加类似木纹图案的星云纹理，增加更多的对外太空环境的想象元素。在工程建筑上，主体结构穿插交错。尘埃中灯光闪烁，整个基地都在紧密有序地运行。在灰冷的近景处，最后刻画隐藏在岩石暗影里的潜入角色，为场景传达出更多的故事信息。

▲ 潜入异星 • Finish • Photoshop CC

▶ 7.4　魔幻风格

作为一种概念的艺术风格，魔幻题材以脱离现实、架空世界的文学为背景，包含了魔法幻想或者超自然的事件联想。通过绘画表现离奇的上古神力、灵异的接触、神奇的生物等，在魔法的世界里没有什么不可能，可以展开现实与非现实的无限想象。

7.4.1　创建故事

离上次大战已过去百年，诸神把最繁盛时期的翡翠国重新交给人类后便离开此地。自然之力减弱，森林已经因污染变得荒芜，高大的植物树根交错佝偻缠绕。曾经的翡翠之国保卫着这片大陆，如今已变得腐败不堪，阴云笼罩。阳光从云层间漏了几缕下来，也许只有这时，此地才得到上天的一点点眷顾。这里到底发生了什么，我要马上找到这里的国王。

7.4.2　收集参考资料，开始构思草图

根据故事叙述提炼关键词，通过思维引导来寻找一些参考资料。
Tips

植物参考

气氛参考

构图参考

1. 建立画布

使用快捷键 Ctrl+N 建立一个画布，输入 6979（W）像素 ×3903（H）像素，分辨率为 300 像素 / 英寸，在拾色器中选择颜色 （R：136，G：137，B：141），快速填充在画布上得到一个灰色背景。

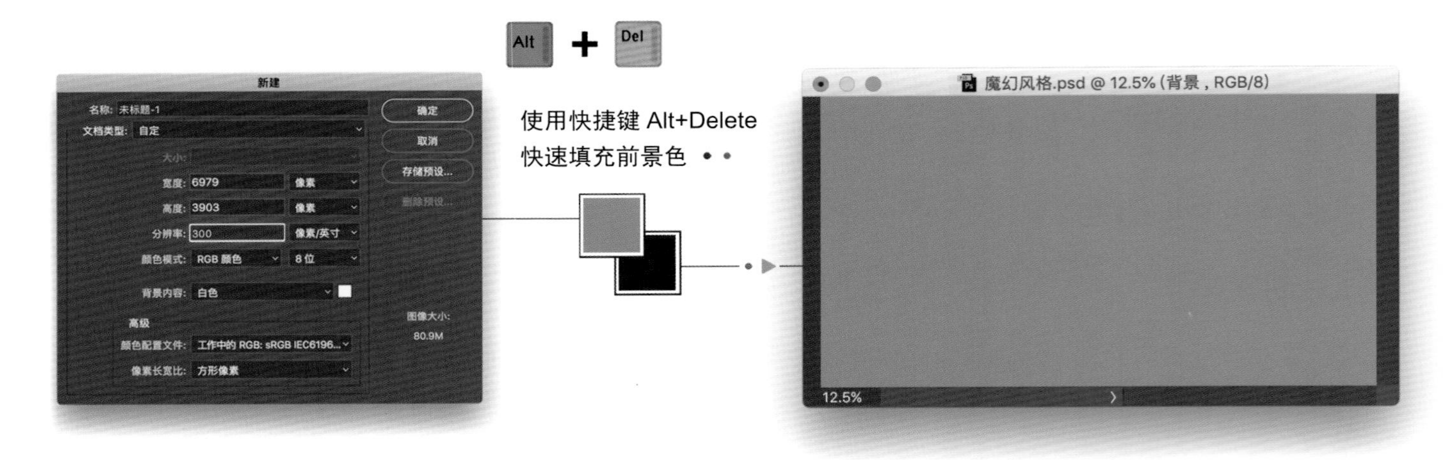

2. 勾勒野外环境

利用快捷键 Shift+Ctrl+N 在背景图层上新建一个图层，取名为线稿图层。根据故事的文字描述，选用 Hard 类型笔刷 在画笔设置面板中勾选“形状动态”和“传递”，并开启“钢笔压力”，选取深色 （R：25，G：25，B：26），以粗细不一的线条，参考收集到的资料，快速勾勒出颓败萧瑟的野外环境。

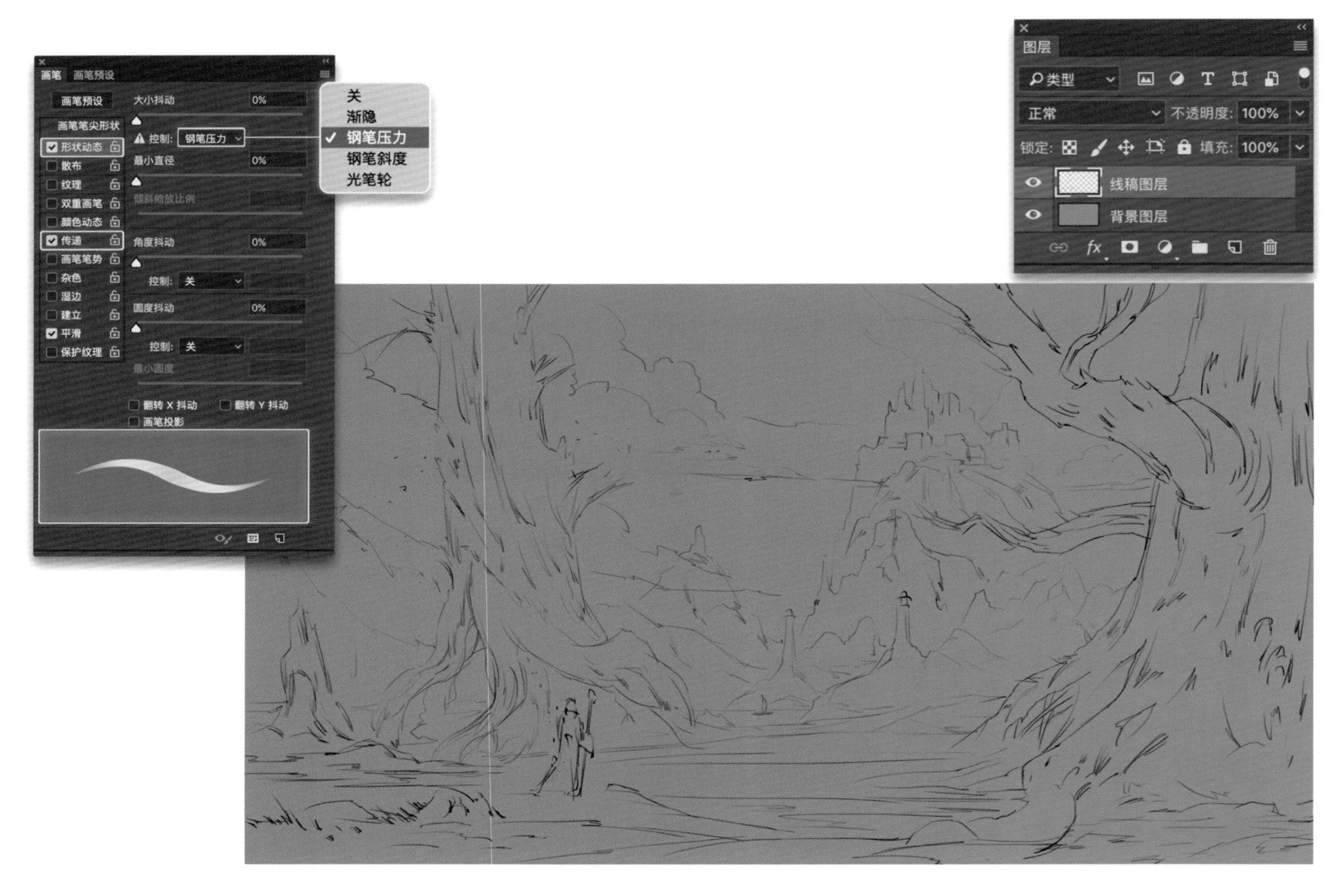

7.4.3 黑白气氛

回到背景图层上，使用Soft柔边笔刷吸取颜色（R：190，G：191，B：195），在画面中后上方确定主光源的位置。根据主光源的亮度范围，用不同灰度色阶从近至远，在明暗程度对比下搭建初步空间。

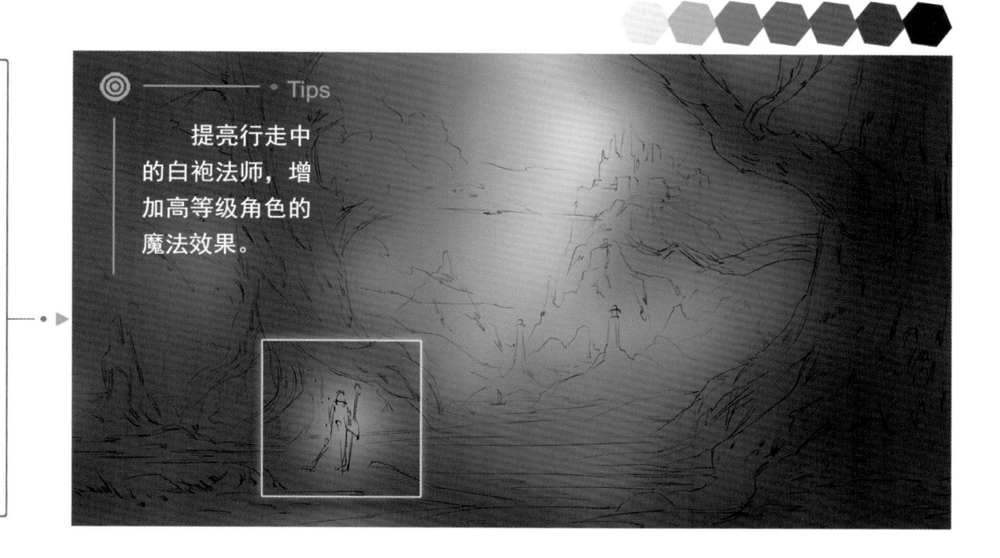

Tips
提亮行走中的白袍法师，增加高等级角色的魔法效果。

继续在背景图层上用较中和的笔刷，在模糊的气氛中，依据线稿走势进一步提炼轮廓形状，剥离出层次后，让元素间拉开距离。

使用快捷键Shift+Ctrl+N，在背景和线稿图层上新建一个图层，取名为覆盖图层。选用可以快速铺出块面效果的扁平类笔刷，配合使用吸管工具（Alt），吸取层次间深浅灰度不一的颜色，将每个景别上的造型元素绘制清晰，明确植物生长结构，最后将线稿草图完全覆盖。法师将化身成飞鸟在空中盘旋，以此来增加些魔法效果，也会带来更多的故事联想。

7.4.4 色彩覆盖

在覆盖图层上，使用 Soft 柔边笔刷 ，在阴云密布的环境中使用大量灰冷的颜色，开始铺垫整个场景的基本色调。厚重的青绿色则用来表现疯狂蔓延的苔藓植被，来进一步推动环境和植物的表现。

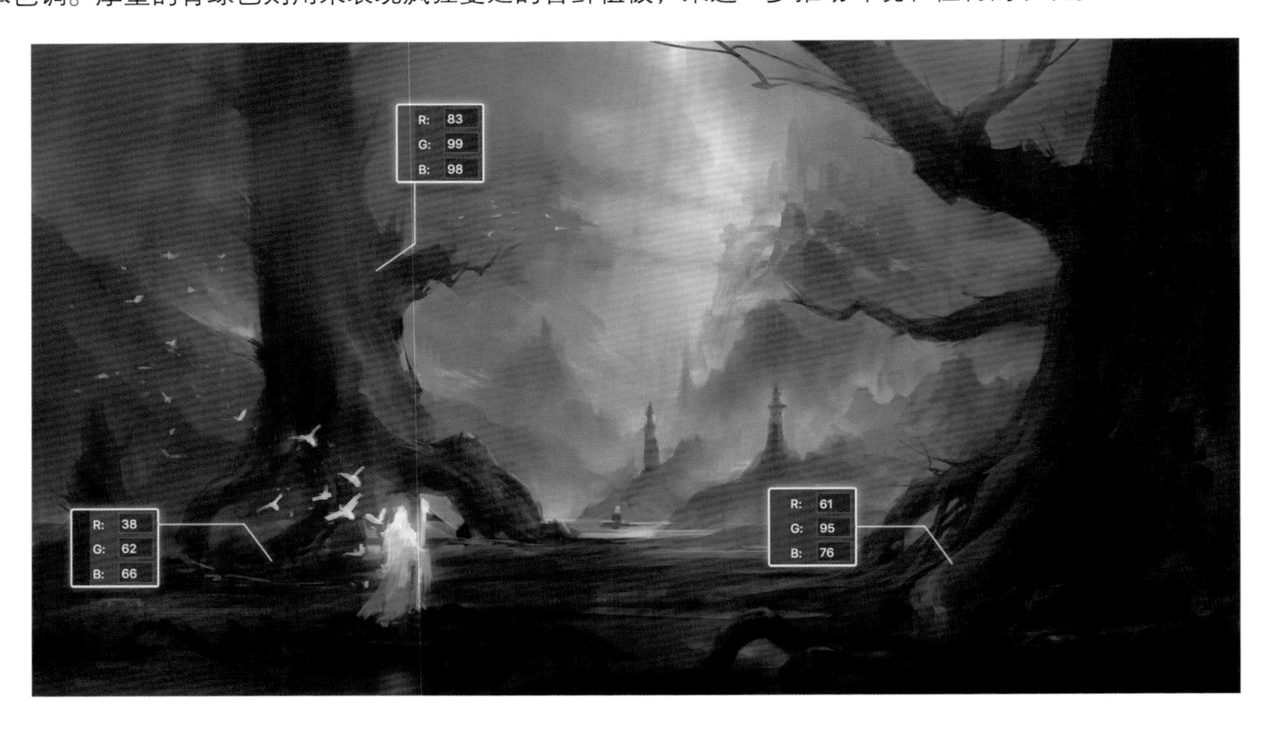

7.4.5 环境和植物

压抑的冰冷的颜色让整个环境中充满阴郁黯淡的感觉。使用扁平类笔刷 ，继续提炼每个造型元素的轮廓，在草地和隆起的树根上，加大被苔藓包裹的面积。厚重的植被感觉在这里已沉积了许多年。在远景高山上的城堡上，选用亮暖色点缀些稀疏的光亮。

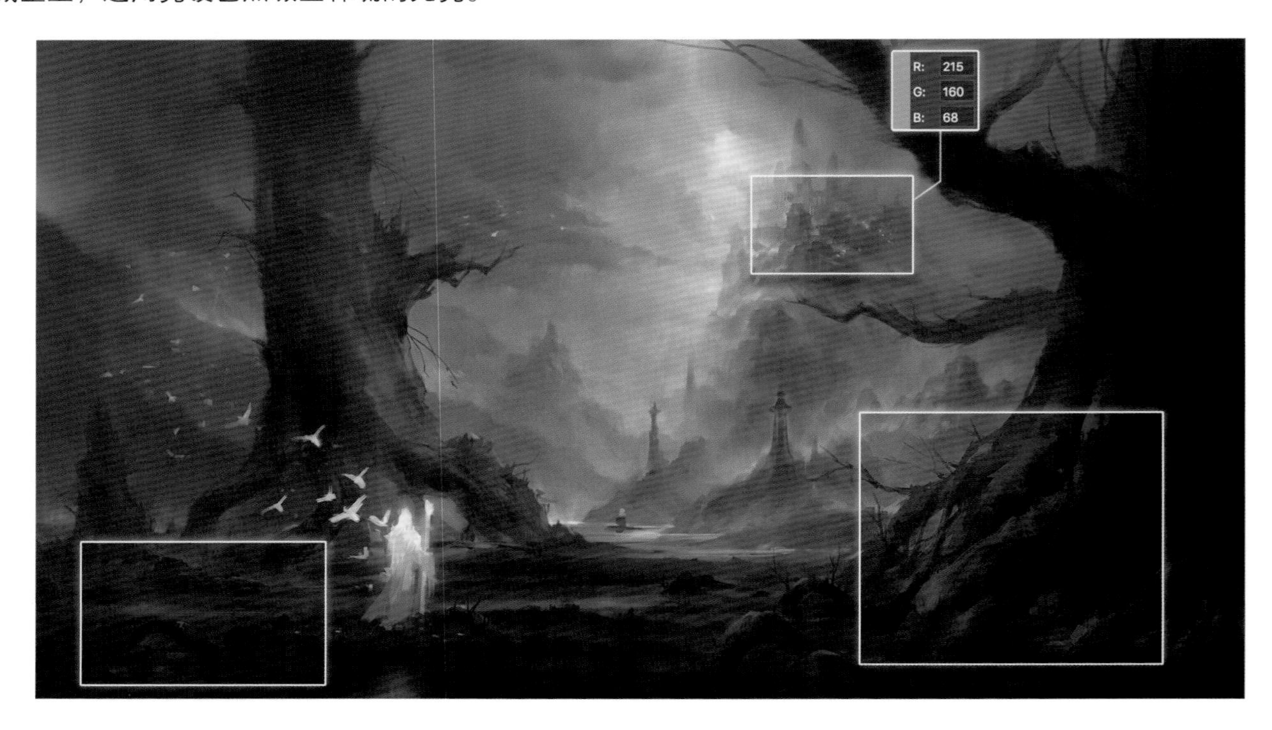

7.4.6　最后的渲染和润色

这是一个荒芜的地方，植物尖锐弯曲，充满荆棘，花草的形状病态怪异。使用纹理笔刷 根据植物的生长规律，再次提炼花草和植被的形状。在颜色表现上，不要使用艳丽夺目的高纯度色彩，以免破坏整个画面中冰冷黑暗的凝重氛围。只有在法师经过的地方，才有一点生机，也才会有一些发光的植物，代表着他的魔力和此行目的。

最后在画面中主光源的位置，让明亮的阳光从乌云的缝隙间照射下来。顺着光的散射方向，使用 Soft 柔边笔刷 和扁平类笔刷 在“线性减淡”模式下，绘制几道从天空斜射下来的体积光，以渲染场景中的神秘气氛。

▲ 荒芜之地 • Finish • Photoshop CC

DESIGN

DESIGN

第8章 作品展示

WORKS DISPLAY

▲ 海棠花啊 漫漫飘散 • Photoshop CS5

▲ 每当夏天 • Photoshop CS5

▲ 同学啊 思念着你 • Photoshop CS5

▲ 夏天的林荫路上 • Photoshop CS5

▲ 翻开关于青春的纪念本 • Photoshop CS5

▲ 抹不掉的光阴的故事 • Photoshop CS5

春风十里 • ▶
Photoshop CC

Jelly Fish • ▶
Photoshop CS5

DREAM ▸▸

style

隐藏我心中的那些梦想，即使没有完成，也是我唯一的信念。

▲ 梦 January・Photoshop CS5

▲ 梦 February · Photoshop CS5

▲ 梦 March • Photoshop CS5

▲ 梦 April · Photoshop CS5

▲ 梦 May • Photoshop CS5

▲ 梦 June · Photoshop CS5

▲ 梦 July • Photoshop CC

▲ 梦 August・Photoshop CC

▲ 梦 September · Photoshop CC

▲ 梦 October • Photoshop CC

▲ 梦 November • Photoshop CC

▲ 梦 December • Photoshop CC